可靠性维修性保障性学术专著译丛

装备科技译著出版基金

风险评估与管理中的认知

Knowledge in Risk Assessment and Management

［挪威］ 泰耶·阿文（Terje Aven） 主编
［意大利］ 恩里科·齐奥（Enrico Zio）
刘 杰 李晓阳 主译
康 锐 主审

国防工业出版社
·北京·

内 容 简 介

本书主要由13个章节组成，分为基础概念、理论与方法（第一部分），风险评估与决策（第二部分），以及案例应用（第三部分）三个部分。本书针对现有风险评估与管理模型、仿真中认知，阐述了其基础概念、内涵、理论方法，并通过几个工程实际案例证明了认知在风险评估与管理中的重要性。针对"如何在风险评估中描述和评价认知？""如何体现和反映认知对风险管理决策过程的影响？"两个问题，本书也给出了系统而清晰的答案。

著作权合同登记　图字：军-2020-012号

图书在版编目（CIP）数据

风险评估与管理中的认知/（挪）泰耶·阿文，（意）恩里科·齐奥主编；刘杰，李晓阳主译．—北京：国防工业出版社，2023.6
书名原文：Knowledge in Risk Assessment and Management
ISBN 978-7-118-12952-6

Ⅰ．①风… Ⅱ．①泰… ②恩… ③刘… ④李… Ⅲ．①风险评价-研究 Ⅳ．①X820.4

中国国家版本馆 CIP 数据核字（2023）第 078837 号

Knowledge in Risk Assessment and Management 1st Edition by Terje Aven, Enrico Zio
ISBN: 9781119317883
© 2018 John Wiley & Sons Ltd.
All rights reserved. This translation published under John Wiley & Sons license. No part of this book may be reproduced in any form without the written permission of the original copyrights holder. Copies of this book sold without a Wiley sticker on the cover are unauthorized and illegal.

本书中文简体中文字版由 John Wiley & Sons, Inc. 公司授予国防工业出版社。未经许可，不得以任何手段和形式复制或抄袭本书内容。
本书封底贴有 Wiley 防伪标签，无标签者不得销售。
版权所有，侵权必究。

※

国防工业出版社出版发行
（北京市海淀区紫竹院南路23号　邮政编码100048）
北京龙世杰印刷有限公司印刷
新华书店经售

※

开本 710×1000　1/16　印张 16¾　字数 312 千字
2023 年 6 月第 1 版第 1 次印刷　印数 1—2000 册　定价 108.00 元

（本书如有印装错误，我社负责调换）

国防书店：（010）88540777　　书店传真：（010）88540776
发行业务：（010）88540717　　发行传真：（010）88540762

《可靠性维修性保障性学术专著译丛》
编审委员会

主任委员

康　锐　教授　北京航空航天大学

副主任委员

屠庆慈　教授　北京航空航天大学

王文彬　教授　北京科技大学

委员（按姓氏笔画排序）

于永利（军械工程学院）　　　　王少萍（北京航空航天大学）

王文彬（北京科技大学）　　　　王自力（北京航空航天大学）

左明健（电子科技大学）　　　　左洪福（南京航空航天大学）

田玉斌（北京理工大学）　　　　孙　权（国防科技大学）

李大庆（北京航空航天大学）　　何宇廷（空军工程大学）

邹　云（南京理工大学）　　　　宋笔锋（西北工业大学）

张卫方（北京航空航天大学）　　陆民燕（北京航空航天大学）

陈　循（国防科技大学）　　　　陈卫东（哈尔滨工程大学）

陈云霞（北京航空航天大学）　　苗　强（四川大学）

金家善（海军工程大学）　　　　单志伟（装甲兵工程学院）

赵　宇（北京航空航天大学）　　郭霖瀚（北京航空航天大学）

康　锐（北京航空航天大学）　　屠庆慈（北京航空航天大学）

曾声奎（北京航空航天大学）　　翟国富（哈尔滨工业大学）

《可靠性维修性保障性学术专著译丛》
总　　序

可靠性理论自20世纪50年代发源以来，得到了世界各地研究者的广泛关注，并在众多行业内得到了成功的应用。然而，随着工程系统复杂程度的不断增加，可靠性理论与方法也受到了日益严峻的挑战。近年来，许多国际知名学者对相关问题进行了深入研究，取得了一系列显著的成果，极大地丰富和充实了可靠性理论与方法。2012年，国际知名出版社Springer出版了一套"可靠性工程丛书"，共计61种，总结了近年来可靠性维修性保障性相关领域内取得的绝大部分研究成果，具有很强的系统性、很高的理论与实用价值。

经过国内最近30年的普及和发展，可靠性的重要性已经得到业界的普遍认可，即使在民用领域，可靠性的研究与应用也发展迅猛。他山之石，可以攻玉，系统地了解国际上可靠性相关领域近年来的最新研究成果，对于国内的可靠性研究者与实践者们都会大有裨益。为此，国防工业出版社邀请北京航空航天大学可靠性与系统工程学院以Springer出版的可靠性工程丛书中的10种，外加Wiley、World Science、Cambridge、CRC、Prentice Hall出版机构各一种，共15种专著，策划组织了《可靠性维修性保障性学术专著译丛》的翻译出版工作。我具体承担了这套丛书的翻译组织工作。我们挑选这15种专著的基本原则是原著内容是当前国内学术界缺乏的或工业界急需的，主题涵盖了相关领域的科研前沿、热点问题以及最新研究成果，丛书中各专著原作者均为相关领域国际知名的专家、学者。

组织如此规模的学术专著翻译出版工作，我们是没有现成经验的。为了保证翻译质量和进度，在组织翻译这套丛书的过程中，我们做了以下几方面的工作：一是认真遴选主译者。我们邀请了国内高校可靠性工程专业方向的在校博士生作为主译者,这些既有专业知识又有工作激情的青年学者对翻译工作的投入是保证质量与进度的第一道屏障。二是真诚邀请主审专家。我们邀请的主审专家要么是这些博士生的导师,要么是这些博士生的科研合作者,他们均是国内可靠性领域的知名专家,他们对可靠性专业知识把握的深度和广度是保证质量与进度的第二道屏障。三是建立编审委员会加强过程指导。我们邀请了国内知名专家与主审专家一起共同组成了丛书编审委员会,从丛书选择、翻译指导、主审主译等多个方面开展了细致的工作,同时为了及时沟通信息、交流经验,我们还定期编辑丛书翻译工作简报,在主译者、主审者和编审委员中印发。可以说经过以上工作,我们坚信这批专著的翻译质量是有保证的。

  本套丛书适合于从事可靠性维修性保障性相关研究的学者和在校博士、硕士研究生借鉴与学习,也可供工程技术人员在具体的工程实践中参考。我们相信,本套丛书的出版能够对国内可靠性系统工程的发展起到推动作用。

北京航空航天大学可靠性与系统工程学院

康 锐

2013 年 11 月 8 日

译者序

风险有多个不同的定义,最常见的定义是遭受损失或伤害的可能性。风险评估是指风险分析和风险评价的整个过程。风险管理是指标识、控制和消除可能造成损失的不确定事件或使这些事件损失降至最小的全部过程。风险评估是风险管理的基础。

作为系统性科学,风险评估与管理始于20世纪的西方工业化国家,先后经历了传统风险评估与管理阶段、现代风险管理阶段和全面风险管理阶段。现在风险评估与管理的理论、模型和工业实践日趋成熟、丰富和完善。随着工业4.0、信息物理系统、高度集成系统等复杂系统的发展,风险评估与管理变得异常重要。在我国,随着"中国制造2025"规划的实施和国际形势的变化,研制世界一流水平的装备,如生产制造类、基础设施类、重大工程类等,面临着前所未有的机遇和挑战。其中,深入开展与风险评估和管理相关的理论研究和技术应用是降低研制风险、成本,提高经济效益、产品质量的关键技术之一。

目前,风险管理仍然面临着许多挑战,而本书所分析的知识在风险评估与管理中的应用便是其一。风险评估与管理是由特定的风险分析人员或团队开展的。其进行的假设、模型简化、不确定性评估都与分析人员或团队对目标系统的认知相关,不一定是精确的和完善的。所以,合理刻画风险评估与管理中的知识及其不确定性是风险科学发展的重要一环。本书详细地介绍了风险分析与管理领域两位知名学者(Terje Aven教授和Enrico Zio教授)所带领的团队在该方向的新研究成果,也较为系统地论述了知识的定义、不确定性的内涵、当前风险评估与管理方法在实践中的局限性、知识在风险评估与管理中的表示与表达。同时,在提出可以有效表征知识的风险评估与管理框架的基础上,通过翔实的案例说明该框架的应用效果与计算效率。

原著中的"knowledge"一词本意为"知识",但本书中主要是指风险分析人员的"知识",带有一定的主观性,故本书的中文题目中"knowledge"一词译作"认知"。在正文部分,为了准确表达原著作者的思想,该词仍译作"知识"。本书在翻译的过程中,译者以"信""达""雅"为原则,将原著作者思想转述给国内广大读者，为保精确，译著中在关键专有名词后给出了其英文。

本书由北京航空航天大学刘杰副教授和李晓阳教授负责组织并翻译，康锐教授负责全书审校。其中，刘杰副教授组织并翻译了第一~七章，李晓阳教授组织并翻译了第八~十三章。本书在翻译的过程中得到了助理研究员邵英华，博士研究生吴纪鹏、陈文彬、梁婧瑜和王冲，硕士生陈大宇、郭作辰、童邦安、李芳蓉、王天琦、苏晴和王立松等的协助，在此一并表示感谢。感谢译者所在单位——北京航空航天大学可靠性与系统工程学院——对本书翻译工作的大力支持。

由于译者能力有限，译著中难免存在考虑不周之处，希望各位读者批评指正。

译　者

2023 年 1 月于北京航空航天大学

前　　言

本书讲述了风险评估与管理中的认知。为什么本书是关于这一主题的呢？这是因为风险评估与管理从根本上讲是基于可用的知识和信息的。自相矛盾的是，认识到这一简单的事实是本领域前进的重要一步。最近学术界有人明确指出，知识是风险的先决条件之一。风险评估与管理的方法和理论被看作系统、严谨并且透明地利用知识的框架。换言之，风险评估与管理是形成、阐述和表达对现象和未来认知的方式之一，进而形成决策。这主要是通过模型开发、不确定性表示和表达、不确定性传递，以及利用概率或其他方法来描述风险的。风险的描述是以认知为前提的，比如概率是在对不确定过程或事件具有一定认知的前提下做出的判断。认知主要是基于数据和信息，以风险模型和特征中的假设为表现形式。

风险评估与管理的价值取决于所使用方法和模型的质量，以及对目标对象的认知水平。目前，针对如何利用前者保证风险评估与管理的质量已经有了一定的研究，但是如何处理后者，仍然是本领域的一个开放性问题和重要挑战。如何在风险评估中描述和评价认知？如何体现和反映认知对风险管理决策过程的影响？本书将尽可能清晰地描述以上两个问题，并结合理论和实际案例回答以上两个问题。

本书主要由 13 章组成，分为基础概念、理论与方法（第一部分），风险评估与决策（第二部分），以及案例应用（第三部分）3 个部分。

第一部分

第一章，通过对风险评估与管理中与知识特征相关的基础概念、问题和方法的描述为本书论述奠定了基础。本章通过一个具体案例对相关问题和概念进行了阐述。该案例虽然简单，但是足够完备地讨论该过程的关键侧面，包括风险概念和表征、不确定性处理、可用知识特征描述、未知事件的影响、脆弱性的影响，以及鲁棒性和弹性。

第二章，更深入地阐述了知识的概念。本章主要思考在与哲学和社会学中知识研究成果相符的情况下，如何将知识的概念用于风险评估。主要讨论如何利用其他学科的研究成果进一步拓展风险评估与管理中知识的维度。

第三章，讨论了如何处理和使用风险评估中不确定假设。本章首先描述了一个连接风险概念、风险描述、风险指标和知识维度的场景；然后介绍了系统化处理不确定假设的框架，并证明该框架可为风险分析师和风险管理人员提供处理不确定假设的方法与建议。该场景和框架是当前基于不确定性的风险评估的最新进展，主要包括假设偏离风险的概念，也就是政策科学里表示不确定性和质量的"数值、单位、传播、评估和谱系"方法（NUSAP）。

第四章，介绍了风险模型中管理系统未来行为假设的验证方法，从而提供早期预警。这与风险评估与管理是高度相关的，因为基于任何风险模型的风险描述都与预先假设极其相关，并且很难对这些假设进行描述。解决这一问题对于（尤其是存在未知事件的情况下）准确了解、评估和管理风险是非常重要的。本章所描述的方法主要基于对监测系统行为趋势变化信号进行预处理。

第五章，在风险评估与管理的背景下对不确定性分析进行了深入的描述。在已知和未知不确定性对风险评估是同等重要的前提下，本章介绍了一个针对什么是不确定的、谁对这些事情是不确定的，以及如何描述或表达不确定性等问题的不确定度分析通用框架。该框架具有以下两个特点：

- 明确区分作为概念的不确定性以及描述或表达不确定性手段；
- 区分分析师和决策者眼中的不确定性。

第六章，主要介绍了完整性不确定性的概念。相关文献中关于这一概念的描述非常模糊，而如何处理这一不确定性则更加困难。本章主要目的在于明确完整性不确定性的概念并且展示如何将其转化为模型不确定性。

第七章，思考了风险评估的质量问题，主要处理决策过程中关于"科学的条件"和"有用"的问题。针对以上两个问题获得了一些新的认知：

- 未来风险评估的研究将实现从准确的风险评估向知识和知识匮乏条件下的风险评估的转化；
- 决策者思维需要从风险分析师和专家给出的条件风险向非条件风险转变。

接下来，本章还讨论了风险评估的质量问题，重点讨论了决定风险评估的质量因素，以及如何确保和检验风险评估质量。

第八章，进一步讨论了建模和模拟作为发掘和阐述系统行为的手段，进而确认关键事件并预防未知意外事件发生。认清这一事实后，模拟建模方法可以是：

- 高维的；
- 黑箱的；
- 动态的；
- 计算复杂的。

本章介绍了利用对关键系统行为的认知提高模拟计算效率自适应策略。针对风险识别方法提出了两个模拟方法：一是关注给定情景下极端未知情况的搜索；二是关注能够造成系统极端后果的情形的挖掘以及相应的底层发生原因。

第二部分

第九章，介绍了一个用于决策的优先级方法，该方法结合了基于知识强度的不确定性和目标敏感度评估方法。目前关于在决策过程中评估这些不确定性及目标敏感度的方法是基于概率方法和决策分析。本章介绍了一个从决策角度考虑重要不确定性的、新的投资优先级计算方法。该方法可以系统性地考虑知识强度，并被证明是一个在未来经济、环境和政治影响下鲁棒性较高的应急管理系统。

第十章，主要介绍了风险管理过程中构建决策的问题。决策过程初期是很难准确地做出决策的，主要由于：

- 针对哪些问题做出决策；
- 需要针对所有问题做出唯一决策还是针对每个问题做出决策，以及如何做出决策；
- 什么时候做出决策；
- 决策者有哪些选择；
- 成功决策的条件。

本章系统地将构建决策分为 10 个组成部分，并介绍了用于分析和管理每个组成部分的概念性工具。通过对不同决策方式结果的细致调研，可以为风险管理决策者决策过程提供能够保证质量和透明度的知识。

第三部分

第十一章，介绍了量化风险分析方法（QRA），利用知识及相关假设在海上油气平台设计与运行风险评估中的应用。QRA 是一个很有效的决策支持工具，被应用于众多存在事故风险的工业设施。QRA 是一个大型复杂的工具，在很多时候由于计算复杂、不能有效处理不确定性和输入参数漂移，以及不能及时给出计算结果而被诟病。

第十二章，概述了另一个将知识用于风险评估与管理的实际案例。当前被挪威石油安全局用于描述挪威油气行业风险水平和风险趋势的方法被扩展为能够有效结合鲁棒性和认知评估的风险评估与管理方法。

第十三章，介绍了美国核能监管委员会面临的与风险相关的知识管理挑战。这些挑战也是其他风险评估与管理部分共同面对的。本章解释了在监管决策过程中如何利用风险信息和知识，着重强调了其多面性对知识工程和开发支持知识管理的信息系统带来的挑战。本章也描述了增加知识后改善风险信息管理的方法。

目　　录

第一部分　基础概念、理论与方法

第一章　考虑广义不确定性和指示表征的风险评估：案例研究 ······ 3
　1.1　引言 ······ 3
　1.2　案例研究 ······ 4
　1.3　风险评估的计划 ······ 5
　1.4　风险评估的执行 ······ 6
　1.5　风险评估的应用 ······ 11
　1.6　讨论 ······ 11
　1.7　结论 ······ 13
　附录 A.1 ······ 15
　　　A.1.1　风险评估方法总结 ······ 15
　　　A.1.2　危险/威胁（已知类型） ······ 15
　　　A.1.3　机会（已知类型） ······ 17
　　　A.1.4　新兴事件（风险） ······ 17
　　　A.1.5　评估知识强度的方法 ······ 17
　　　A.1.6　成本效益评估方法 ······ 18
　参考文献 ······ 19

第二章　风险领域的知识之谜 ······ 20
　2.1　引言 ······ 20
　2.2　案例介绍 ······ 21
　　　2.2.1　近海案例 ······ 21
　　　2.2.2　猪流感疫苗接种 ······ 22
　2.3　关于知识的观点 ······ 22
　　　2.3.1　知识的定义 ······ 22
　　　2.3.2　如何生成知识 ······ 26
　2.4　讨论——风险分析领域的新见解 ······ 28
　　　2.4.1　不确定性和可能性评估的知识基础 ······ 28
　　　2.4.2　特定活动的相关知识 ······ 30
　　　2.4.3　通用概念和理论发展的相关知识 ······ 30

2.5　结论 ··· 32
　　参考文献 ··· 32

第三章　定量/半定量风险评估中不确定假设的处理和沟通 ······· 35
　　3.1　引言 ··· 35
　　3.2　连接风险和相关概念的标准架构 ································· 37
　　3.3　案例 ··· 38
　　3.4　系统性的不确定假设 ··· 39
　　3.5　风险评估中的不确定假设：风险分析师的观点 ····················· 40
　　3.6　沟通不确定假设 ··· 44
　　3.7　风险管理中的不确定假设：风险管理者视角 ······················· 47
　　3.8　讨论与结论 ··· 51
　　附录 A.3 ·· 54
　　参考文献 ··· 55

第四章　基于临界慢化的监测意外和突发事件预警信号方法框架 ····· 57
　　4.1　引言 ··· 57
　　4.2　系统动力学和临界慢化信号 ····································· 59
　　4.3　EWS-SUE 监测框架 ··· 62
　　　　4.3.1　系统 ··· 63
　　　　4.3.2　系统描述：知识和假设 ··································· 63
　　　　4.3.3　系统信号和异常检测 ····································· 64
　　4.4　说明性示例 ··· 66
　　　　4.4.1　远足者 Hans 和雪崩风险 ································ 66
　　　　4.4.2　足球运动员 Lars 以及心脏病风险 ························ 67
　　　　4.4.3　工程师 Susan 和中毒风险 ······························ 68
　　4.5　对示例的几点思考 ··· 69
　　4.6　结论 ··· 70
　　参考文献 ··· 71

第五章　改善不确定性分析的理论和实践：加强与知识和风险的联系 ······ 73
　　5.1　引言 ··· 73
　　5.2　不确定性分析框架 ··· 75
　　　　5.2.1　我们不确定的是什么？ ································· 75
　　　　5.2.2　谁是不确定的？ ······································· 77
　　　　5.2.3　表示不确定性：与知识和风险的联系 ····················· 77
　　　　5.2.4　通过建模和分析处理不确定性 ··························· 80
　　　　5.2.5　如何跟踪和使用不确定性特征？ ························· 81
　　5.3　框架的使用案例 ··· 82

- 5.3.1 什么事情是不确定的？什么人对此不确定？为什么进行确定性分析？ ……… 83
- 5.3.2 表达不确定性：建模与分析 ……… 83
- 5.3.3 决策 ……… 84
- 5.4 讨论 ……… 85
- 5.5 结论 ……… 87
- 参考文献 ……… 87

第六章 完整性不确定性：概念区分和处理 ……… 91
- 6.1 引言 ……… 91
- 6.2 详述完整性不确定性 ……… 93
- 6.3 理解和处理"完整性不确定性" ……… 94
- 6.4 作为模型不确定性的风险源 ……… 96
- 6.5 讨论 ……… 98
- 6.6 结论 ……… 100
- 参考文献 ……… 100

第七章 风险评估的质量：定义和验证 ……… 102
- 7.1 引言 ……… 102
- 7.2 案例 ……… 106
- 7.3 所面临挑战的理论表述 ……… 107
- 7.4 有效性和可靠性指标 ……… 108
  - 7.4.1 有效性指标 ……… 108
  - 7.4.2 可靠性指标 ……… 109
- 7.5 知识相关问题 ……… 110
- 7.6 讨论 ……… 113
- 7.7 结论 ……… 115
- 参考文献 ……… 115

第八章 风险评估中情景分析的认知驱动系统仿真 ……… 119
- 8.1 引言 ……… 119
- 8.2 问题陈述 ……… 120
- 8.3 研究现状 ……… 121
- 8.4 提出的方法 ……… 124
  - 8.4.1 动态工程系统中极端和意外事件的搜索 ……… 125
  - 8.4.2 临界区域识别 ……… 135
- 8.5 结论 ……… 150
- 附录 A.8 ……… 151
  - A.8.1 Metropolis-Hastings 方法 ……… 151

A.8.2　基于多项式混沌展开的灵敏度分析 …………………… 151
　　A.8.3　克里金方法 ………………………………………………… 153
参考文献 ……………………………………………………………………… 153

第二部分　风险评估与决策

第九章　考虑不确定性的优先投资决策支持方法　163
9.1　引言 …………………………………………………………………… 163
9.2　设置 …………………………………………………………………… 164
9.3　方法 …………………………………………………………………… 166
　　9.3.1　方法概述 …………………………………………………… 166
　　9.3.2　确定可选方案和目标 ……………………………………… 167
　　9.3.3　预测投资方案的结果 ……………………………………… 167
　　9.3.4　可选方案的优先级决策支持 ……………………………… 168
9.4　案例 …………………………………………………………………… 169
　　9.4.1　案例综述 …………………………………………………… 169
　　9.4.2　确定可选方案和目标 ……………………………………… 170
　　9.4.3　预测投资方案的结果 ……………………………………… 170
　　9.4.4　为备选方案的优先级提供决策支持 ……………………… 171
9.5　讨论 …………………………………………………………………… 172
　　9.5.1　案例讨论 …………………………………………………… 172
　　9.5.2　方法论的讨论 ……………………………………………… 173
9.6　结论 …………………………………………………………………… 174
参考文献 ……………………………………………………………………… 174

第十章　结构不确定性下的风险分析　176
10.1　引言 …………………………………………………………………… 176
10.2　构建决策的10个组成部分 …………………………………………… 178
　　10.2.1　范围 ………………………………………………………… 178
　　10.2.2　细化 ………………………………………………………… 179
　　10.2.3　代理 ………………………………………………………… 181
　　10.2.4　时机 ………………………………………………………… 181
　　10.2.5　选项 ………………………………………………………… 183
　　10.2.6　控制归属 …………………………………………………… 184
　　10.2.7　框架 ………………………………………………………… 185
　　10.2.8　视野 ………………………………………………………… 187
　　10.2.9　准则 ………………………………………………………… 189

10.2.10　重组 ··· 190
　10.3　讨论 ··· 191
　10.4　结论 ··· 191
　参考文献 ··· 192

第三部分　案例应用

第十一章　海上油气装置从设计到运行的风险评估实用方法 ········· 197
　11.1　引言 ··· 197
　11.2　案例 ··· 199
　11.3　传统方法 ·· 200
　11.4　替代方法 ·· 202
　　11.4.1　第一步：布局审查 ·· 203
　　11.4.2　第二步：简化分析 ·· 203
　11.5　设计、运营和屏障管理的评估输入 ······································ 208
　　11.5.1　持续性评估 ··· 208
　　11.5.2　复杂分析中不确定性的评估和传播 ······························· 208
　　11.5.3　屏障管理 ·· 213
　11.6　讨论 ··· 215
　11.7　结论 ··· 217
　参考文献 ··· 218

第十二章　挪威油气行业风险趋势的半定量评估方法 ················ 219
　12.1　引言 ··· 219
　12.2　趋势预测方法综述 ··· 221
　12.3　当前趋势预测方法的讨论 ·· 222
　　12.3.1　方法挑战：背景知识 ··· 222
　　12.3.2　方法挑战：鲁棒性 ·· 222
　12.4　风险趋势预测的半定量方法 ··· 224
　12.5　案例：扩展方法的应用 ··· 226
　　12.5.1　步骤1：风险趋势的评估和可视化 ································ 226
　　12.5.2　步骤2和步骤3：背景知识的评估和鲁棒性评估 ··············· 226
　　12.5.3　步骤4：映射和呈现结果 ·· 227
　　12.5.4　步骤5：讨论和结论 ·· 227
　12.6　结论 ··· 228
　参考文献 ··· 229

第十三章　风险信息监管机构的知识工程：挑战和建议 …………… 230
13.1　引言 …………………………………………………………… 230
13.2　从用户角度出发的与风险相关的 KE 挑战 ………………… 231
13.3　先进技术的前景 ………………………………………………… 233
13.3.1　自然语言处理 …………………………………………… 233
13.3.2　内容分析 ………………………………………………… 235
13.3.3　形式化方法 ……………………………………………… 236
13.4　一项近期探索 …………………………………………………… 236
13.4.1　项目目标和范围 ………………………………………… 236
13.4.2　整体方案 ………………………………………………… 238
13.4.3　用例 1 …………………………………………………… 238
13.4.4　范围研究结论和评论 …………………………………… 243
13.5　对未来的结论和建议发展 ……………………………………… 245
参考文献 ……………………………………………………………… 246

第一部分 基础概念、理论与方法

第一章　考虑广义不确定性和指示表征的风险评估：案例研究

Terje Aven，Roger Flage（挪威斯塔万格大学）

本章介绍了"风险管理硕士学位课程"的风险评估。评估的目的是为在未来几年内最好地发展"风险管理硕士学位课程"的决策提供支持。本章的目的是介绍相关案例研究，以展示从突出知识和不确定性特征的视角如何进行风险评估，这些特征与基于影响和概率估计的传统方法不同。近来，这些观点受到研究者重视，并寻求现实生活中的例子来说明这些观点的实际意义。这个案例很简单，允许澄清分析过程中关键方面的讨论，包括风险概念和度量、不确定性的处理、可用知识的特征、潜在意外以及脆弱性（vulnerability）、鲁棒性（robustness）和弹性（resilience）的考虑。最后的结论是，结合早期规划阶段的新思路，风险评估并不比传统方法更难进行；并且决策过程有了很大的改进，因为决策者对决策的许多重要方面有了更好的了解。

1.1 引　　言

挪威石油安全局（The Petroleum Safety Authority Norway，PSA-N）是一个独立的政府监管机构，负责挪威石油行业安全、应急准备和工作环境监管。该局最近推出了风险的新定义，即风险表示某个活动的影响以及相关活动的不确定性（PSA-N 2015）。之前风险的定义是由 Kaplan 与 Garrick 于 1981 年提出的涵盖了场景、影响和概率三元组一致的影响和概率视角。业界开始了解 PSA-N 推出的风险的新定义的实际意义和内涵。

风险分析协会（The Society for Risk Analysis，SRA）刚刚发布了一份新的主要风险概念词汇表（SRA 2015），允许对风险进行多种定义。然而，在提到的所有定义中，事件/后果和不确定性是关键的组成部分，并且与其实际意义和内涵相关的问题也是重要方面。作为第三个例子，我们想提及 ISO 31000 风险管理标准（ISO 2009），它也是基于不确定性而非概率建立了风险的定义。在该标准中，风险被定义为不确定性对目标的影响。

当涉及风险评估中对风险的描述时，就必须使用一种不确定性的度量方法。

而问题就是有哪些度量不确定性的替代方法以及应该使用哪种方法。不确定性与知识有关，因此，描述不确定性不仅要描述知识本身，还要描述知识的质量。在这一问题上已经进行了大量的理论工作[1-2]，旨在澄清对关键概念的理解，并就如何最好地描述风险提出建议。

风险评估的实践经验表明，许多人努力分析旧的基于影响-概率的风险视角与新观点之间的区别。例如，不确定性和概率之间的区别是什么？此外，有一种观点认为新思维方式的引入将会使评估变得更复杂，其过于强调不确定性，给分析师与决策者之间的沟通带来不必要的困难。

为了应对这些挑战，需要寻求一些方法来澄清传统观点与新观点之间的差异，并在指出这些差异的同时展示这些新观点对当前实践的贡献。

在我们看来，应对挑战的最好的方法是提出一个简单、易于理解的示例并进行讨论，这样就可以在不被大量技术细节干扰的情况下突出这些想法。本章的目的正是要做到这一点。我们基于对风险的新想法，针对风险管理硕士学位课程，介绍风险评估的规划和使用阶段。该评估将为大学发展该课程的决策提供支持。在本章中，我们将讨论主要的过程和结论，强调与不同风险视角差异有关的问题，以及新思维方式对当前实践的补充。在附录中，我们概述了使现有理论工作适用于更实际的环境所需要的新视角的关键特征。所考虑的案例研究重点关注定性分析。

本章的其余部分内容安排如下：1.2 节详细介绍了案例研究；1.3 节和 1.4 节分别研究了风险评估的计划和执行；1.5 节介绍了评估的应用，重点介绍了风险管理和相关决策；1.6 节讨论了分析过程和结果；1.7 节给出了一些结论。

1.2 案例研究

斯塔万格大学（位于挪威斯塔万格市）经过审查表明达到了某些硬性要求后，于 2005 年正式成立。并且，它已经在过去大约 30 年间提供风险和安全相关的硕士课程体系（两年制课程，以三年的学士学位为基础）。在最初的 10 年里，这些课程体系主要以石油及海上工程研究项目为基础。后来，它们也转向企业安全方面。渐渐地，原来以石油及海上工程研究课程为基础的硕士课程覆盖面越来越宽泛，现在提供的硕士课程体系以更广泛的风险管理和企业安全为重点。尽管如此，这些应用在很大程度上还是与石油和天然气有关，海上安全是风险管理硕士课程体系的一个专业方向。

近年来的趋势是国际学生人数增加，挪威本地学生人数相应减少。由于从本科工程项目招收优秀学生的激烈竞争，招生一直是个问题。石油和天然气行业吸引了许多有才华的学生，但随着油价的变化，该行业对学生的需求变化很大。在展望硕士课程的未来时，环境问题也是必须考虑的因素。

为了更好地发展风险管理硕士课程体系，本章进行了相关风险评估。如1.1节所述，我们力求以最"新"的方式做到这一点，也就是说与对风险的新观点保持一致。

1.3 风险评估的计划

风险评估计划阶段的主要活动有：
（1）澄清和说明风险评估需要支持的相关决策内容；
（2）评估目标的展开；
（3）确定评估范围——明确哪些方面和特征应该包括在相关工作中，哪些不包括在相关工作中。

对风险评估相关工作的组织等其他的活动，在此将不做进一步讨论。

如1.1节所述，风险评估的主要目标是支撑如何在未来几年内最好地发展风险管理硕士课程体系相关的决策过程。作为第一步，涉及的主要利益相关者是学生、教研人员（教授）、行政人员、潜在雇主（行业、公共部门等）和整个社会。对于这些利益相关者，我们确定了一组理想的目标/要求，见表1.1。

表1.1 每个利益相关者的理想目标/要求

利益相关者	理想目标/要求
学生	（1）为相关工作机会提供了良好的教育基础； （2）高度合格的员工（教授及行政人员）； （3）新奇有趣的研究环境； （4）良好的社会环境
教研人员	（1）招聘优秀学生； （2）支持该课程的国际研究和发展水平； （3）现代教学和沟通手段的使用； （4）对授课教师和导师的高度激励； （5）进一步发展的动力
行政人员	（1）为学生提供专业服务； （2）为学术人员提供专业服务； （3）进一步发展的动力
潜在雇主	（1）从课程中挖掘有能力和动力的候选人； （2）与学术人员建立良好的联系； （3）从该课程获得候选人的迫切需求
社会	（1）候选人以自己的能力和技能向社会提供价值； （2）科学人员为社会提供价值

据此，确定了风险评估的目的如下：
（1）确定这些目标/要求与当前状态之间的差距。
（2）确定可能对实现上述目标/要求产生重大影响的事件和因素，或对今后方案发展具有重要意义的其他问题。

（3）建立一套必要的措施，以弥补上述差距甚至达到这些目标要求，并且避免潜在的不良后果和意外。

（4）评估执行或不执行这些措施的相关风险，以及更广泛意义上的成本和收益，强调所有相关工作的利弊。

（5）对于风险判断，请遵循附录中提出的方法。简单地说，就是执行下列任务：

① 确定可能导致目标/要求被满足/不被满足的事件。

② 确定可能具有重要作用的潜在事件/因素/来源/威胁。

③ 使用适当的区间概率评估这些事件发生的概率。

④ 评估支持这些判断的知识强度（strength of knowledge）。确定判断这些概率所依据的假设。评估这些假设可能存在的偏差。考虑提高相关知识强度的方法。

⑤ 通过让组织中的其他人检查相关评估，特别是检查知识差距以及信息和警告，提高风险评估准确性。

⑥ 评估小概率/意外事件发生时的鲁棒性和弹性。

⑦ 考虑提高鲁棒性和弹性的措施。

⑧ 执行"在可实现范围内尽可能低"（as low as reasonably practicable，ALARP）过程以进一步降低风险。

（6）根据不同的潜在政策，制定执行措施的优先级列表。

该评估由斯塔万格大学工业经济、风险管理和规划系风险管理课题组的核心学术人员进行。建议措施的执行取决于包含系主任和院长的学院和学校层次的决策过程。

1.4 风险评估的执行

通过头脑风暴进行与目的（1）~（3）有关的活动：确认差距、事件和因素，以及弥补差距的措施。

确认并列出不同的差距，并将其分为两类：最重要的差距和其他差距。表1.2总结了这两类差距的结果，其中第一类差距被认为是最关键的。我们把讨论的重点放在这个差距上。这类差距指出，为了实现表1.1所列的目标/要求，主要的挑战之一是招募更优秀的学生。目前，进入风险管理专业的要求是工程（或类似）学士学位课程的平均成绩为C或更高，而且近年来申请人数一直相当稳定：略高于招收学生的最低成绩。与此同时，我们发现工业经济学硕士专业有大量的报名学生，造成更高的学生平均成绩要求。对此有两种显而易见的解释。首先经济学和商科为高中学生所熟知，而工业经济硕士专业在挪威国内和国际上都很有名：这是一个享有盛誉的专业，薪水和职业前景都很好。相较而言，风险管理是一个新领域,不为多数学生所熟知。

表1.2 确认过的差距、重要事件与因素及弥补差距的措施(示例)

确认过的差距	事件与因素(风险来源、威胁)	弥补差距的措施
招募更优秀的学生	(1)劳动力市场; (2)油价波动; (3)对未来职业有吸引力的课程; (4)被高度认可的课程体系; (5)风险与安全课题组获得"卓越中心"评价	(1)使风险管理成为高中和大学本科的课程; (2)在工业经济硕士课程中开设风险管理课程(M1); (3)为研究小组申请"卓越中心"评价
适当使用现代教学和沟通手段	(1)教师熟悉并使用这些手段; (2)硬件设备质量良好; (3)提供充足资源	(1)课程录音; (2)使用简短的视频突出每门课程的主题

为吸引更优秀的学生加入风险管理领域,采取的第一项措施是建议在工业经济学硕士专业下设立风险管理专业。此专业已开设了风险管理课程,这个建议可以被看作是这两个领域之间已经建立联系的进一步发展。第二项正在考虑的措施是申请成为"卓越中心"(center of excellence),这是一个由挪威科技部支持的著名研究中心。这样的中心将使风险管理课程在挪威国内和国际上更加知名,从而吸引更多的学生。第三个措施是考虑使风险管理成为高中的一门课程。然而,实现这一目标将是一个漫长的过程,但它可能大大影响招聘的成功。

下一个任务是对这些措施进行风险评估。我们首先重点讨论了措施M1和基本情形(如像今天一样什么也不做);然后系统地讨论了在前一节和附录中列出的指南中给出的问题。表1.3和表1.4分别总结了基本情形和措施M1风险评估中的一些关键点。

表1.3 基本情形风险判定[①] 基本情况:不采取任何特殊措施

可能导致目标/要求不被满足的事件	在该方面非常重要的事件	评估这些事件发生的概率	关键假设	偏离关键假设的风险估计	评估支持给定概率的知识强度
招收优秀学生数量减少(A_{1a})	低/高油价大学的风险和安全课题组获得"卓越中心"评价	$0.25 \leq P(A_{1a}) \leq 0.50$	争取最优秀学生的竞争力正在增强	低	中
			风险方向硕士课程被认为主要针对石油领域	中	
			石油价格继续波动	中	

① 由1.4节末尾列表确定。

表 1.4 措施 M1 风险判定[①]总结

可能导致目标/要求不被满足的事件	在该方面非常重要的事件	评估这些事件的概率	关键假设	偏离关键假设的风险评估	评估支持所分配概率的知识强度
专业未被批准（A_1）	新院系主管	$P(A_1) \leq 0.10$	院系主管没有变化	低	强
在工业经济学中，有少量学生选择风险管理专业（A_2）	学生发现专业没有吸引力（例如因为有太多安全相关内容）	$0.25 \leq P(A_2) \leq 0.50$	（1）工业经济课题组人员接受风险管理专业；（2）相对于安全方向，本专业仍然更关注风险方向	低	中
风险管理专业的学生水平较低（A_3）	（1）学分较低的学生选择风险管理专业；（2）工业经济课程的招生被明显削弱	$P(A_1) \leq 0.10$	工业经济课程继续保持强势	低	强

[①] 由 1.3 节末尾列表确定。

从表 1.3 中可以看出，分析小组认为，按照当前的情况，我们很可能会遇到招收的优秀学生数量减少的情况。这一判断基于若干假设，其中包括学生认为硕士课程主要侧重于石油工业应用。尽管该课程以一般的风险评估和管理为重点，但其历史上与石油和天然气紧密相关，并提供海上安全的专业知识，同时科研人员与石油行业密切合作。石油工业目前面临着压力：受与气候变化相关政策的驱动，它受到政府的干预。这可能严重影响年轻人的专业选择。越来越少的学生会选择石油相关的专业。这也可能减少学生申请风险管理专业的动力。如果油价保持低位，石油相关专业的招生人数可能会进一步减少。分析小组根据波动的石油价格做了概率判断，从而更好地激励了投资者对石油行业的投资，评估也更加乐观。然而，他们认为，鉴于当前的"绿色社会变革"，高油价不太可能导致人们对该课程产生更大的兴趣。如果石油价格上涨，我们可能会看到招生情况的改善，但依据过往的经验，非常高的油价导致许多学生获得学士学位后便进入企业工作，因为在这种情况下该行业对新员工的需求量非常高，他们在没有硕士学位的情况下也可以很容易地找到一份工作。

随着大学和学院硕士专业越来越多，以及市场需求越来越大，招收优秀学生的竞争也越来越激烈。在大学体系中，优秀学生的价值是非常大的，因为这些学生代表着博士计划的生源基础。

之所以认为竞争假设的偏离风险很低是因为分析小组认为这个假设很可能成立。表 1.3 中的另外两个假设的偏离风险被判定为中等。这是基于对偏离该假设风险的全面考虑，包括假设本身和偏离假设的含义以及支持这些判断的知识强度。

为了评估支撑风险概率判断的知识强度，需要考虑假设偏离风险、数据/信息的可用性和数量、不同专家的观点、对事件的现象和过程的基本理解和判断，以及附录中概述的方法。所考虑的事件是独特的未来事件，可用的数据和信息或多或少与判断它们发生的概率有关。油价与招生之间的关系不是可有可无的，分析小组对各种假设的重要性有不同的看法。

概率判断反映了风险管理团队是否会成为"卓越中心"的不确定性。分析小组认为，考虑到此类申请的成功率小于10%，该小组在未来几年获得该评价的概率小于0.10。然而，如果该团队获得该评价，表1.3对应的概率将发生较大变化。结论是，在招募优秀学生方面很可能会出现改进：分配的概率将至少变为0.90；也就是说，$P(A_{1b}) \geq 0.90$。此外，这样的事件会导致 $P(A_{1a}) \leq 0.05$。

表1.4类似于表1.3，但与实现措施M1的情况有关；换句话说，作为工业经济学硕士课程的一部分，学院开设了风险管理课程（模块）。接下来，我们主要探讨专业设置未获批准的情况 (A_1)。分析小组认为这一事件不可能发生，且分配了最大0.10的概率。这个数值是基于这样的假设，即未来几年学院领导不会变动。当前的领导有意设置此专业。假设风险被判定为较低，主要因为判断该假设是真实的概率很高，并且有很强的认知支持该判断。总的来说，对这种概率分配的判断是基于较强的认知，同时也与数据/信息的可用性和数量、专家的不同意见以及对所研究的现象和过程的理解有关。分析小组发现，支持该概率判断的知识较强，主要考虑到该小组对专业设置过程有很好的认识，并且在建立该专业方面得到了部门主要人员的支持。

表1.5进一步详细说明了M1措施的风险判断（e）。为了简化，我们将主要关注没有批准该专业设置这一事件上 (A_1)。第一点是通过让组织中的其他人检查评估，特别是检查知识差距和信号来细化评估。结果表明，工业经济学院的人员并非都对这项建议充满热情。主要问题在于，将风险管理作为一个专业的做法，会以一种负面的方式影响课程设置，并导致学院内部对优秀学生的竞争加剧。

表1.5　针对M1措施和A_1事件的附加风险判断总结

可能导致目标/要求无法实现的事件	让学院中的其他人审查评估，特别是针对知识差距	如果发生小概率/意外事件，评估鲁棒性和弹性	考虑提高鲁棒性和弹性的措施	是否有相关信号或警告	实施ALARP过程，进一步降低风险
专业设置不被批准（A_1）	发现并不是所有的工业经济方向人员都对此提议感兴趣	如果工业经济学院的一位核心人物改变观点，对该提议持反对态度，则审批过程可能会变得复杂	通知并动员部门的关键人员有关计划	观察到学院中有一些阻力	通过通知和动员关键人物，以降低风险

至于鲁棒性/弹性，请考虑这样一种情况：如果工业经济学院中的一个核心人物改变了观点，对该提议持否定态度。这对本提议会产生什么影响？显然，它可能危及计划，因此应该执行适当的措施来减少漏洞和风险。根据 ALARP 思维[3]，为加强鲁棒性/弹性，应采取措施通知并激励学院关键人员，使其意识到设立风险管理专业将增强工业经济的硕士课程体系，也会增强招生基础，并获得额外的学生培养资源。观察到一些人员对该提议有抵触情绪，这就发出了需要采取某些措施的强烈信号。

具体事件的风险等级可以按照附录中的指南进行排序。事件"优秀学生的招生数量减少"（A_{1a}），具有非常高的风险（第 4 类），这是因为分析小组给极端后果的较高分数，并且给予此类后果一个相对较大的可能性。当然，"极端"后果是一个相对的概念。事件"专业设置不被批准（A_1）"被赋予中度的风险（第 2 类），主要由于分析小组对潜在损失给予较高分数的同时，根据较好的知识基础，确定了一个相对较小的发生概率。

这份清单并没有就该做什么提供明确的意见。为此，我们还需要从更广泛的意义上解决成本和收益问题。首先，我们要问：风险的可管理性是什么？降低风险有多难？

对于 A_{1a} 事件，可以通过采取较为可信的措施，改善目前的情况，并招募到优秀学生。至少从更长远的角度来看，最有效的措施是设立风险管理课程，并作为工业经济硕士课程的一部分。与所获得的利益相比，成本被认为是相当低的。此外，相对于成本，其他措施也被认为是有效的，例如，一项旨在招募更多本科学生的校园活动。

可以使用不同的分析工具对上述不同事件和条件之间的关系进行建模，例如贝叶斯置信网络（影响图）。作为一个简单的例子，我们可以针对三个事件（节点）进行建模：一个父事件——"招生减少"和两个子事件——"以石油和天然气为导向的研究项目"和"低油价"。该网络使用概率和知识判断的强度，可用于半定量分析。针对以上情况，通过定性分析增加对所研究的现象的理解是本章的主要目的。

分析小组进行了一次头脑风暴活动，以揭示新出现的风险事件，其中最重要的是"一位或多位年轻教师获得其他大学/机构的职位"。分析小组的一名成员已经确定了一些支持这一事件发生的信号，但知识基础被认为非常弱。该事件被归类为一个新兴事件：一个需要适当关注的事件。风险管理课题组规模相当小，但近年来有所增大，目前拥有一批员工，使其不那么容易受到此类风险的影响。然而，因为高水平教师人数很少，所以这些人中即使有一人离开该课题组，都将是严重的损失。

1.5　风险评估的应用

风险评估有两个主要目标：分析与硕士课程体系安排有关的风险以及各种措施对这些风险的影响，并以此为进一步发展该课程体系提供决策支撑。评估没有规定要做什么，但是提供了决策支撑。在这种情况下，评估的主要结果是：

（1）招募更多优秀学生是首要问题。

（2）将风险管理课程作为工业经济学硕士课程的一部分，被认为是实现这一目标的有效手段。

（3）此外，还应采取其他手段，包括针对学习风险管理课程的潜在学生举办校园活动等。

（4）从长远来看，风险管理课程应该作为一门高中课程来发展。

风险评估还强调进行有效的沟通，以确保每个人都理解风险管理课程作为工业经济学硕士课程一部分的含义。

1.6　讨　　论

传统的定性风险评估通常包括以下几点：危害/威胁识别、对这些危害/威胁后果的评估、概率评估和一个概括的风险度量，通常表示为一个风险矩阵。在描述风险时使用这种矩阵是众所周知的[4-5]。其中一些主要问题是：

（1）往往没有很好地定义目标事件。

（2）在许多情况下，事件的结果不能由矩阵中一个点很好地表示，而是由几个具有不同概率的点表示。如果把注意力集中在一点上，我们通常会认为这个值是"期望值"，为相应结果概率分布的重心。在大多数情况下，这个值在结果维度上不能提供有效信息。

（3）概率的内涵往往没有得到解释。概率是用来表达分析师的确信度或不确定性的工具，还是用来反映结果的变化？

（4）两个事件在风险矩阵中的位置可能相同，但支持这些判断的知识强度可能完全不同：在一个案例中，知识较强；在另一种情况下，知识较弱。这在矩阵中没有显示，而且风险描述可能具有误导性。它是静态的，不能反映知识的变化。

（5）矩阵中经常使用颜色区分风险水平，比如说，不可接受、可接受或者应该减少。这种方案应该避免，因为基于可能性和结果的机械结论可能相当武断，没有考虑到决策问题的其他重要方面，如知识维度。

如果要使用风险矩阵对风险的描述进行总结，则需要用知识强度判断进行补充，例如附录中介绍的方法。对于本章中的案例，我们根本没有考虑过风险矩阵；相反，我们寻求强调更广泛的信息和知识基础，包括假设偏离风险、知识强度和鲁棒性等方面。

表 1.6 总结了传统方法与本章所采用方法的区别，该表重点介绍了风险描述中的区别。另外，这两种方法的概念基础也不同。传统方法是基于概率的，而新方法具有风险视角，强调不确定性，如 1.1 节所述。因为之前在其他论著[6-7]中已经讨论过这一差异，本章将不再详细讨论。这里主要强调的是，风险描述的差异也与基础方法的差异有关。此外，风险理解和风险描述的差异影响了风险评估在决策过程中的使用方式。传统的方法使用更狭隘的视角，在很大程度上，概率作为代表或表达风险的手段，而另一种方法认为风险内涵大于这些概率，没有定量度量可以完全描述风险。因此，另一种方法通常会导致更谦卑的思维方式，即使用定性评估方法考虑知识强度维度。这些方面也可以集成在传统方法中，但是会比较困难，主要因为传统框架缺乏所需的概念。

表 1.6 传统方法与本章所采用方法的区别

方法方面	传统方法	本章所采用的新的研究方法	评论
概率定义	内涵往往不够清晰	主观概率，如附录中的解释	为了确保分析的质量，所有的关键概念都需要合理的定义和解释
风险定义	结合后果/损失和概率，有时甚至是二者的乘积（期望值）	结果和相关不确定性的组合，风险是由特定结果、不确定性的度量和背景知识描述的	在后一种方法中，对风险概念和度量方法进行了明确的区分
风险描述（特征）	风险矩阵（可能性和后果）	范围广泛，包括后果/损失、知识强度的判断等（见本章附录）	本章举例说明了如何使用后者描述风险
模型的使用	通用	通用	两种方法都用到了模型
风险描述的使用	通常是基于风险分析结果的机械程序，例如基于风险矩阵中的未知得出的关于不可接受或可接受风险的结论	风险结果会通知决策者，决策者必须对风险描述有一定了解，进而做出正确的决策	在采用传统方法时，风险决策也能做出相应决策，但经验表明，这种方法通常会导致更加机械的风险决策过程

以上两种方法都使用了模型，以便提高对风险的理解，并揭示不同因素之间的关系。这些模型可以是不同的类型：一类是现象模型，如故障树、事件树和贝叶斯网络；另一类是概率模型，针对相似情况或群体的变化进行建模。我们在本章中没有讨论概率模型，因为我们正在研究的内容不允许这样建模。这些模型可以发挥重要作用，但需要考虑到这些模型的合理性及其在风险决策实际应用的局限性。

本章所进行的风险评估集中在整体思路上，采用了简单的分析方法。例如，为了确认危险/威胁，进行了头脑风暴，通常使用进行这些任务时常用的简单和通用的术语[8-9]。这里省略了细节,因为评估的这些方面被认为是标准的,而不是这里提出的新方法的关键部分。存在着大量用于危险/威胁识别的方法,我们认为,一般来说,应该在风险评估的这一重要部分投入更多的工作。一个值得更多关注的方法是预期失效分析(anticipatory failure determination,AFD)方法[6,10]。

我们认为概率是任何风险评估中的一个关键概念。我们需要以某种方式来表达作为分析人员对于一个事件是否会发生的不确定性和信度。然而,我们承认(主观的)概率不足以描述不确定性和信度。我们需要增加对支持所分配概率的知识强度的判断。这在参考文献[2,11]中进行了深入的讨论,也在本章开头进行了讨论。

我们还看到,在定性或半定性评估中,使用区间概率很有吸引力。基于现有的知识,这些区间意味着评估人员不愿意在他们的评估中给出比区间描述更精确的概率值。有些人可能认为这样的区间使得知识强度判断是多余的,但事实并非如此。区间基于一些背景知识,包括假设,并且在汇报给决策者的总体描述中也必须包括这个维度。

如果我们关注风险/威胁以及应对措施,那么用概率描述风险似乎就没有必要了;这些数字似乎太武断了。对此,我们可以辩称,我们需要在不同的风险和措施之间进行优先排序,而问题是如何获得最佳的信息。我们可以得出这样的结论:有些风险需要减少,并给予最高的优先级。但是,如果能对概率做出判断,可以在大多数情况下更好地支持这样的结论。区间描述通常也可以在不随意的情况下满足准确度要求。在本例中,我们没有使用预先设定的概率范围,但这是常见的。例如,一个范围可能是这样的:不可能(< 0.05)、不太可能($0.05 \sim 0.20$)、可能($0.20 \sim 0.50$)和非常可能(> 0.50)。

本章所使用的设置允许同时研究正面和负面的影响,尽管传统风险评估通常关注负面的影响。在许多情况下,如本例所示,关键问题是以尽可能好的方式制订课程方案,我们不仅关心危险和威胁;同样重要的是产生正面影响的机会和可能性。当前的风险评估不包括正面影响是风险领域的一个普遍挑战,本章提出的方法也无法解决这一问题。然而,本章所介绍的框架突出了正面和负面的影响,通过这种方式,可以激发更多的过程和观点,与新的发展以及新的解决办法和措施相比,可以避免过多地关注特定目标下的失效。

1.7 结　　论

我们介绍了大学风险管理硕士课程风险评估的规划、执行和使用。该评估被看作一个案例研究,展示如何在风险视角的基础上,考虑知识和不确定特征的情况下进行定性或半定量风险评估,这是本章所介绍方法区别于传统风险分析方法的主要特点。

我们得出的结论是，这种新方法为这种分析提供了不同的视角。风险不再通过基于概率和影响的风险矩阵进行描述。我们利用当前方法中并不常见的不确定性和知识的信息，建立一个更广泛的风险评估场景。通过使用附录中的检查表，分析人员可以系统地分析一系列对风险、评估和处理方法至关重要的问题。新的方法为决策者提供了更有力和更丰富的决策基础，因为该评估不限于实际上忽略了风险的关键方面基于后果/损失和概率的风险描述。通过在早期规划阶段对新思路的整合，风险评估过程并不比传统方法更难实施。新的风险评估方法还有许多需要完善的项目，但并不是所有的问题都需要处理这些项目，根据经验，我们相信新的方法在未来可以像传统分析方法那样快速地进行风险评估。然而，即使新方法在某些问题上需要一些额外的时间来解决，我们也认为这是对所有资源的有效利用。正确的信息风险描述要求对支撑风险评估的知识强度给予适当的重视；目前的风险评估实践需要在这一点上加以改进。

　　致谢：本项研究工作作为 Petromaks 2 计划的一部分（资助号：228335/E30），得到了挪威研究委员会（Nowrwegian Research Council）的部分资助。非常感谢相关支持。

附录 A.1

A.1.1 风险评估方法总结

首先必须区分针对所有活动的通用风险描述和针对特定项目的风险描述，以及熟悉的、已经较好定义的事件（危险/威胁/机会）和新兴事件（风险）。我们认为面临（与某个活动相关的）新兴风险，是由于我们对该事件具有较为薄弱的知识，但这些知识（至少对当前活动）包含了一些新兴事件可能发生的征兆和确信度，进而可能对人类珍惜的事物造成严重后果[12]。

当确定一个事件发生的概率时，我们应该注意到这个概率取决于对该事件的知识强度。该知识强度可强可弱。下面描述一种可用于评估这种知识强度的方法。这个方法是通过捕捉两个维度的信息来了解某一活动的风险：

（1）风险价值：该活动对人类珍惜的事物造成的损失（可能是对目标偏离程度）；

（2）相关的不确定性。

在风险评估中，我们通常通过引用风险来源（威胁、危害、风险因素）、事件及其影响来刻画结果。对于不确定性，我们使用（如下所述）一定知识强度下的概率来描述。

A.1.2 危险/威胁（已知类型）

我们需要列出这些危险/威胁的清单。这些都是将来发生的事件，必须清楚地加以定义，例如发生的时期。对于每个危害/威胁，都要（在相关的范围内）评估以下方面：

（a）发生这种情况的概率（可以使用一些预先设定的概率区间）。

（b）这些危害/威胁的后果，例如解决在 90% 的预测区间内（一个人有 90% 的确信度相应影响会发生），不会达成相应的目标/标准/计划的可能性，或者使用不同影响的概率分布。

（c）（a）和（b）的评估结果所基于的假设，以及偏离这些假设的风险（假设是否会发生变化？会造成怎样的结果？）。

（d）数据/信息的可用性和数量。

（e）专家的不同观点。

（f）对正在研究的现象和过程的基本理解。

（g）利用（c）~（f）的结果作为输入，对（a）和（b）所依据的知识的强度进行整体评估（方法见下文）。

关于以上各方面，我们需要考虑下列问题：

(1) 知识差距；
(2) 可用来增加对事物认知的步骤；
(3) 相关的信号和警示；
(4) 知识随时间的变化；
(5) 存在未知的已知事件的可能性（其他课题组对相关事件具有一定知识，但本分析小组不具有相关知识）；
(6) 事件因为非常低的发生概率而被忽略的可能性，而这些概率是基于极端假设获得的。

根据以上要点，我们对风险进行了全面评估。下面按照风险程度对事件进行排序可能很有用。

(1) **极高风险**：潜在的极端后果，相对较高的发生可能性以及/或者较显著的不确定性（相关知识非常薄弱）；
(2) **高风险**：潜在的极端后果，相对较小的发生可能性、中等或较弱背景知识；
(3) **中度风险**：介于低风险和高风险之间，例如，潜在的中等后果和相对薄弱的背景知识；
(4) **低风险**：不存在产生严重后果的可能性。

一般不建议使用风险矩阵，因为用它很难建立充分有用的风险特征；参见1.6节中的讨论。然而，如果坚持使用这样的矩阵，就必须包括可能发生的事件，确定相关概率（使用概率区间），造成后果（例如事件发生后90%的后果预测区间），知识强度（例如由颜色反映对某个事件知识的强、中等、弱），以及关键假设和风险因素列表（风险来源）。

假设的严酷度（criticality）可以基于对偏离相关假设的粗略的定性的风险判断（包括偏离度、偏离的影响、概率和知识强度）。危险程度高（高偏离假设的风险）为红色；中等风险为黄色和低风险为绿色。许多红色和黄色的假设意味着较低知识程度。

在列出风险因素（来源）后，可以用以下方法进行粗略的重要度定性分析：风险高低对风险因素（来源）变化有多大敏感度？在多大程度上会存在相关风险因素（发生程度、概率）？此外，我们需要考虑做出这些判断所依据的知识的确信度。

风险管理可以将这些假设和风险因素（来源）的评估作为起点。如何降低与假设偏离相关的风险？如何降低风险因素（来源）的严酷度？给出一些建议和措施，并根据成本和收益的考虑对其进行评估；请参阅下面的建议方法。

(e) 作为评估的一部分，可以从相关措施的可管理性和效果两个方面进行粗略的定性评估：

(1) 可管理性：降低风险的难度，主要取决于技术可行性、时间、成本等。

（2）所采取措施的效果：相关措施对风险的影响的大小：结果，鲁棒性/弹性、概率和知识强度。

基于可管理性和对风险的影响这两个维度，我们可以给出一个粗糙的矩阵，例如，三个级别（高、中、低）。

在上面的分析中，对一个概率值解释如下：假如概率 $P(a) = 0.1$，意味着评估员通过比较该事件发生不确定性（信度）与从一个包含 10 个球的瓮中随机抽取一个特定的球的不确定度[13]。一个区间概率（假设为 [0.05, 0.3]）的解释如下：评估人员对该事件的信度大于一个瓮的 0.045 抽取不确定度［从一个包含 1 000 个球（其中包括 45 个红球）的瓮中随机抽取一个球为红色的概率］，小于另一个瓮的 0.34 的抽取不确定度。分析人员不愿意做进一步的判断。

A.1.3 机会（已知类型）

该方法与危害/威胁分析的方法相同，但其对风险的影响是正面的。

A.1.4 新兴事件（风险）

如上所述，当我们对某一事件的认知程度较弱时，就面临着新兴事件的风险，但我们对该事件的知识包含了新兴事件可能发生以及可能造成严重后果的征兆/信度。在这里，我们通过处理以下问题给出一个粗略的风险评估方法：

（1）产生严重后果的潜在可能性；
（2）不确定性（知识强度）；
（3）知识缺失；
（4）怎样才能增加对该事件的认知；
（5）信号和警示；
（6）知识随时间的变化；
（7）出现未知的已知事件的可能性；
（8）事件因为非常低的发生概率而被忽略的可能性，而这些概率是基于极端假设获得的；
（9）系统鲁棒性/脆弱性（系统在危害/威胁发生后受到怎样的影响）；
（10）系统的弹性如何（系统如何应对危险/威胁，以及事件发生后的恢复能力）。

在进行全面评估后，新型事件的风险可能被划分为"需要适当注意"和"其他新兴事件"两大类。

A.1.5 评估知识强度的方法

本节以参考文献［6，14］为基础。如果这些条件中的一个或多个为真，则判断该知识强度为弱：

W1. 所作的假设是高度简化的。
W2. 数据/信息不存在或高度不可靠/不相关。
W3. 专家之间存在很大分歧。
W4. 所涉及的现象很难理解，模型是不存在的，或者已知/认为模型给出的预测结果比较差。

另外，如果满足下列条件（只要它们是相关的），则认为知识强度为强：
S1. 这些假设被认为是非常合理的。
S2. 有大量可靠的相关数据/信息。
S3. 专家们意见一致。
S4. 所涉及的现象都很清楚，已知所使用的模型的预测结果能够满足需求。

介于两者之间的情形被归类为中等知识强度。获得更宽泛的知识强度的分类，可以将满足所有条件 S1~S4 的要求改为满足至少其中有一个（或两个或三个）条件，同时不会满足条件 W1~W4 中任意一个。

这个知识强度的划分的一个简化版本是使用相同的条件定义强的知识强度，但在某些条件不满足时给予中等和弱的知识强度。例如，如果不能满足条件 S1~S4 中的一个或两个，则认为知识强度为中等，否则为弱；也就是说，有三个到四个条件不能满足时，知识强度为弱。

知识强度的强弱也可以用一个风险矩阵来表示。根据知识强度，使用红色、黄色和绿色分别代表知识信度的弱、中等、强。

可以对上述方法进行扩展。一种想法是增加第五个标准，进一步强调"潜在意外"维度，以反映对相关知识 K（包括数据、信息和合理信念）的详细审查程度。需要考虑的方面可以包括检查知识差距、未知的已知事件、信号和警示（请参阅 A.1.2 节开头的第二个列表）。这就延伸出了第五个标准 W5 和 S5，表示如下：
S5. 这一知识 K 已被彻底审查。
W5. 这一知识 K 还没有被仔细审查。

A.1.6 成本效益评估方法

要评估一个措施是否应该执行，有必要评估其利弊。在实际使用过程中，主要有两种方法：
（1）基于当前价值预期值计算的经济成本效益分析。
（2）基于广泛评估措施利弊的宽泛评估过程。

第一种方法适用于不确定性最小的情况，这意味着可以对未来发生的事情做出准确的预测；对结果的变化是已知的，项目/活动组合非常大。

对于处理极端事件造成相关风险措施的实施与否，通常采用第二种方法。

为实现某些具体目标或总体目标，建议采取下列基本办法进行分析：

（1）如果实施该措施的成本很小，并且会对这些目标有积极影响，则执行该措施。

（2）如果成本是显著的，对所有相关的利弊进行评估。如果预期的价值可以有效地计算出来，且这个值为正，则执行该措施。

（3）如果该措施对与目标相关的风险和/或其他情况产生相当大的积极影响，也可以考虑执行该措施。例如在安全/保障方面：

① 减少不确定性，加强知识强度；

② 在遇到危险/威胁时加强鲁棒性和弹性。

参 考 文 献

[1] AVEN T. The risk concept-historical and recent development trends [J]. Reliability Engineering & System Safety, 2012, 99: 33-44.

[2] FLAGE R, AVEN T, ZIO E, et al. Concerns, Challenges, and Directions of Development for the Issue of Representing Uncertainty in Risk Assessment [J]. Risk Analysis, 2014, 34 (7): 1196-1207.

[3] KLETZ T. Reducing Risks, Protecting People—HSE's Decision Making Process, HSE Books, 2001, 74 pp, £5, ISBN 0 7176 2151 0 [J]. Process Safety & Environmental Protection, 2001.

[4] COX L A, JR. What's wrong with risk matrices? [J]. Risk Analysis, 2008, 28 (2): 497-512.

[5] FLAGE R, RED W. A Reflection on Some Practices in the Use of Risk Matrices; Proceedings of the European Safety & Reliability Conference, F, 2012 [C].

[6] AVEN T. Risk, surprises and black swans: fundamental ideas and concepts in risk assessment and risk management [M]. London: Rontledge, 2014.

[7] AVEN T. On the allegations that small risks are treated out of proportion to their importance [J]. Reliability Engineering & System Safety, 2015, 140: 116-121.

[8] CARD A J, WARD J R, CLARKSON P J. Beyond FMEA: the structured what-if technique (SWIFT) [J]. Journal of healthcare risk management: the journal of the American Society for Healthcare Risk Management, 2012, 31 (4): 23-29.

[9] MEYER T, RENIERS G. Engineering Risk Management [M]. Berlin: De Gruyter Graduate, 2013.

[10] KAPLAN S V S, ZLOTIN B, ZUSMAN A. New Tools for Failure and Risk Analysis: Anticipatory Failure Determination (AFD) and the Theory of Scenario Structuring [M]. Southfield: MI: Ideation International Inc, 1999.

[11] AVEN T. Probabilities and background knowledge as a tool to reflect uncertainties in relation to intentional acts [J]. Reliability Engineering & System Safety, 2013, 119: 229-234.

[12] FLAGE R, AVEN T. Emerging risk-Conceptual definition and a relation to black swan type of events [J]. Reliability Engineering & System Safety, 2015, 144: 61-67.

[13] LINDLEY DENNIS V. Understanding Uncertainty (Lindley/Understanding Uncertainty) [M]. Hoboken: NJ: Wiley, 2006.

[14] FLAGE R, AVEN T. Expressing and communicating uncertainty in relation to quantitative risk analysis (QRA) [J]. Reliability and Risk Analysis: Theory and Applications, 2009, 2 (3): 9-18.

第二章　风险领域的知识之谜

Terje Aven（挪威斯塔万格大学）
Marja Ylonen（芬兰 VTT 技术研究中心）

近年来，我们注意到风险分析框架下的知识维度吸引了越来越多的研究人员的注意力。风险评估和风险管理领域的发展激发了人们在这一方面的兴趣，强调了不确定性的重要性，以及对概率外在和内涵的审视，从而向知识维度拓展。有学者已经提出了概率下知识强弱的刻画方法。在本章中，我们思考和探讨在这一背景下知识概念如何与在哲学和社会学中发现的大量与知识相关的研究相匹配。我们想知道风险领域是否可以从这些研究中进行借鉴，并进一步发展风险评估和管理的知识维度。本章的目的是对这些问题提供新的见解，从而提高风险分析的基础理论，并改进其在实践中的应用。本章将讨论与知识相关的认识论和本体论问题，并在风险分析背景下对知识的各种概念的适宜性/不适宜性进行思考。

2.1 引　　言

近 30 年，基于后果-概率的风险内涵在工程环境下主宰了风险分析的研究和应用。Kaplan 与 Garrick[1]的"三元组"风险定义是对这一内涵最常见的解释之一，它包含了事件/危险、后果和相关概率。这里的概率要么是基于频率的，要么是主观给定的。为了描述或测量风险，概率是根据数据、模型和专家判断来估计或给定的。

然而，风险还有更广泛的内涵，揭示了比结果-概率观点更强调不确定性和知识维度的内涵；感兴趣的读者可参见风险分析协会（Society for Risk Analysis，SRA）新术语表（SRA 2015a）和 ISO 31000[2]。SRA 提到的一个例子是挪威石油安全局采用的定义[3]，该定义将风险定义为所考虑的活动的后果和相关的不确定性。为了与上述定义所描述的风险相一致，人们很自然地会被引至一个包含指定事件和结果、不确定性度量，以及度量和规范所依据的知识基础的三元组。不确定性度量的一个例子是主观概率；另一个例子是主观概率和知识强度（strength of knowledge，SoK）的结合。

为了更详细地解释这些概念，我们考虑两种情况：一个支持给定概率的知识强度较强（例如，由于掌握很多可靠的相关数据以及对所研究现象很好的理解，我们认为基于此所做出的假设是合理的，等等）和另一个具有较弱知识基础的给定概率。根据结果–概率的观点，风险并不直接反映知识状态的差异，尽管它可以（也应该）影响与风险相关的决策。基于结果和概率的风险描述可以看作给定知识背景下的条件概率。对于更广泛的风险内涵，风险描述更细致地涵盖了知识维度。因此，无论从哪个角度看，知识概念的意义都是一个重要的问题。这也是本章的主题。

在 SRA 的新术语表中，有两种类型的知识被提及：

知道为什么［技能（skill）］和知道是什么［论证了的信念（justified beliefs）］。知识是通过科学方法和同行评议、经验和测试等方式获得的。

然而，在关于知识的科学文献中，通常的观点不认为知识是论证了的信念，而是论证了的真实信念（justified true beliefs）。这是大多数关于知识的文献的出发点。SRA[4] 术语表挑战了这个定义。Aven[5] 提供了支持这个观点的一个例子：一个风险分析小组可能对某个系统的工作原理了解得很清楚，可以为该系统在明年不失效提供强有力的论据，但没有人能做到百分百确定该系统不会失效。分析小组对系统是否失效的信度可以通过概率来表达。其知识的一部分反映在概率中，另一部分反映在确定这个概率值所基于的知识中。再举一个例子，考虑一个专家小组根据数据和信息、建模和分析结果认为系统不能承受特定负载，但他们可能是错的。在这些例子中很难找到"真实需求"的所在。难道我们就没有知识吗？

我们将在本章中对这个问题进行深入的讨论。我们将从哲学、社会学和管理学的角度来审视与知识相关的文献，从而为讨论带来新的见解。假设有一些理解知识的方法更符合论证了的信念的定义而不是论证了的真实信念的定义，并且与风险分析领域相关，我们则寻找另一种（命题式的）定义知识的方法。

本章的其余部分内容安排如下：2.2 节给出两个简单的案例研究来讨论上述内容，并将概念分析与风险分析和决策的实践联系起来；2.3 节回顾哲学、社会学和管理学文献中关于知识和知识生成的现有定义和观点；2.4 节讨论了如何在风险分析领域中利用知识的现有内涵；2.5 节提出了一些结论。

2.2 案例介绍

2.2.1 近海案例

第一个例子与 2012 年 5 月 26 日海姆代尔核电站的一次碳氢化合物泄漏有关[6]。在两个紧急关闭阀门的测试过程中，碳氢化合物泄漏约 3 500kg，初始泄漏率为 16.9kg/s。在设备附近很多地方都发现了气体。我们研究的管道部分是基于一个旧的设计，有一个位于最后一个阀门的上游的管道耐压级别较低。在这种设计下，三个阀门的操作顺序是至关重要的：如果最后打开最后一个阀门，管道将承受比设计更高的压力。这种设计不符合最近的标准设计实践。

执行测试的人员不清楚这3个阀门操作顺序的严酷性。然而，这在公司的其他组织单位内是众所周知的。

2.2.2 猪流感疫苗接种

第二个例子与2009年猪流感的发生有关。世界卫生组织宣布，这种流感已经发展成为一种全面的世界流行病，而且疫苗很快就被研制出来了。一些国家（冰岛、芬兰、挪威和瑞典）当局明确设定了全民接种的目标。结果证明全民接种疫苗后这种病症在这些国家相当轻微，但疫苗却有一些以前不知道的严重副作用。基于过去类似的情况，我们能够发现该疫苗会有一些副作用，但在此之前，没有人能准确说出这些副作用会是什么。全民快速接种疫苗是因为当局相信流感本身会引起严重的疾病和问题，其程度远远高于副作用。通常，我们有时间对疫苗进行彻底的测试，使当局能够控制与副作用相关的风险，但2009年的情况并非如此，事情的不确定性很大。主要问题是必须尽快做出有关疫苗接种的决定，以至于没有时间进行彻底的研究和测试，也没有时间进行适应性管理。当局还必须平衡对良好风险特征的需要和使人民接种疫苗的愿望。在上述提到的北欧国家，当局发起了"道德劝导"（moral persuasion）运动：其口号是"接种疫苗，保护同胞"。

2.3 关于知识的观点

本节分为两部分。首先，我们用2.2节中的例子作为例证来回顾现有的知识定义；然后，我们研究产生知识的方法，以及如何对知识强度做出判断。

2.3.1 知识的定义

人们常常认为，由于知识的复杂性，尝试给出知识的概念是徒劳的。在中世纪的伊斯兰教中，被认为定义知识的概念是非常困难的，甚至不能用语言来定义它[7]。然而，世界上有很多模糊且有争议的概念，比如民主、道德和权力。这并不意味着它们应该保持无定义的状态。事实上，在相关文献中我们找到了几种定义知识的概念的方法。我们已经研究了两种："论证了的真实的信念"和"论证了的信念"。本节的其余部分将讨论哲学、社会学和管理学文献中提出的一些其他关于知识概念的建议。

考虑到关于知识概念的讨论历史悠久，我们将侧重于一些特殊的定义，我们认为这些定义有潜力为风险分析领域所用；见表2.1。为了找到这些定义，我们翻阅了哲学、社会学和管理学的知识文献（如参考文献［8-13］）。

表 2.1　不同的知识的定义和本章作者评论

知识的定义	本章作者评论
"知识是抽象实体之间关系的构建，抽象实体被用来表示人类经验的世界，它们既可以用来理解自己对世界的经验，也可以用来指导自己的行动。"（见参考文献［8］第 5 页）	这一定义符合"论证了的信念"。它将信念指定为由智者定义的抽象实体之间的关系。知识可以指导人类行为
"知识是个人根据背景和/或理论，对某一集合内的活动进行区分的能力。"（见参考文献［10］第 983 页和参考文献［14］）	这一定义与"论证了的信念"是一致的。它强调个人区分的能力。知识被看作个人的财产，但它受背景和理论的影响
"知识是主观的、有价值的信息，经过验证并被组织成一个模型（心理模型）；用来理解我们的世界；通常来源于经验积累；结合了感知、信仰和价值观。"（见参考文献［13］）	这个定义也遵循了"论证了的信念"。知识是主观的，但它需要被社会上的其他成员验证和分享，这样它就成为一个心理模型，人们通过它来感知世界。知识是基于经验和集成的感知
"知识是不断变化的有条理的经验、价值、背景信息和专家感知的组合，可以不断评估和整合新的经验和信息。它起源于并应用于智者的头脑中。在组织中，它常常不仅被写入文档或存储中，而且还应用到组织的日常、过程、实践和规范中。"（见参考文献［15］第 5 页）	这个定义为知识提供了一个更复杂的场景。但它的缺点是包含了太多的东西，比如价值、经验和上下文，并且没有提供它们之间特定的关系，具有使知识成为一个包罗万象的概念的风险（见参考文献［10］）。然而，它阐述了需要将知识纳入组织的日常实践，从而变得强大的见解
"知识是正确的判断。"（见参考文献［16］第 67 页和参考文献［17］）"知识作为保证或成就是可以论证和验证的。"（见参考文献［18］第 301 页）	知识不是被看作"论证了的信念"，而是被看作正确的判断，它指的是科学探究的最终结果。一个判断如果能够解决一个问题，就被看作正确的。行动是知识的实现，因为行动可以检验、验证知识或提供是否为真的测试

第一个定义是由 Dant[8] 提出的，认为知识是：

抽象实体之间关系的构建，抽象实体被用来表示人类经验的世界，它们既可以用来理解自己对世界的经验，也可以用来指导自己的行动。

这个定义强调了抽象概念之间关系的构建，例如猪流感和预防流感的疫苗之间的关系，或者在近海案例中，碳氢化合物泄漏和阀门操作之间的联系。

Dant 的定义与"论证了的信念"是一致的，但它更具体，明确了信念的具体内容，即这些实体之间的关系。"构建"部分的主语是指定义了抽象实体之间关系的智者。这些定义的关系对应于"论证了的信念"。信念是指不同的操作方案如何导致泄漏，以及提升疫苗接种的有效率。在疫苗案例中，抽象实体之间关系的论证过程相当不充分；很难将疫苗与接种疫苗的有效性联系起来。正因为如此，才使得相应关系虽然得以建立，但建立在糟糕的论证上。甚至可以说，我们缺乏关于疫苗接种与其效果之间关系的知识。在近海案例中，可以认为是由于操作人员的错误或不足的知识，但不能这样评价组织中的其他人员，因为他们具有设计基础知识，也可以解释阀门操作的关键顺序。这些人拥有足够的信息来论证抽象实体之间的关系；我们可能更愿意说他们具有"强"知识。

Dant 的定义的第二部分是关于知识的使用和知识在社会中所扮演的主体（代理人）的角色，从某种意义上说，知识影响人类的思维和行为，从而产生社会效果。然而，Dant 没有明确指出知识的效果。抽象实体之间建立的关系将指导决策，例如开始接种疫苗的政策决策。

第二个定义来自参考文献［10］，它阐述了这样的观点：

知识是个人根据背景和/或理论，对某一集合内的活动进行区分的能力。

这种对知识的定义强调了个人对知识的占有和区分的能力。在近海案例中，进行测试的人员没能区分新系统和旧系统的设计差异。这种区分是理解系统的关键。特别是在高风险的行业中，个人在开始工作前疏于背景调查（如设计基础），是不负责任和知识"弱"的表现。然而，"弱"知识不仅与个人区分能力有关，而且与理论薄弱或组织层面的特征有关，如组织在信息流动、沟通、经验转移和知识构建方面的缺陷。因此，知识的强度受到个人和组织层面以及理论层面环境的影响。

第三个定义由 Dalkir[13] 提出，他将知识定义为：

主观的、有价值的信息，经过验证并被组织成一个模型（心理模型）；用来理解我们的世界；通常来源于经验积累；结合了感知、信仰和价值观。

关于猪流感案例，世界卫生组织显然采用了一种思维模型来考虑世界范围内可能发生的严重后果。这是基于卫生专家在流行病方面积累的经验，但也基于接种疫苗本身不会产生大的副作用的理念。此外，他们的模型中还包含了有关保护人类免受严重流感侵袭的意愿的价值观。然而，副作用的验证方面太过缺乏，因此根据对知识概念的理解，当局的知识是不完整的。

第四个定义由 Davenport 与 Prusak[15] 提出，他们将知识定义为：

不断变化的有条理的经验、价值观、背景信息和专家感知的组合，可以不断评估和整合新的经验和信息。它起源于并应用于智者的头脑中。在组织中，它常常不仅被写入文档或被存储，而且还应用到组织的日常、过程、实践和规范中。

这一定义强调了知识的探索性和启发式功能：当前的知识是一种用来检验新想法的框架。例如，已知的可能成为大面积流行病的负面影响为推动对猪流感流行的迅速干预提供了动机。知识来源不同，并且由不同的元素组成，比如价值观、经验，以及科学或专家的解释。此外，该定义指出知识是制度化的过程和手段；这意味着知识更稳定，更理所当然，也为更多人分享。例如，知识的制度化可以通过报告或充分的实践来实现。知识一旦制度化，就具有很强的地位，很难被推翻。

在猪流感案例中，研究者整合了多种经验、价值观、信息和专家知识。早先的传染病信息和经验在很大程度上有助于理解猪流感病例和接种疫苗的必要性。这种制度化的知识很难被反驳。

第四个定义通过考虑构成知识的几个要素来拓宽对知识的理解。然而，这也使得它更加混乱和难以理解，因为元素之间的关系仍然很模糊。然而，即使这个定义也通过强调制度化方面提供了对知识相关内涵；也就是说，当知识被纳入组织的实践和日常时，知识则变得有效。

知识的第五个定义基于实用主义，这是一种旨在超越行动和知识之间的二元论的哲学链[19]。知识不能被视为独立于行动和人类实践之外，而是依赖它们。在约翰·杜威的科学哲学中，知识不是指"信念"，而是"真实的判断"（true judgements）[16]。对于杜威来说，所有的判断都是实践的判断，这意味着"他们提出了行动的路径，而不仅仅是描述了一种事件状态"。"真实"这个词在这里必须被仔细地解释；这并不是简单地说判断是正确的，也就是说结果是真实的，即在现实世界中是正确的那个结果，就像对知识的"真实地验证了的信念"的解释一样。如果行动验证或证实了一个判断，则该判断被认为是真实的，就像接下来的解释一样。从实用主义的观点来看，一个人可以对某件事有先期了解，无论是猪流感疫苗接种还是紧急关闭阀门，但只有通过行动，知识作为一个真正的判断才能得到验证。在近海案例中，在紧急关闭阀门测试后，测试人员才能确定根据旧的设计关闭阀门顺序的严酷性。事后证明先前的知识是错误的。同样，在疫苗接种案例中，疫苗的先验知识是假设的，是缺乏保证的。通过行动对接种疫苗及其作用进行论证并获得了知识。尽管实用主义会表明，只有通过行动才能验证先前的知识正确与否，但究竟是否应该采取行动，这是一个伦理和政治问题。

以下是知识与信念（belief）和接受（acceptance），以及坚持（holding）、采用（adopting）和认可（endorsing）有关的区别，提供了关于知识是真实的判断的更多的想法。

这里的信念（belief）指的是[16,20]：

感觉陈述 p 是真实的，或认为它是真实的，而不一定愿意使用该陈述采取行动、断言或推理。相反地，接受是指在谈判或行动中以 p 为前提。因此，信念和接受代表了不同的认知态度，并挪用不同的价值观。信念更多的是一种事情的状态，而接受则更明确地指行动。

信念和接受是认知态度，信念是比较被动的，而接受（因为它需要判断）是比较主动的。接受是指一个人根据科学主张（无论是与假设、理论、数据、模型相关还是与结果相关）采取一种"推想政策"（a policy of deeming）。

根据这些观点，我们需要将"论证了的信念"的概念与"接受的信念"联系起来，因为这个概念也意味着积极努力去澄清一些假设、数据、理论、进行研究的方式、结果和结果的应用是否可以被接受。在这种观点下，"论证了的信念"类似于约翰·杜威（John Dewey）的科学哲学中定义的"真实的判断"[16]。

认知态度的其他区别也存在，例如基于坚持、采用和认可[21]。坚持要求对所有可能产生"丢弃 p"的结果的研究都进行了研究。此外，需要考虑所有与现有数据的充分性有关的反对意见。采用和认可是较弱的论证形式。认可的陈述不属于现有科学知识的储备，因此更容易被抛弃。认可 p 需要对证据的有效性做出判断。

以上观点与 Hansson[22] 对科学的定义一致，请参阅 [23]：

科学（广义上的科学）是一种实践，它为我们提供了当下最具认识论保证的关于各知识领域所涵盖的主题的观点，也就是关于自然、人类、社会、物质结构以及思想结构的观点。

这里的关键方面是"最具认识论保证的陈述"，这个短语将上面讨论的"论证了的信念"和"接受的信念"的概念融合在一起。

2.3.2 如何生成知识

知识可以通过不同的方式产生，通常有以下五种生成知识的方法：

第一种方法与经验主义有关，它认为知识是客观的事实，可以从外部世界通过系统的科学方法收集观察所得。这些方法在收集证据基础方面起着重要作用[24]。有关猪流感传播的实证事实和统计数据以及与早期流行病的比较可以从经验主义的观点获取知识。

第二种方法是理性主义，通过推理我们知道的事情被当作知识。我们可以使用一些理性标准来评估信念。例如，关于早期流行病是如何传播和表现的推理为思考猪流感的危险性提供了一个知识基础。

第三种方法是社会建构主义，它把信念（知识）和关于它们的认同视为协商的结果。在这种观点中，知识从来都不是固定的，而是一个不断构建的过程[25]。几位专家将猪流感定义为一个需要解决的问题，而北欧国家的疫苗接种决定是基于当局对其危险性的认识的决策结果。专家们关于猪流感和疫苗接种的讨论为这一知识提供了基础。

基于对话的知识也可能受到当权者影响。当权者和知识是内在地交织在一起的，例如皮埃尔·布迪厄（Pierre Bourdieu）的社会领域理论[26]所阐述的。其基本思想是，每个科学领域都包含相对强的知识，这些知识基于制度化的理念、假设、方法和途径，并主导相关领域。关于该领域的控制权的争斗一直没有停止。"正统学说"定义了这个领域中什么是可以接受的、正确的、有价值的知识，而"异教徒"则试图挑战"正统学说"：什么是理所当然的、不容置疑的规则、假设、方法和实践[27]。如果"异教徒"成功地挑战了正统教条和正统学说，那么这个领域的力量平衡就会被动摇。如果正统观念无法反击，这个领域的规则也会改变。权力关系的影响可能会使某些知识的重要性高于另外一些知识。在猪流感疫苗接种案例中，开发疫苗符合医疗公司的利益，也符合公共卫生当局的利益。因此，知识并不是不受权力影响的。

第四种方法指出，知识和信念受到特定的历史、经济和社会条件的影响[28-29]。先知不被视为与客观现实分离的，而是在特定的历史和文化背景下形成的信念的载体[25]。信念可以分为不同的等级。尽管这种信念在某种意义上与现实符合,允许社会行动,但它可能并不充分[30]。例如,在猪流感疫苗接种的案例中,必须迅速做出接种的决定,但由于时间不够用,并没有进行充分的试验。当局让人们接种疫苗的意愿是建立在不充分的信念基础上的,因为这种信念是建立在不确定的基础上的,并且掩盖了对接种疫苗适宜性的不同理解带来的矛盾性。因此,知识的充分性有不同的级别,并且取决于人们的社会背景[29,31-32]。认识到知识受到特定的历史、经济和社会条件的限制之后,只有从不同来源和具有不同背景的人那里收集知识,才能获得足够广泛的知识库。

第五种方法是实用主义,根据这种方法,论证了的信念和判断可以通过其后果得到验证。科学探究被视为一种系统化的问题解决过程,一种知识产生模式,其结果将揭示判断的对错[16]。如前所述,实用主义的目标是超越行动和知识之间的二元论。根据 Dewey[18] 的说法,行动是知识的实现,因为只有行动才能检验或验证知识或提供真假测试。在近海案例中,测试人员对阀门的工作方式有一个假设(尽管这个假设是错误的)。只有在行动之后,他们才明白事情的真相。如果知识被看作行动的指导,则行动本身也提供了新的知识。行动可以测试早期假设的正确性,如果基于早期知识的行为被证明是错误的,就会引发这些假设的变化。因此,知识在行动中被测试,行动的反馈可能会迫使一个人改变背景假设和知识。

实用主义者的观点类似质量管理中的计划—执行—检查—行动或计划—执行—检查—调整这样的循环过程。"检查"部分意味着存在观察行为相应结果的可能性。正如我们所列的两个例子那样,对于风险分析来说,问题通常是在没有等待看到结果的情况下必须做出决定。

这些方法都涉及生成知识的不同方式,可以是观察、推理、对话、社会、历史条件或行动。因此,对知识强度的评估可以基于这些方法。例如,经验主义者的观点是,这些信念的证据基础是强大的[24]。从理性主义的观点来看,正是推理和逻辑为我们判断知识的强弱提供了依据。同样,从社会建构主义的观点来看,只有通过对话和谈判才能获得较强的知识。在第四种方法中,是历史、文化和经济状况证明了知识的强度。从实用主义者的角度来看,行动的结果决定了知识的对错和强弱。

专家共识可以认为是与社会建构主义方法相关的标准。然而,共识可能是相似价值的结果,例如一个陈述需要有多少实证的支持。因此,关键是不要误解技术专家的知识共识[21]。避免这个问题的一种方法当然是将广泛的参与者纳入评估小组中。只有当代表了不同的领域/学科和价值观的专家能够达成共识时,讨论基于知识的共识才有意义[33]。然而,在实践中,对多样性的要求可能会面临许多障碍,例如缺乏足够的时间和资金来聚集不同的专家。

即使社会多样性的标准没有得到满足,少量专家之间的共识也常常被解释为强大的知识。对于复杂的问题，代表不同学科/领域和价值观的专家之间可能存在分歧，在许多情况下，与来自相同背景的专家的共识相比，专家之间的分歧对决策者来说可以提供更有价值的知识。

2.4 讨论——风险分析领域的新见解

知识是风险评估和风险管理领域中的一个关键概念。在本节中，我们将探索如何在这个领域中使用前一节中讨论的理论。我们已经确定了一些潜在的增值领域：

（1）在风险评估环境中，对不确定性和可能性的评估需要基于一些知识，以某种方式评估这些知识的强度是很有意义的。

（2）风险领域是关于产生与风险相关的知识。

① 具体的活动、现象、过程、事件等，例如吸烟和吸毒对健康的影响，或者石油和天然气生产平台发生井喷的情况。

② 能够理解、评估和管理（广泛意义上的）风险的概念、理论、框架、方法、原则和方法[34-35]。

接下来的三个部分依次考虑以上内容。

2.4.1 不确定性和可能性评估的知识基础

在风险评估中，我们需要评估人员对于特定事件的发生和未知数量（例如一段时间内的死亡人数）的不确定性进行评估。很多方法都可以解决这个问题。最常见的是（主观的、判断的、基于知识的）概率。如果评估人员将概率 $P(A|K)$ 赋值为 0.1，那么根据背景知识 K，他们将发生事件 A 的不确定性（信度）等同于一个标准的从装有 10 个球的瓮中随机抽取一个特定球的不确定性[36]。如果使用这种概率，我们还需要考虑支持给定概率的知识 K。设想风险分析师得出概率 P 的情况：在一种情况下，背景知识强；另一种情况弱，但概率是相同的。为了应对这一挑战，分析师最近进行了大量工作，以系统化建立知识强度的评价方法，以便向决策者提供信息。其结果可以归纳为一对 (P, SoK)，其中 SoK 代表了支持概率值 P 的知识强度。可以参考文献 [37] 查阅如何利用假设检验、可靠的和相关的数据/信息数量、专家间的共识、对相关问题的理解来决定知识强度的标准。也可参见相关的基于类似观点的 NUSAP 系统（"数值、单位、传播、评估和谱系"）[38-44]。

在 2.3 节，特别是在 2.3.2 节的综述和讨论中，提出了一些关于对知识的强度进行分类和测量方面可能具有应用潜力的想法。在表 2.2 中，我们比较了文献 [37] 中使用的 4 个标准和 2.3.2 节中总结的生成知识的 5 种方法。

表 2.2 表明，现有的 SoK 判断方案在很大程度上涵盖了观察和推理。对应于

"经验主义以及可观察的可靠和相关的数据/信息"和"理性主义和推理"是由"假设的验证"和"对相关现象的理解"涵盖。"社会建构主义"和"对话"与"专家之间的协议"相关，但是，正如在 2.3.2 节所讨论的，总的来说，应该在采用专家共识的方式评估知识强度时需要格外注意。只有当专家代表不同的领域/学科和价值观时，讨论"基于知识"的共识才有意义。"社会历史条件"与现有的判断知识强度的方案中没有明确的对应关系。通过在该方案中定义第五个标准："社会和历史的判定"，可以得到能够包括这一方面知识生成的框架。这里的要点是通过与所处理的问题相关的社会和体制内机构的批准，例如科学委员会、国家卫生或食品委员会，判断论证了的信念的论证过程的可信度。

表 2.2　知识强度和认识论方法的对应关系

认识论方法	知识判断能力方面			
	假设的合理性	可靠和相关的数据/信息的数量	专家意见一致性	对涉及现象的理解
经验主义观察		X		
理性主义推理	X			X
社会构建主义对话			X	
社会和历史条件				
实用主义				

注：X 表示知识强度评分[37]与第 2.3.2 节的认识论方法相匹配。

人们承认，这种论证可以维护一些"异教徒"可能会质疑的具体"真理"。如果我们采用 Bourdieu[26]的观点，认为权力和知识是内在交织的，那么与知识相关的争论就会持续不断。对于知识强度的其他一些标准也可以给出类似的评论，例如，"对相关现象的理解"。这些标准的评分反映了有特定依据的判定结果；相对于这种知识，总是有潜在的意外发生，因为这是某人的知识、某人的论证了的信念。这样看来，有必要制定与可能出现的意外和使用其他标准未预见到的方面有关的第六个标准。这样的标准需要解决相关知识基础在多大程度上会发生潜在意外。这里有一个重要的方面是检查一些人有此类知识而另一些人没有的知识。参见文献［45］中的讨论。表 2.3 总结了扩展的用于评估知识强度的标准。

知识生成的最后一种方法是实用主义，它将知识与行动以及行动的结果联系起来。因此，作为一种衡量知识强度的方法，这种方法在风险评估环境中存在问题：概率和风险的判断与未来相关，我们不能等待未来去观察结果。然而，实用主义鼓励适应性风险管理、尝试和错误以及通过实践学习等，这些都是管理风险的常见方式，尤其是在存在较大不确定性的情况下[46-47]。在高风险的情况下，尤其是在高回报的情况下，边做边学的方法虽然经常被使用，却常常遇到实际上和道德上的限制。参见 2.4.3 节。

表 2.3　评估知识强度的扩展标准

标　准	注　解
假设的合理性	
可靠和相关的数据/信息的数量	
专家观点一致性	这一标准反映了专家背景和能力的多样性是必要的
对所涉及现象的理解	
社会及历史层面的合理性	这一标准反映了通过有关的社会组织和机构论证相关信念的合理程度
根据潜在的意外情况仔细审查知识基础	这一标准反映了知识基础对潜在的意外事件（如对未知知识）进行审查的程度

2.4.2　特定活动的相关知识

风险评估用于获得关于特定活动（如现象或过程）的知识。这些见解由相关领域和学科（如医学和卫生）的专家提供，并得到风险分析专家的支持。评估是有关生成知识的，因此适用于 2.3.2 节中的方法和讨论。这一知识涉及以下关键组成部分：风险来源和事件，以及它们的后果、界限和不确定性。在回答诸如使用药物的危险程度等问题时，风险来源/事件与后果之间的联系具有特殊意义。

使用如事件树、故障树和贝叶斯置信网络的统计分析和风险评估方法，风险领域提供了这类风险知识的概念、原则和方法。概率是表示和表达不确定性的常用工具，但如上文所述也有其他方法，如概率与知识强度判断相结合的方法。这样，本章的讨论，特别是 2.4.1 节的分析和建议，也为具体的活动、现象、过程等增加了新的见解，参考了 2.4 节的介绍。为了描述与特定活动相关的风险，组合不确定度表达式（P，SoK）在许多情况下都是一个合适的工具，对于 2.4.1 节中关于判断 SoK 的方法增强了用于此目的的现有方法的有效性。

2.4.3　通用概念和理论发展的相关知识

风险评估以一些背景知识为条件产生风险描述或特征描述。当前的实践为如何进行这些评估提供了指导方针。与此同时，风险领域对这种做法进行审视并寻找改进。使用 SoK 判断补充概率分析可以看作这个改进过程的一个例子。同样，2.3 节的讨论也为挑战和加强这一领域的某些既定思维提供了基础。一个关键点是背景知识 K 的实质。在 Aven[45] 之后，K 涵盖了数据、信息和论证了的信念，此时我们回到了"知识是什么"的基本讨论。我们承认数据和信息本身不是知识，正如文献［48］阐述的那样；知识超越了信息，因为信息需要被认知同化，才能成为知识。理解信念的基本问题涉及对这些信念的理解和验证，以及它们与特定的历史和社会背景的联系，在这些背景下，"真实的信念"得到了定义和质疑[26,33]。

正如我们在所有字典中所读到的，信念的一般定义是一个人认为事情如此的一种思考状态。在专业的风险评估背景下，这种信念通常被解释为一种判断，就像用主观概率来表达对某一事件将要发生的信度。正如在讨论2.3.1节中提到的基于约翰·杜威的科学哲学[16]的第五种知识定义时，尽管一些信念的解释允许这样的情感存在，但在风险分析的判断中没有情感的空间。这里的信念指的是认为/感觉某一陈述 p 是真的。从专业风险评估的角度来看，区分专业人员对不确定性的判断和个人对不确定性的感受至关重要。后一维度通常由"感知"和"风险感知"等术语描述[49]。

在2.2.1节中的近海案例中，操作人员认为系统是标准系统。他们认为这是一个"正常"的系统。在进行风险评估时，这些判断在不同程度上成为论证了的信念，因为一些原则和方法被用来产生这些信念。在2.3.2节中讨论的方法提供了这些原则和方法的示例。

这就把我们引向了论证和现实与"真理"之间的联系。正如2.1节所指出的，在风险评估上下文中，将知识限制在论证了的真实的信念的范围内是没有意义和用处的。"论证"这个词就变得非常重要。在这种情况下，我们解释"论证"是一个根据现有规则且值得信赖的过程的结果。它适用于个人对某一特定陈述的论证，以及对科学论文的广泛论证。特定的领域和科学决定了什么是可信赖的、什么是规则，并且总是会有关于这些是什么的讨论。

Boltanski 与 Thevenot[50]区分了不同类型的论证，这些论证基于所谓的"共同好（高）"[common good (high)] 原则在不同的环境下使用。这些原则涉及"经济""高效""安全""健康""熟悉"等方面。当科学和政治交织在一起时，不同的论证也混合在一起。例如，"值得信赖的科学方法"可能会与"促进公共卫生和降低大规模流行病损失的意愿"纠缠在一起，就像猪流感一样。

在近海案例中，知识生成过程是不可信的，因为论证过程中不包括公司的关键人员，只有操作人员。这在一个非常狭窄的群体中达成了共识。

根据实用主义的观点（第五种定义），一个判断的论证需要与当前的问题或情况相联系。什么是"好"，既取决于这个问题，也取决于什么事物具有高价值，比如当局在猪流感病例中促进公共卫生的意愿。

正如2.4.1节所指出的实用主义，这种观点和方法鼓励适应性的风险管理；或者说动态跟踪事态发展，以获得关于不同行动过程的影响的信息和知识。一个人基于对风险和其他方面的广泛考虑选择行动、监测影响，并根据监测结果调整行动[51]。

在一般的风险分析文献中，关于知识的文章并不多。如果一个人在其中搜索

"论证了的信念",他不会获得很多的结果。在我们看来,这表明知识作为一个概念在有关风险的科学文献中得到的关注太少。目前的风险分析实践在很大程度上假设知识已经被概率和相关的风险度量所表征。然而,事实并不是这样的,我们总是会将 Sok 判断添加到使用的概率和风险度量上。进而,我们需要清楚地了解"知识"的概念究竟表达了什么。

2.5 结 论

在本章中,我们探索了哲学、社会学和管理学文献中对知识概念的定义和理解,以及它们是如何从理论和事件上改善风险领域的研究。所研究的知识定义为将知识视为论证了的信念的观点提供了支持,并增加了对风险评估和管理有用的额外见解。利用这些见解可以改进现有的评估风险评估中知识强度的方法,增加了与过程相关的评估标准,并通过这种方法使特定的信念制度化;论证可以通过有关的社会和体制部分(例如通过适当的科学委员会的批准)取得。此外,还提出了一项"审视知识基础的潜在意外"的标准,其动机是该标准下的得分反映了具有特定知识基础的合理性。同时本章也获得了关于基本风险概念的通用理解。

致谢:本项研究工作由挪威研究委员会通过 PETROMAKS2 项目(项目编号:228335/E30)提供了部分资助。我们对此表示感谢。

参 考 文 献

[1] KAPLAN S, GARRICK B J. On the quantitative definition of risk [J]. Risk Analysis, 1981, 1 (1): 11-27.
[2] ISO. Risk Management-Vocabulary: [S]. 2009: 13
[3] PSA-N. Petroleum Safety Authority Norway [J]. Retrieved February, 2015, 10: 2015.
[4] SRA. Glossary society for risk analysis [J]. 2015a.
[5] AVEN T. What is safety science? [J]. Safety Science, 2014, 67: 15-20.
[6] PSA-N. Rapport etter gransking av hydrokarbonlekkasje på Heimdal 26.5.2012 (in Norwegian) [J]. Petroleum Safety Authority Norway, 2012.
[7] ROSENTHAL F. Knowledge triumphant: The concept of knowledge in medieval Islam [M]. Boston: Brill, 2007.
[8] DANT T. Knowledge, ideology & discourse: A sociological perspective [M]. London: Routledge, 1991.
[9] TOULMIN S. Knowledge as shared procedures [M]. Cambridge: Cambridge University Press, 1999.
[10] TSOUKAS H, VLADIMIROU E. What is organizational knowledge? [J]. Journal of Management Studies, 2001, 38 (7): 973-993.
[11] AUDI R. A contemporary introduction to the theory of knowledge [J]. New York, 2003.
[12] POJMAN L P. The Theory of Knowledge: Classic and Contemporary Readings (3rd edn) [M]. Belmont,

CA: Wadsworth/Thomson, 2003.

[13] DALKIR K. Knowledge Management in Theory and Practice (2nd edn) [M]. London: The MIT Press, 2011.

[14] BELL D. The axial age of technology [M]. New York: Basic Books, 1999.

[15] DAVENPORT T H, PRUSAK L. Working knowledge: How organizations manage what they know [M]. Harvard Business Press, 1998.

[16] BROWN M J. John Dewey's pragmatist alternative to the belief-acceptance dichotomy [J]. Studies in History and Philosophy of Science Part A, 2015, 53: 62–70.

[17] DEWEY J. The Collected Works of John Dewey, 1882–1953 (37 Volumes) [J]. 1969–1991.

[18] DEWEY J. The experimental theory of knowledge [J]. Mind, 1906, 15 (59): 293–307.

[19] KIVINEN O, PIIROINEN T. Kehollisesta osaamisesta kielelliseen tietoon [J]. Teoksessa: E KILPINEN, O KIVINEN & S PIHLSTRÖM, toim, Pragmatismi filosofiassa ja yhteiskuntatieteissä Helsinki: Gaudeamus, 2008: 185–208.

[20] MCKAUGHAN D J, ELLIOTT K C. Introduction: Cognitive attitudes and values in science [J]. Studies in History and Philosophy of Science Part A, 2015, 50: 57–66.

[21] LACEY H. "Holding" and "endorsing" claims in the course of scientific activities [J]. Studies in History and Philosophy of Science Part A, 2015, 53: 89–95.

[22] HANSSON S O. Defining pseudoscience and science [M]. Chicago: University of Chicago Press, 2013.

[23] HANSSON S O, AVEN T. Is risk analysis scientific? [J]. Risk Analysis, 2014, 34 (7): 1173-83.

[24] GOURLAY S. Knowledge management and HRD [J]. Human Resource Development International, 2001, 4 (1): 27–46.

[25] LINCOLN Y S, GUBA E G. Paradigmatic controversies, contradictions, and emerging confluences. In: Denzin, N. K. and Lincoln, Y. S. (eds) Handbook of Qualitative Research (2nd edn) [M]. California: Sage Publications, 2000.

[26] BOURDIEU P, WACQUANT L J. An invitation to reflexive sociology [M]. Chicago: University of Chicago Press, 1992.

[27] GRENFELL M J. Pierre Bourdieu: Key Concepts (2nd edn) [M]. Oxford: Routledge, 2012.

[28] SCHELER M. Problems of a Sociology of Knowledge (Routledge Revivals) [M]. London: Routledge, 1980.

[29] MANNHEIM K. Ideology and Utopia: An Introduction to the Sociology of Knowledge [M]. London: Routledge and Kegan Paul, 1979.

[30] HALL S. The problem of ideology, Marxism without guarantees in B. Matthews Marx: a hundred year on [Z]. London: Lawrence & Wishart. 1983.

[31] HOFSTEDE G. Culture and Organizations: Software of the Mind. Maidenhead, Berkshire [Z]. Maidenhead: McGraw-Hill. 1991.

[32] GURVITCH G. The Sociological Frameworks of Knowledge [M]. New York: Harper & Row, 1971.

[33] MILLER B. When is consensus knowledge based? Distinguishing shared knowledge from mere agreement [J]. Synthese, 2013, 190 (7): 1293–1316.

[34] AVEN T, ZIO E. Foundational issues in risk assessment and risk management [J]. Risk analysis, 2014, 34 (7): 1164–1172.

[35] SRA. Foundations of risk analysis, discussion document [J]. 2015b.

[36] LINDLEY D V. Understanding uncertainty [M]. Hoboken: NJ: Wiley, 2006.

[37] FLAGE R, AVEN T. Expressing and communicating uncertainty in relation to quantitative risk analysis [J].

Reliability: Theory & Applications, 2009, 4 (2-1 (13)).

[38] FUNTOWICZ S O, RAVETZ J R. Uncertainty and quality in science for policy [M]. Dordrecht: Kluwer Academic Publishers, 1990.

[39] FUNTOWICZ S O, RAVETZ J R. Science for the post-normal age [J]. Futures, 1993, 25 (7): 739-755.

[40] KLOPROGGE P, VAN DER SLUIJS J, PETERSEN A. A method for the analysis of assumptions in assessments [M]. Bilthoven, The Netherlands: Netherlands Environmental Assessment Agency (MNP), 2005.

[41] KLOPROGGE P, VAN DER SLUIJS J P, PETERSEN A C. A method for the analysis of assumptions in model-based environmental assessments [J]. Environmental Modelling & Software, 2011, 26 (3): 289-301.

[42] LAES E, MESKENS G, VAN DER SLUIJS J P. On the contribution of external cost calculations to energy system governance: The case of a potential large-scale nuclear accident [J]. Energy Policy, 2011, 39 (9): 5664-5673.

[43] VAN DER SLUIJS J, CRAYE M, FUNTOWICZ S, et al. Experiences with the NUSAP system for multidimensional uncertainty assessment [J]. Water Science and Technology, 2005, 52 (6): 133-144.

[44] VAN DER SLUIJS J P, CRAYE M, FUNTOWICZ S, et al. Combining quantitative and qualitative measures of uncertainty in model-based environmental assessment: the NUSAP system [J]. Risk Analysis: An International Journal, 2005, 25 (2): 481-492.

[45] AVEN T. Supplementing quantitative risk assessments with a stage addressing the risk understanding of the decision maker [J]. Reliability Engineering & System Safety, 2016, 152: 51-57.

[46] COX JR L A. Confronting deep uncertainties in risk analysis [J]. Risk Analysis: An International Journal, 2012, 32 (10): 1607-1629.

[47] AVEN T. On how to deal with deep uncertainties in a risk assessment and management context [J]. Risk Analysis, 2013, 33 (12): 2082-2091.

[48] HANSSON S O. Uncertainties in the knowledge society [J]. International Social Science Journal, 2002, 54 (171): 39-46.

[49] AVEN T, RENN O. Risk management and governance: Concepts, guidelines and applications [M]. Springer Science & Business Media, 2010.

[50] BOLTANSKI L, THéVENOT L. On justification: Economies of worth [M]. Princeton: Princeton University Press, 1991.

[51] LINKOV I, SATTERSTROM F K, KIKER G, et al. From comparative risk assessment to multi-criteria decision analysis and adaptive management: Recent developments and applications [J]. Environment International, 2006, 32 (8): 1072-1093.

第三章 定量/半定量风险评估中不确定假设的处理和沟通

Roger FI age（挪威斯塔万格大学）
Christine L Berner（挪威 DNV GL）

本章讨论定量/半定量风险评估中的不确定假设。我们首先描述一个将风险概念、风险描述、风险指数和知识维度（尤其是假设）联系起来的正式框架。然后，我们提出了一种将不确定假设系统化的方案，并从风险分析师和风险经理的角度展示了如何使用该方案来提供处理不确定假设的建议。该方案建立在：

（1）基于不确定性的风险概念的最新进展，特别是偏离假设风险的概念；
（2）关于不确定性和质量的称作"NUSAP[1]"的符号方案；
（3）基于假设的规划框架。

本章用一个例子来突出其概念和思想。

3.1 引 言

假设是任何定量风险评估（quantitative risk assessment，QRA）不可避免的一部分。对于海上石油生产平台进行 QRA 的常见假设如下：

（1）平台上的人员随时保持在 50 人；
（2）该平台能够承受 14MJ 的碰撞冲击能量；
（3）如果发生失控的井喷，井喷量为 9000Sm^3/d（标准立方米/天）。

Meriam-Webster 字典将假设定义为"被认为理所当然的事实或陈述（如命题、公理［……］假设或概念）"。在本章中，我们将重点放在风险评估和管理框架内，认为假设是"风险评估中固定的条件/输入，并且承认或知道在现实中有可能或多或少地偏离该条件"[2]。虽然根据前面的定义，这个术语是多余的，但是为了突出可能的偏差，在本章中我们仍然会使用术语"不确定假设"。从上面的示例假设中可以清楚地看出这种偏离的可能性。例如，井喷量不太可能精确到 9000 Sm^3/d。如果实际井喷率偏离了假设的井喷量，评估的风险水平可能或多或少仍然有效，具体取决于偏差的大小和相关风险指数的敏感性。请注意，这里的偏差指的是不利偏差，即该偏差增加评估的风险水平。

为了避免在评估（量化）不确定性上花费过多时间和资源，或者由于缺乏相关知识，通常将问题进行简化假设。从直觉上讲，如果人们认为实际情况偏离假设的程度较低，并且偏差对评估的风险水平影响较低，那么简化假设是非常合理的。然而，这样的结论并没有考虑知识维度。对偏差信度较低也可能由较弱的知识基础引起的，或者评估的风险水平可能使用了粗糙模型。另外，如果人们非常确认假设存在偏差，并且这种假设的偏差会对评估的风险水平产生重大影响，那么显而易见的解决办法就是不做这样的假设；相反，风险分析师会根据假设的数量建立一个概率分布，然后利用总期望/概率法则将不确定性评估整合到总体利益的不确定性评估中。然而，知识维度仍然没有被考虑在内，而基于假设量的概率分布可能建立在弱知识的基础上。例如，概率分布可能需要做出新的假设，而偏离这种假设可能性很高。

上述考虑表明，在风险评估过程中，考虑处理不确定假设策略时，需要明确考虑知识维度。另一个考虑因素是资源使用。多种方法可以用来处理不确定假设，包括定性分类、假设偏差风险评估（assuption deviation risk assessments）、总期望/概率法则（如上所述）和区间概率。这些方法需要不同程度的代价，需要在一致性定量不确定性刻画与实际限制（如资源使用）之间找到平衡[2]。一个不确定的假设越重要或关键，就越有理由花费资源来描述不确定性并评估潜在的偏离基本情况假设的影响。

假设可以看作风险评估所基于的背景知识的一部分（参见文献[3]，也可参见本书3.2节）。根据一些风险描述标准，这种背景知识是风险描述的一部分[4]，一些作者也已经在探讨风险评估过程中向决策者（本书也称为风险经理）描述和沟通背景知识及其信度（优良、质量等）的重要性[3,5-9]。这也适用于风险评估领域之外的情况。例如，为了解决政策科学中的不确定性和质量问题而开发的 NUSAP 符号方案，已被证明与基于不确定性的风险相关的半定量风险描述有很强的相似性[10]。这里的半定量指的是一种定量的风险描述，辅以定性地对前者所基于的知识强度的描述。换句话说，它不是一些文献中提到使用风险矩阵或类似的风险表征的描述。

在风险评估以及与风险经理的沟通进行处理后，一旦决定进行某项活动，就需要对不确定的假设进行跟踪，确保判断风险水平可接受的前提仍然有效。基于假设的规划框架[11]已被证明是一个有效的跟踪风险评估假设的框架[12]。

本章以 Berner 与 Flage[2,10,12]的工作为基础进行了适当扩展，主要处理半定量风险评估（semi-quantitative risk assessment, S-QRA）中的不确定假设问题。我们首先描述一个将风险概念、风险描述、风险指数和知识维度（尤其是假设）联系起来的正式框架。然后，我们提出了一种将不确定假设系统化的方案，并展示了如何从风险分析师和风险经理的角度使用该框架提供关于处理这些假设的策略建议。本章的方案和策略建立在下面工作的基础上：

(1) 基于不确定性的风险概念的最新进展，特别是偏离假设风险的概念[3]；
(2) NUSAP 符号方案[5]；
(3) 基于假设的规划框架[11]；

本章将介绍一个用来强调相关概念和思想的示例。

本章的其余部分内容安排如下：3.2 节描述了标准架构；3.3 节介绍了这个案例，3.4 节提出了系统性的不确定假设；3.5~3.7 节分别就风险评估中不确定假设的处理、不确定假设的沟通和风险管理中不确定假设的处理提出了建议；3.8 节提出了讨论和结论。

3.2 连接风险和相关概念的标准架构

最近出版的风险分析学会术语表[4]区分了风险的概念和风险的描述。提供了作为概念的风险的七个定义[4]，包括：
(1) 风险是发生不幸事件的可能性。
(2) 风险是一个事件产生负面影响的潜在可能。
(3) 风险是一个活动的后果和相关不确定性。

这些定义和术语表中其他定义的一个关键共同点是，它们没有按照概率或任何其他特定的不确定性度量来表述。相反，它们是以不确定性（或使用其他表示不确定性状态的术语，如上所示，如"可能性"或"潜在可能"）的形式表述的。根据风险作为概念和风险描述之间的区别，特定的不确定性度量，如概率输入，只作为风险描述的一部分。SRA 术语表给出了六个风险描述/指标的例子[4]：
(1) 结果的重要性/严重程度及其概率的组合。
(2) 危害发生的概率与给定危害的脆弱性度量的组合。
(3) 三元组 (s_i, p_i, c_i)，其中 s_i 是第 i 个场景，p_i 是相应场景的发生概率，c_i 是相应场景的结果，其中 $i=1,2,\cdots,N$。
(4) 三元组 (C', Q, K)，其中 C' 是一些特定的结果，Q（通常是概率）是与 C' 相关的不确定性的度量，K 是支持 C' 和 Q 的背景知识（包括对该知识强度的判断）。
(5) 结果的期望值（损伤、损失）。
(6) 损伤的可能性分布（如三角可能性分布）。

这些风险描述的通用性水平不同。例如，根据第 5 个描述，风险被描述为概率和结果的乘积。然而，第 1 个描述认为风险描述涵盖了两个维度组合（不一定是乘积关系）。与第 1 个描述相比，第 3 个描述增加了场景，而第 4 个描述引入了不确定性的一般测度（不一定是概率）Q 以及知识维度 K 作为风险描述的一部分。后者可以理解为建立在数据和信息、测试、论证、建模等基础上的论证的信念，在风险评估中多以假设的形式进行描述[6]。在第 4 个描述中，指定的后果 C' 从广义上理解，既包括指定的事件/场景，也包括描述结果的数量。当然，第 5 个描述可以看作一个风险度量/索引，可用在更通用的总体风险描述中，这也是本章作者要做的。

在本章中，我们采用第 3 个风险概念和第 4 个风险描述作为总体风险描述。利用概率 P 定量度量不确定性，并用 Y 表示描述结果的某种数量（令 $C'=Y$），我们引入（可能是归一化的）$R(x_0)$ 作为基于期望值的风险测度，将风险定义为[2]

$$R(x_0) = cE[Y \mid X = x_0, K] \tag{3.1}$$

式中：c 为正态化常数；X 为固定在（基本情况）x_0 的不确定变量值。严格地说，条件 $X=x_0$ 是 K 的一部分，但为了便于说明，这些术语在式（3.1）中进行了拆分。式（3.1）涵盖了更宽泛的人们所熟知的风险指标，如参考文献［13］中所述：

（1）个体风险，定义为一个随机选择的人在特定时间段内（通常为一年）的死亡概率。

（2）潜在的生命损失，定义为在指定时间段内（通常也是一年）的死亡人数期望值。

（3）致命事故率，定义为每暴露 1 亿 h 的死亡人数期望值。

（4）频率-死亡人数曲线（f-N 曲线），定义为导致 N 个或 N 个以上死亡人数的事件发生次数的期望值。

3.3 案　　例

下面这个例子的灵感来自挪威的一个渡轮码头（DNV[14]），针对液化天然气加油风险的 QRA。QRA 用个体风险作为风险指数来评估和表达第一方和第二方风险，用 f-N 曲线来评估和表达第三方风险。在这个例子中，我们不关注风险评估本身[14]，如危害识别、频率评估、结果分析等，而是在风险评估中的假设部分，以及相关的假设登记[15]，其中包含对 QRA 假设的结构化的概述和评价。这些假设涉及以下方面[15]：

（1）描述和背景数据。

① 人员配备水平；

② 气象资料；

③ 气象参数；

④ 点火源：设备/交通/人员/热作业（hot work）；

⑤ 加油装置：基础外壳设计和库存；

⑥ 乘客和工作人员的逃生和疏散。

(2) 液化天然气事故。
① 典型的场景假设：泄漏位置/高度，泄漏大小；
② 频率分析假设：泄漏频率；
③ 事件树建模假设：检测和隔离时间，隔离失败，即时点火概率，事件树框架，事件树概率；
(3) 结果模型假设：蔓延参数，结果模型参数。
(4) 存储和装载特性：加油频率。
(5) 影响标准：终点（影响）和脆弱性（伤亡）标准。

在本章中，我们将重点讨论与上述主题相关的部分具体假设，即与以下数量相关的假设：

(1) 加油区域的热作业。
(2) 人为点火的概率。
(3) 太阳辐射通量。
(4) 不同泄漏尺寸的典型孔径。
(5) 直接参与加油作业的人数。
(6) 面临增加风险的不同类别的工作人员（LNG 工厂员工、邻居、渡轮码头员工、渡轮乘客、徒步旅行者等）。
(7) 风向与风速。
(8) 检测与隔离泄漏的时间。

接下来，我们将在风险评估阶段（3.5 节）、风险沟通阶段（3.6 节）以及风险管理阶段（3.7 节）分别讨论这些数量的处理。然而，首先我们提出了一个与这些数量相关的系统性的不确定假设。

3.4　系统性的不确定假设

在本章引言中，我们指出，在评估假设的重要性或严酷度时，除了需要考虑偏离（基本情况）假设的信度以及相关风险指数相对于这些偏差的敏感性之外，还需要考虑知识维度。如表 3.1 所示，除了将偏离信度和风险对偏离假设的敏感度标记为"低"或"中/高"，并且将知识强度标记为"强"或"中/弱"外，还出现了一个包含八个假设配置的方案[2,12]。当从配置 I 到配置 III 再到配置 V 的方向移动时，或者当知识强度从强到中/弱移动时，这些假设的严酷度越来越大。

表 3.1 中的分类方案主要是定性筛选方案。因此，将偏离信度或敏感度划分为低、中/高不同级别，并不是基于严格的量化标准。可以假设，如果对于某个值 d，概率 $P(X-x_0>d)$ 低于某个阈值，或者期望值 $E[X-x_0]$ 高于或低于某个阈值，则可以将偏离信度定义为较低。同样地，如果某些选定的重要度测量值低于某一阈值，则将敏感度设为低。然而，其目的是设计一种方案，使分析人员可以

此为依据进行粗略判断，进而对假设进行排序，作为在风险评估中进一步分析处理这些假设的工作难度的参考。对这些概率和期望值的详细和精确的量化可能会占用后续过程的精力和资源。如果使用这种阈值，则应该将其理解为参考点而不是绝对值，特别是对于那些知识不强、设定的概率和期望值的精确度可能较低的情况。此外，考虑到实现的假设是以 x_0 作为参数的函数 $R(x_0)$，后者（敏感度/重要性）的标准应该更易于实现，但是很难针对特定背景和案例给出重要度或阈值设定的规范。信念偏离阈值也是一样的。

表 3.1 风险评估不同假设所对应的配置[10]

对偏离 x_0 的信度	$R(x_0)$ 对 x_0 的敏感度	知识强度	
		强	中/弱
低	低	配置 I	配置 II
	中/高	配置 IIIa	配置 IVa
中/高	低	配置 IIIb	配置 IVb
	中/高	配置 V	配置 VI

知识强度的评估使其更容易使用定性标准来实现。例如，Flage 和 Aven[16]建议，如果满足了以下所有条件（只要它们是相关的）就可以将知识判断为强（"较低的不确定性"是文献[16]中使用的术语，但是，使用强弱描述知识更准确，所以这里使用强弱）：

（1）对所涉及的情形的研究很透彻；已知所使用的模型能够满足预测所需精度。

（2）这些假设被认为是非常合理的。

（3）有很多可靠的数据。

（4）专家们意见一致。

当使用这些标准来评估与假设 $X=x_0$ 相关知识的强度，第一个、第三个和第四个条件必须与这一现象产生的结果 X 相联系。此外，第二个条件与相关假设的合理性必须与补充假设相联系，也就是说其他基于此假设的假设。例如，基于历史数据，假设一个特定的边界失效频率等于某个固定值，那么一个补充假设是历史数据/表现也适用于未来的情况。

在下一节中，我们使用上面的"假设-情形方案"（assumptions-settings scheme）来处理半定量风险评估中的不确定假设。

3.5 风险评估中的不确定假设：风险分析师的观点

在本节中，我们介绍并阐释利用 3.4 节中"假设-配置方案"作为起点，并以 3.3 节结尾列表中的一组具体的假设为例，展示处理 S-QRA 中不确定假设的一套参考方案。所考虑的假设具体如下：

A. 加油时，加油区域无热作业：$X = x_0 = 0$，其中 X 为加油时热作业持续时间。

B. 与人有关的点火源对频率的贡献（每人每秒的空气暴露）为 1.68×10^{-4}：即 $X = x_0 = 1.68 \times 10^{-4}$，其中 X 为所述频率。

C. 直接参与加油作业的人数为 4 人：$X = x_0 = 4$，其中 X 为上述人数。

D. 不同类别的人员（液化天然气厂员工、邻居、渡轮码头员工、运送乘客、徒步旅行者等）暴露加油造成的风险中人数[14]：$X = x_0 = y$，其中 y 是指暴露在风险中不同种类人员的数量的向量。

E. 泄漏时的太阳光通量为 $100\text{W}/\text{m}^2$：$X = x_0 = 100$，其中 X 为泄漏发生时的太阳光通量。

F. 小（10mm）、中（10~50mm）和大（>50mm）泄漏的典型孔径分别为 y_1、y_2 和 y_3，可由泄漏软件工具计算：$X = x_0 = (y_1, y_2, y_3)$，其中 X 代表泄漏孔径典型大小的向量。

G. 泄漏情况下的风速和风向分别为 6m/s 和 67.5°~112.5°，这是这两个参数最可能的组合：$X = x_0 = (6, 67.5° \sim 112.5°)$，其中 X 代表风速和方向的向量。

H. 检测和隔离泄漏时间为 90s：$X = x_0 = 90$，其中 X 是检测和隔离泄漏所用事件，以秒为单位。

表 3.2 总结了针对不同假设配置的参考方案。这些准则的细节和基本原理，以及它们在上述假设上的应用将在下面的部分进行阐述。本节是基于 Berner 和 Flage[2] 的工作。

表 3.2　S-QRA 中不确定假设的处理参考[2]

对偏离 x_0 的信度	$R(x_0)$ 对 x_0 的敏感度	知识强度	
		强	中/弱
低	低	配置Ⅰ： 报告 $R(x_0)$ 将假设 $X = x_0$ 列为非关键	配置Ⅱ： 报告 $R(x_0)$ 强调假设 $X = x_0$ 所基于的知识的定性强度
中/高	中/高 低	配置Ⅲ： 报告 $R(x_0)$ 根据概率，强调偏离假设 $X = X_0$ 的风险评估结果 对配置Ⅴ相同	配置Ⅳ： 报告 $R(x_0)$ 根据概率或区间/不精确概率，强调偏离假设 $X = x_0$ 的风险评估结果 或 对配置Ⅵ一样

续表

对偏离 x_0 的信度	$R(x_0)$ 对 x_0 的敏感度	知识强度	
		强	中/弱
中/高	中/高	配置 V： 指定 $F(x\|z_0,K)$，并利用总期望定律确定 $E[R(X)\|z_0,K]$ 在 F 上的期望值 将假设 $Z=z_0$ 列为非关键	配置 VI： 指定 $F(x\|z_0,K)$，利用总期望定律确定 $E[R(X)\|z_0,K]$ 在 F 上的总期望 基于精确概率或概率区间，强调偏离假设 $Z=z_0$ 的风险评估结果。 或 确定 X 的精确概率分布/概率分布区间，进而确定 $E[R(X)\|K]$ 的区间

配置 I 中的假设的特点是偏离的信度较低，相关风险指标对偏离（基本情况）假设的敏感度较低，并且这些（与对偏差和敏感度的信度相关）判断是基于强大的知识做出的。在这个设置中，通过使 $X=x_0$ 来忽略与 X 相关的不确定度，并报告 $R(x_0)$ 是高度确认的。对 $X=x_0$ 假设当然需要记录，但它可以作为一个非关键假设列出。

假设 A 可以被认为是配置 I 假设的一个例子。附录中的表 A3.1 给出了这种分类的理由。因此，除了在假设记录中被记录和列为非关键外，这种假设在风险评估中不会得到进一步的关注（但在后续的风险管理需要进行一些后续工作，见 3.7 节）。

配置 II 中假设的特点也是同时具有低偏差信度和低敏感度的特点（严格地说，风险测度敏感度较低，但是为了简洁，我们将在这里以及以后提到这个假设的特征时，称为低敏感度）。然而，这些判断并不是基于强大的知识背景。对 $X=x_0$ 假设是最好的判断，虽然决策者应该知道这种情况下较弱的知识依据，但同时又缺少依据来评估一个与 $R(x_0)$ 不同的风险水平。假设 B 可以被认为是配置 II 假设的一个例子，见表 A3.1。

配置 V 的假设的特征是基于强大的知识，对偏离有中或高的信度，以及对风险测度的中或高的敏感度。具有这些特征的假设是非常关键的。同时，强大的知识意味着可以建立一个有根据的概率分布 $F(x|z_0,K)=P(X\ x|Z=z_0,K)$，进而确定（无条件）风险指数 $E[R(x)]$。由于这两个原因，配置 V 类型的假设并不常见。在这里，$Z=z_0$ 表示在建立分布 F 时引入的（额外的）假设，由于所涉及的知识非常充分，这些假设被认为是非常合理的，因此可以被列为非关键假设。

假设 G 被认为是配置 V 假设的一个例子，见表 A3.1。这个假设实际上并不是专门在产生了假设 A~H 的 QRA 中做出的。相反，根据天气统计数据，可以建立风速和风向的联合概率分布，然后将其纳入总体风险指数。这里引入的另一个假设是，所使用的天气统计数据与未来渡轮加油活动区域的天气相关。

配置Ⅵ的假设与配置Ⅴ的假设对偏离和敏感性特征的信度相同，但对这些判断的知识基础较薄弱。确定 X 的概率分布可能很困难，或者需要未经严格论证的假设 $Z=Z_0$。如果可以确定 X 的一个区间/不精确的概率分布，一个解决方案是确定总体风险指数的最终区间。例如，如果可以建立一个经过充分论证的条件分布 $F(x|Z,K)$ 和利用物理限制条件确定的 Z 的准确取值区间 $[z_{\min},z_{\max}]$，那么无条件的风险指数 $E(R(X))$ 的区间可以通过对 $F(x|Z=z_{\min},K)$ 和 $F(x|Z=z_{\max},K)$ 求积分所得。或者，有条件的风险指数 $E[R(X)|z_0,K]$ 可以通过对 $F(X|Z=z_0,K)$ 的积分来确定，其中 $Z=z_0$ 是一个"最佳判断"假设。给出风险指标值的同时，需要基于概率或区间/不精确概率给出与 $Z=z_0$ 相关的假设偏离风险评估结果。

假设 H 可以被认为是配置Ⅵ假设的一个例子，见表 A3.1。风险分析师分析得出的最佳监测和隔离时间是 90s；然而，一些相关人员对此存在分歧，认为假定的时间可以大大缩短（36s，速度接近分析师判断的 3 倍），并且分析师认为不太可能出现更长的时间。通过设置检测和隔离事件区间，比如 [36,300]，36s 对应的最小时间由 30s 检测时间（假设使用快速反应气体探测器）和 6s 隔离时间（假设在检测到气体后立即自动关闭紧急阀门）组成，300s 代表 5min 的联合检测和隔离时间。虽然有人认为这一区间的确定是有些武断的，但隔离和检测时间却极不可能超过这一区间范围。

配置Ⅲ的假设的特征是对偏离的信度较低，对偏离敏感性适度或高，反之亦然，这些判断是建立在具有足够知识的基础上。这些假设与配置Ⅴ假设的处理方法相同。或者，可以通过"假设偏离风险评估"来解决这个问题。这需要更少的工作量，但并没有像配置Ⅴ一样给出全面综合的定量风险水平。

Aven[3]创造了"假设偏离风险"这个术语，指评估假设和实际发生的偏离的"风险"。假设偏离风险评估包括评估：

（1）与后果相关的假设的偏离；
（2）这种偏离和后果的一个不确定性测度；
（3）做出这些假设的知识基础。

根据本章的符号框架，假设偏离风险评估首先要定义偏差 $D=X-x_0$ 的不同可能值 $d=(d_1,d_2,\cdots,d_n)$；接下来评估相关概率 $p=(p_1,p_2,\cdots,p_n)$ 和影响 $s=(s_1,s_2,\cdots,s_n)$，其中 $p_i=p(D=d_i|K)$，$S_i=R(x_0)-R(x_0+d_i)$，$i=1,2,\cdots,n$；最后对产生的三元组 (d,p,s) 的知识进行知识强度（SoK）评估。对假设偏离风险评估的概率和影响的评估可以是定性的，例如使用高、中和低等评分级别[3]。

假设 C 和假设 D 可以分别作为配置Ⅲa 和配置Ⅲb 假设的例子，见表 A3.1。在 3.6 节中，假设 C 被用作一个例子来说明如何评估不确定假设，以及如何通过结合 NUSAP 符号方案和假设偏离风险以及对其知识基础的可视化来与决策者进行沟通。

配置Ⅳ中的假设与配置Ⅲ中的假设具有相同的偏离和敏感性特征，但这些判断的知识基础并不够充分。这里的建议类似于配置Ⅲ：考虑到与配置Ⅲ相比所涉及的知识较薄弱，要么作为设置Ⅵ的一个假设进行处理，要么进行基于区间概率假设偏离风险评估。

假设 E 和假设 F 可分别作为配置Ⅳa 和配置Ⅳb 假设的例子，见表 A3.1。在 3.6 节中，假设 E 被用作一个例子来说明如何评估不确定假设，以及如何通过结合 NUSAP 符号方案和假设偏离风险以及对其知识基础的可视化来与决策者进行沟通。

在下一节中，我们将介绍 NUSAP 符号方案，并考虑它与 S-QRA 的相似之处，以及如何使用 NUSAP 来改进 S-QRA。对于后一个目的，我们特别考虑了与假设相关的知识强度可视化，以及将 NUSAP 符号方案与假设偏离风险评估相结合。

3.6　沟通不确定假设

针对科学政策的不确定性和质量的 NUSAP 标记方案[5]是为了改进根据科学信息进行政治决策的过程。在颁布时，打算利用它解决一种称为"后正常"决策问题的新型政策问题，这类问题中"事实不确定、有争议的价值、高风险和紧急决策"[17]。

NUSAP 这个名字是由 5 个"特征"的首字母组成的缩略词[5,18-19]：

（1）数值（numeral）指代某些感兴趣的数量。

（2）单位（unit）是表示数字的单位。

（3）扩散（spread）指的是数字的不确定性/不精确/可变性的定量表示（如区间）。

（4）评估（assessment）是指基于显著性水平、主观概率或高、低、乐观、悲观等定性类别，由数字、单位和扩散提供的"关于信息的定性判断"[18]。

（5）谱系（pedigree）是指对数字、单位、扩散和评估提供的信息进行定性评估。

评估谱系需要使用谱系矩阵。谱系矩阵的设计可以根据情况和背景的不同而变化。这种矩阵的一个例子如表 3.3 所示。为了评估谱系，需要对其他 NUSAP "特征"提供的基础信息，根据不同的特定标准进行评估。可以引入系谱评分将评估结果转换成数字形式，如表 3.3 的第一列所示。

NUSAP 标记方案也与假设的概念有关，Kloprogge 等[20]扩展了谱系矩阵的使用来评估假设的价值依附。在这里，带有价值负依附（value-laden assumptions）的假设被理解为可以产生评估偏差的假设。

表 3.3 谱系矩阵[5]

分数	理论结构	数据输入	对等接受	同事共识
4	既定理论	实验数据	总体	所有人，除了古怪的
3	理论模型	历史/领域数据	高	所有人，除了反对者
2	计算模型	计算数据	中	仍然具有争议
1	统计处理	有根据的猜测	低	尚在探讨阶段
0	定义	无根据的猜测	无	无意见

参考文献［10］中比较了 NUSAP 标记方案和 3.2 节中描述的基于不确定性的风险。假设 Y^* 表示对 Y 的数量的预测，Y' 表示 Y 的所有可能值的集合或区间。表 3.4 总结了 NUSAP 标记方案、S-QRA 风险描述和假设偏离风险评估之间的对应关系。

表 3.4 NUSAP 标记方案、S-QRA 风险描述和假设偏离风险评估之间的对应关系

NUSAP	S-QRA 风险描述	假设偏离风险评估
数量	Y^*	x_0
单位	—	—
扩散	Y'	D
评估	$Q(Y \in Y')$	$Q(D=d)$，如 p

注：该表基于参考文献［10］并进行了扩展，经 Elsevier 许可转载。

如表 3.4 所示，根据引用的是 S-QRA 风险描述还是假设偏离风险评估，数字和单位分别对应预测值 Y^* 或假设 $X=x_0$。接下来，扩散对应于集合 Y' 或 d，而评估对应于相关的不确定测度。最后，谱系对应 S-QRA 和假设偏离风险评估中的使用强、中、弱等类别表示的知识强度（SoK）评估，如 3.4 节和 3.5 节所示。

举例来讲，如果 Y 表示某一特定事故造成的死亡人数，则：

（1）Y^* 为事故发生时的预计死亡人数，如 $Y^*=4$。
（2）Y' 是一个区间或一组区间，如区间 1~2、3~5、6~10 和大于 10。
（3）测度 $Q(Y \in Y')$ 是相应的概率，如 0.4、0.4、0.15 和 0.05。
（4）SoK 是对支持指定预测和相应概率的知识 K 的强度的评估。

S-QRA 风险描述的知识 K 和假设偏离风险评估中的影响 s 不对应于这 5 个 NUSAP 特征中的任何一个。然而，NUSAP 标记方案改进的一个方向是谱系评估的可视化。为此目的开发的一些工具在某种程度上是 Funtowicz 和 Ravetz[5] 介绍的 NUSAP 诊断图的扩展。这是一个二维图，目的是传达谱系强度和模型输出对

特定输入/参数的敏感性。这两个维度与本章讲述的不确定评估框架的知识强度和敏感性/影响紧密相关。

由 NUSAP 标记方案而来的可视化工具的近期研究成果包括雷达图[21-23]，雪花图[21]、风筝图[18,22-24]和谱系图[25]。图 3.1 显示了一组雷达图，显示了与假设 C 和假设 E 相关的知识强度（3.5 节）。这些图是基于表 3.5 中的谱系矩阵，而表 3.5 是根据 Flage 和 Aven[16] 描述的知识强度标准构建的；参见 3.4 节。表 3.6 给出了假设 C 和假设 E 的相关谱系评分的评价。

Berner 和 Flage[10] 提出了一种表达不确定假设的表示方法，结合了 NUSAP 标记方案和假设偏离风险评估。如 3.5 节所述，结合后的形式在表 3.6 中以假设 C 和假设 E 为案例进行了说明。这两种假设都基于相对较强的知识，如图 3.1 所示。黑色粗线覆盖的区域说明假设 C 的背景知识整体较强。假设 E 中黑色粗线覆盖的区域较小，说明知识强度为中等。结合图像的信息和数据的可用性，再加上较低的专家共识和同行评议得分，表明在如何使用相关输入方面存在一些分歧。

表 3.5　参考文献 [16] 中的基于知识强度标准的谱系矩阵

分数	SoK 标签	现象/模型	数　据	专家认同度	假设的现实性
3	强	所包含的现象被很好地解读；所使用的模型可以在所需的精度下给出预测结果	有很多可靠的数据	专家广泛认同	所做的假设被认为是非常合理的
2	中	在强与弱之间的条件：可以说所包含的现象被很好地解读，但所用的模型被认为是简单的/不成熟的	在强与弱之间；有一定数量的可靠的数据	在强与弱之间的状态	在强与弱之间的状态
1	弱	所包含的现象不能被很好地解读；模型不存在或者被认为只能给出较差的预测结果	数据不可靠或没有数据	专家缺少认同/认可	所做的假设过于简化

表 3.6　结合 NUSAP 方案和假设偏差风险评估

ID	假设值 (x_0)/数词	单　元	SoK/谱系	偏差的震级 (d)	偏差的可能性 (p)	敏感度(s)
假设 C	4	直接参与加油作业的人数	(3,3,3,3)	−1	低	低
				+2	低	高
假设 E	100	W/m^2	(3,3,2,2)	+500	高	低
				+1 000	适度	低

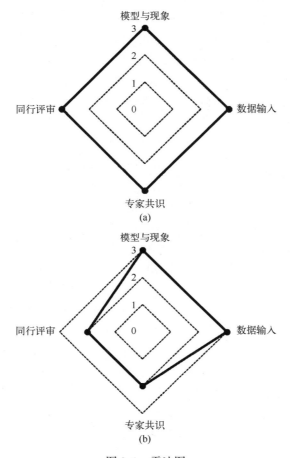

图 3.1　雷达图
(a) 对应假设 C；(b) 对应假设 E。

3.7　风险管理中的不确定假设：风险管理者视角

假设是风险评估的关键前提。这些假设的偏离或"失败"或多或少会使风险评估的结果失效。为了确保风险评估和判断及其推导出的结论保持有效（比如判断某个存在问题的活动可以在一个可接受的风险水平下进行），需要不断跟进不确定假设，以确保其始终有效。其中一种方法是利用基于假设的规划（assumption-based planning）框架[11]，根据参考文献［12］的说法，这是一个管理不确定风险评估假设的有用框架。

基于假设的规划框架是 Dewar 和 Levin 开发的一个框架，是美军战略规划的一个工具[11]。在这个框架内的一个关键概念是支撑一个计划的假设的关键性和脆弱性。这些假设可以通过以下策略来实现：

（1）标记（signpost），其中路标被定义为"表明假设有效性或脆弱性发生重要变化的事件或阈值"[11]。

（2）塑造行动（shaping action），其中"塑造行动是在当前规划周期中应采取的有组织的行动，旨在控制关键假设的脆弱性"[11]。

（3）对冲行动（hedging action），其中"对冲行动是指在当前计划周期内将要采取的有组织的行动，其目的是更好地为组织应对某一关键假设的潜在失效做好准备"[11]。

此外，如果在计划执行过程中已经出现偏离，则执行与（在计划执行之前执行）对冲操作类似但不同的关联行动（contigency action）。

在参考文献［12］中，作者修改了以上的策略定义，使其适应风险评估和管理领域，特别是 3.4 节中提出的系统化不确定假设的方案。修改后的定义如下：

（1）标记，是一个事件或阈值，它指示了偏离原始假设信度或（与使用的风险指数有关）对偏离敏感性的明显变化。

（2）塑造行动，是需要采取的操作，以免与风险评估基于的原始假设发生重大（和不必要的）偏差。

（3）对冲行动，是指为了使组织/系统更好地为其关键假设的潜在失效做好准备而采取的行动。

表 3.7 给出了用于管理不确定风险评估假设的一种或几种策略的准则，具体的策略取决于该假设属于哪种配置。下面给出了这些准则的基本原理，然后根据这些准则以假设 A~H 为示例进行说明。

表 3.7 主要（次要）假设管理策略[12]

偏离假设 x_0 的信度	对 x_0 的敏感度	知识强度	
		强	中/弱
低	低	配置 Ⅰ： 证实 SoK	配置 Ⅱ： 路标
	中/高	配置 Ⅲa： 证实 SoK （标记） （对冲） （关联）	配置 Ⅳa： 路标 （塑造） （对冲） （关联）
中/高	低	配置 Ⅲb： 证实 SoK （塑造）	配置 Ⅳb： 成型 （对冲） （关联）
	适度/高	配置 Ⅴ： 塑造 对冲 关联	配置 Ⅵ： 塑造 对冲 关联 （路标）

配置Ⅰ和Ⅱ假设的特点是对偏离的信度较低，敏感性较低。在配置Ⅰ中，支持这些分类的知识被判定为充分。验证这一判断有助于增强信心，不在此进一步跟踪此假设配置。另外，在配置Ⅱ中，支持偏离信度和敏感性判断的知识没有被判定为充分。这可以理解为，根据目前的知识，没有迹象表明比配置Ⅰ的假设更有理由对其进行进一步的跟踪。然而，不那么充分的知识可能会导致意外。建立一个或多个标记来监视可以表明假设已经或即将发生偏离的因素，以确保假设不会被完全遗忘。任何实际或潜在的偏离都将在标记触发后被逐项处理。

配置Ⅲa和Ⅳa假设的特点是对偏离的信度较低，且敏感度适中或较高。在配置Ⅲa中，支持这些分类的知识被判断为充分。对这一判断（特别是对偏离信度的分类）的验证，将增加在当前情况下不太可能发生偏离的信心。然而，如果情况发生变化，对偏离的信度也会改变，在这种情况下可以使用标记来警告变化的情况。基于警戒性思维，并且作为次要策略，在配置Ⅲa的假设中出现的中等或高敏感度可以视为需要对冲行动和联合行动的表征。另外，在配置Ⅳa的假设中，支持偏离和敏感性分类的知识被判定为中或弱。基于谨慎的思维，因为相对于对偏离的低信念，潜在的意外是有可能的，那么至少要放置标记，但也可以采取塑造行动（后者是次要行动）。考虑到中或高敏感度，也有必要考虑对冲行动和联合行动（作为次要行动）。

配置Ⅲb和Ⅳb假设的特点是对偏离的信度为中或高、敏感性低。在配置Ⅲb的假设中，支持这些分类的知识被判定为充分。验证这个判断（特别是敏感性分类）将更加确信假设偏离的影响是有限的。如果在某些情况下假设偏离的影响可能增大，那么塑造行动就是需要考虑的次要行动。另外，在配置Ⅳb的假设中，支持偏离和敏感性判断的知识并没有被判定为充分。知识库的状态是人们可以对偏离和敏感性分类的信度提出了质疑。同样，基于谨慎和对安全潜在影响，在相信偏离的分类结果的情况下，要质疑敏感度的分类结果，从而导致采取塑造行动以及对冲和联合行动是有必要的，但是前者是首选行动，因为至少基于当前知识，与一个防止假设发生的相关行动会比控制假设发生后的影响的行动更有效。

配置Ⅴ和Ⅵ假设的特征是对偏离的中或高的信度以及中或高的敏感性。在配置Ⅴ中，支持这些分类的知识被判定为充分。因此，塑造、对冲和联合行动都是适当的。由于对偏离的早期准备和预计，标记将是多余的（除非实施的塑造行动依赖即将发生偏离的早期警告的情况）。另外，在配置Ⅵ时，支持偏离和敏感性分类的知识被判定为中或弱。那么，如果只是收集发生假设偏离的数据，从而丰富支持偏离分类信度的知识，标记就是除了配置Ⅴ建议的主要策略之外一个有用的次要策略。当然，丰富知识将是针对所有以中等或薄弱知识为特征的假设的一个适当的策略。

表3.8显示了如何将风险管理策略分配给3.5节中介绍的假设A~H。

表 3.8 案例假设的风险管理策略[12]

编号	假设主体	假设明细	估计值	配置	策略
A	点火源：热作业	加油期间热作业的时间	0	I	SoK 验证：确认在厂房操作条例中已经禁止热作业
B	点火源：人为因素	默认人为因素引起的点火员频率	1.68×10^{-4} 人/s（气体暴露）	II	路标：监测厂房报告系统，并计划在下次风险评估中检查违背禁烟政策（或类似事故）的报告
C	人员配备水平和分布	直接参与加油操作的人数	4 人	IIIa	SoK 验证：检查实际人员配备是否符合计划 （路标：对人员配备计划进行重组或检查） （对冲：在加油期间指导加油人员立即疏散无关人员） （联合：在无关人员从加油区域疏散之前不得进行加油操作）
D	人员配备水平和分布	不同类别的人员（液化天然气厂员工、邻居、渡轮码头员工、运送乘客、徒步旅行者等）暴露加油造成的风险中人数	参见文献[14]中表 2	IVa	路标：改变渡船类型（改为具有更高旅客容纳能力的渡船），或改变周围区域的使用和划分 （塑造：未确认） （对冲：未确认） （联合：在 LNG 厂房附近有人气群聚集时（如游行或音乐会），停止或避免开始加油操作）
E	天气数据	在泄漏发生时的太阳光通量	100W/m²	IIIb	SoK 验证：通过测量确认厂房附件太阳光通量随时间的变化 （塑造：未确认）
F	泄漏大小	典型泄漏水平，下孔径的典型大小 [小(<10mm)、中(10~50mm)、大(>50mm)]	需要通过 LEAK 计算（软件工具）（在假设存储时没有特别说明）	IVb	塑造：考虑使用小和中等泄漏水平下的最大孔径作为孔径典型大小 （对冲：如果塑造行动没有被当作基本情形来执行，则运行感性场景） （联合行动：未确认）
G	在 QRA 中没有关于配置 V 的假设	—	—	V	—
H	检测和隔离时间	检测和隔离泄漏所需时间	90s	VI	塑造：使用时间的估计值作为供应商选择标准 对冲：未确认 联合：未确认 （标记：应急演练和隔离阀测试过程中超过估计值的记录）

3.8 讨论与结论

本章中，我们在半定量风险评估（S-QRA）的背景下讨论了不确定假设，S-QRA 被理解为定量风险评估，辅以定性的知识强度评估。本章主要关注在风险评估中，从风险分析师到决策者/风险管理者沟通风险描述，以及在风险评估重不确定假设的框架、计划和方法。在接下来的内容中，我们首先讨论了所介绍的框架、方案和方法的某些方面，然后进行相关总结。

本章描述的一组方案的主要好处之一是，它们在风险评估中从风险沟通到风险管理角度提供了一种系统而统一的方法来处理不确定假设。本质上，不确定假设系统化方案同样适用于风险评估和风险管理中的假设处理。假设配置上的唯一区别是，在风险评估背景下，只有配置Ⅲ和Ⅳ是可以区分的，而对于风险管理，通过区分Ⅲa、Ⅲb、Ⅳa 和Ⅳb 引入了更多的细微差别。此外，由于不确定假设系统化方案是建立在假设偏离风险概念上的，因此它很适合 3.6 节中描述的不确定假设的表示方式，该方式融合了 NUSAP 标记方案和假设偏离风险评估。

虽然相对于只是针对所做假设进行记录和（可能）敏感性评估，本章所介绍的方案会产生额外的"成本"（依据识别、分类、分析和减少不确定的假设所需要的信息和工作量），根据 3.4 节中描述的对假设进行分类所需的大部分信息可能已经存在于当前进行的定量风险评估中。这一点可以通过附录中示例假设 A~H 的分类来说明。来源于 QRA 的示例假设包含一个假设寄存器[14-15]，它记录和评估 QRA 中做出的假设。假设 A~H 的敏感性分类是通过假设寄存器中已经存在的敏感性评价来确定的。但是，所提出的方案考虑了偏离以及知识维度的信度（如引言中所述），这意味着它超出了上面描述的 QRA 过程。

3.4 节中提出的将不确定假设系统化的方案的一个局限是，如 3.5 节所述，缺乏与背景和与案例独立的定量阈值来定义何时将偏离信度和敏感性分为高、中或低。然而，与示例假设 A~G 相关的评估表明，在认识到方案具有定性的本质后，如果采取一种实用的方法，就可以在没有具体的定量阈值的情况下实现该方案。

与本章使用的配置、方案和示例相关的另一个局限是，这套方案每次只考虑单一假设，也就是说，不考虑多个同时的假设偏离，特别是假设之间的相关关系。在 3.2 节中描述的配置和风险度量内容，处理多个同时发生假设偏离的问题需要将 X 视为一个向量。其实，这已经在介绍假设 D、F 和 G 过程中实现了，这些假设中的 X 包含多个属性相同的主体或现象，即在假设 D 中不同类别的人员数量、在假设 F 中不同的孔径大小和假设 G 中风速和风向。实际上，本章没有考虑的是什么针对不同主题的假设同时发生偏离的情况，例如，在增加人员编制的同时也增加了点火源。有必要针对这个问题开展进一步的研究。

3.7节中的一些次要管理策略是谨慎考虑后给出的。当然，如果不考虑这样做的成本和负担，这种想法是无法实现的。我们也可以采取不太"谨慎"的方案，比如，合并低和中敏感度和偏差信度的类别，而不是像本章一样合并中和高的类别；或者合并中和高知识的类别，而不是像本章一样合并弱和中的类别。当涉及成本和负担的问题时，必须指出，在任何与假设配置有关的风险管理战略提案中，都需要考虑它们的利益和负担/成本，判断和决策他们是否应该实施。从距离来讲，在案例假设E中，在发生泄漏的情况下，可能会决定不进行太阳光通量的现场测量，以验证与偏离分类信度相关的知识的强度。这个行动的代价可能被认为与所获得的利益极不相称。

如图3.2所示，利用蝴蝶结（bow-tie）模型[13]，使用基于假设的规划策略来管理与风险评估假设相关的假设偏离风险，与在风险评估中与起始事件（风险/威胁）相关的风险管理措施有相似之处。

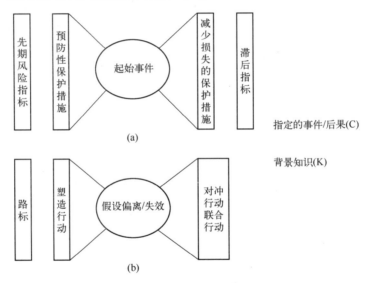

图3.2 蝴蝶结模型说明初始事件（危险/威胁）的风险管理（a）和基于假设的规划框架（b）之间的相似之处[12]

（1）先期风险指标可以视为对假设将偏离/失效信念变化的标记。

（2）预防性保护措施可以视为避免假设偏离/失败而实施的塑造行动。

（3）减少损失的保护措施可以视为以减少假设偏差/失效影响而实施的对冲行动和联合行动。

正如图3.2所示，二者不同之处在于，使用风险指标和保护措施管理初始事件（危险/威胁）与风险描述的特定事件/后果（C'）有关；而使用各种基于假设的规划策略的假设偏离/失效的管理与风险描述的背景知识（K）相关，参见3.2节。

在进行定量风险评估时，做出假设是不可避免的。然而，不确定假设需要得到适当的处理和沟通，本章旨在通过描述框架、方案和方法来实现这一目标。本章的目的之一是说明知识维度在处理不确定假设时的重要性和作用。3.5 节和 3.7 节的方案和实例表明了在风险评估中处理假设的不确定性以及在活动进行过程中对假设的合理的跟进策略，取决于（基本）假设偏离的信度、相关风险指标对假设偏离的敏感性以及相关知识的强度。此外，3.6 节中的方案和示例表明，（如本章所理解的那样）在半定量风险评估中如何描述风险，与最初为解决政策科学中的不确定性和质量问题而开发的方案有很强的相似之处，并且可以借助该方案加以改进。一个关键的相似之处是需要定性地评估和强调评估或研究中信息知识基础的强度。

致谢： 本章研究作为 PETROMAKS 2 计划（资助号：228335/E30）的一部分，本章的部分工作由挪威研究委员会资助。我们对此表示感谢。

附录 A.3

表 A3.1　案例假设中假设配置分类的判断依据

编号	假设主体	假设明细	估计值	配置	分类的判断依据[12,14-15]
A	点火源：热作业	加油期间热作业的时间	0	I	BiD(L)：工作人员会按照内部程序要求进行操作。并且，根据设计，热作业的时间为 1.5h/d，所以潜在的热作业可以在 LNG 加油前后合理安排。 Sens(L)：整体结果对风险有关联，并不与特定点火源相关。 SoK(S)：设计信息被认为是一种可靠的信息来源
B	点火源：人为因素	默认人为因素引起的点火员频率	1.68×10^{-4} 人/s（气体暴露）	II	BiD(L)：估计值是保守的（所给的数值是联合工业项目点火源研究中所给出数值的 4 倍）。 Sens(L)：整体结果对风险有关联，并不与特定点火源相关。 SoK(M/W)：概率值是软件中的默认值，并不与特定案例相关
C	人员配备水平和分布	直接参与加油操作的人数	4 人	IIIa	BiD(L)：没有理由相信作业人数会超过该任务的设定人数。 Sens(M/H)：企业风险与暴露在风险中的人数直接相关，因此相关结果对人员配置很敏感。 SoK(S)：人员配备计划被认为是非常可靠的信息来源
D	人员配备水平和分布	不同类别的人员（液化天然气厂员工、邻居、渡轮码头工、运送乘客、徒步旅行者等）暴露加油造成的风险中人数	参见文献[14]中表 2	IVa	BiD(L)：不同类别的人员数量可能发生变化，但是平均人数会基本保持稳定。 Sens(M/H)：企业风险与暴露于风险中的人员数量直接相关，因此对人员配置很敏感。对企业风险有重要影响。 SoK(M/W)：不同类别人员数量信息的来源有着不同的知识强度
E	天气数据	在泄漏发生时的太阳光通量	100W/m²	IIIb	BiD(M/H)：虽然估计值很具代表性，但太阳光通量变化很大。在夏天的中午光通量最大可达 1 320。 Sens(L)：使用与影响相关的代表性状况，对接下来风险的影响较小。 SoK(S)：常见的现象并使用了被高度认可的模型

续表

编号	假设主体	假设明细	估计值	配置	分类的判断依据[12,14-15]
F	泄漏大小	典型泄漏水平下孔径的典型大小[小（<10mm）、中（10~50mm）、大（>50mm）]	需要通过LEAK计算（软件工具）（在假设存储时没有特别说明）	Ⅳb	BiD(M/H)：潜在的偏离是不可避免的（然而，也必须认可泄漏大小的典型性特征）。 Sens(L)：使用泄漏大小的典型孔径是泄漏参数和接下来评估后果的关键因子。但是，在QRA中使用典型泄漏孔径是内在需求，相关的频率是根据不同孔径范围确定的，从而使总体风险对选择的特定是指不敏感。 SoK(M/W)：对泄漏大小采用三分类是相当简化的
G	在QRA中没有关于配置V的假设	—	—	V	—
H	检测和隔离时间	检测和隔离泄漏所需时间	90s	Ⅵ	BiD(M/H)：尽管估计值是比较实际的，但是仍然有相当的可能性会超出估计值。 Sens(M/H)：检测和隔离假设对泄漏时长和典型泄漏率的选择有重要影响。为达到平衡，每个特定的库存假设对总体风险的影响必须是有限的，虽然库存的假设对于每个情形的具体建模是关键参数。 SoK(M/W)：不同利益相关者对检测和隔离时间的选择有分歧

注：BiD——偏离信度；Sens——敏感度；SoK——知识强度；L——低；M/H——中/高；S——充分；M/W——中等/不充分。

参 考 文 献

[1] BOONE I, STEDE Y, BOLLAERTS K, et al. NUSAP Method for Evaluating the Data Quality in a Quantitative Microbial Risk Assessment Model for Salmonella in the Pork Production Chain [J]. Risk Analysis, 2009, 29（4）：502-517.

[2] BERNER C, FLAGE R. Strengthening quantitative risk assessments by systematic treatment of uncertain assumptions [J]. Reliability Engineering and System Safety, 2016a, 151：46-59.

[3] AVEN T. Practical implications of the new risk perspectives [J]. Reliability Engineering & System Safety, 2013, 115（2008）：136-145.

[4] SRA. SRA Glossary [J]. 2015.

[5] FUNTOWICZ S O, RAVETZ J R. Uncertainty and Quality in Science for Policy（Vol. 15）[M]. Springer Science & Business Media, 1990.

[6] X A. Risk, surprises and black swans: fundamental ideas and concepts in risk assessment and risk manage-

ment [M]. New York: Routledge, 2014.
[7] BEARD A N. Risk assessment assumptions [J]. Civil Engineering and Environmental Systems, 2004, 21 (1): 19-31.
[8] PENDER S. Managing incomplete knowledge: Why risk management is not sufficient [J]. International Journal of Project Management, 1999, 19 (2): 79-87.
[9] SCHOFIELD S. Offshore QRA and the ALARP principle [J]. Reliability Engineering & System Safety, 1998, 61 (1): 31-37.
[10] BERNER C L, FLAGE R. Comparing and integrating the NUSAP notational scheme with an uncertainty based risk perspective [J]. Reliability Engineering and System Safety, 2016b, 156: 185-194.
[11] DEWAR J A. Assumption-Based Planning: A Tool for Reducing Avoidable Surprises [M]. Cambridge UK: Cambridge University Press, 2002.
[12] BERNER C, FLAGE R. Creating risk management strategies based on uncertain assumptions and aspects from assumption-based planning [J]. Reliability Engineering and System Safety, 2017, 167: 10-19.
[13] AVEN T. Risk Analysis (2nd edn) [M]. John Wiley & Sons, 2015.
[14] DNV. Report - QRA for Skangass LNG Plant. Ferry bunkering project [R], 2013a.
[15] DNV. Appendix A Assumption Register [R], 2013b.
[16] FLAGE R, AVEN T. Expressing and communicating uncertainty in relation to quantitative risk analysis [J]. Reliability and Risk Analysis: Theory and Applications, 2009, 2 (13): 9-18.
[17] FUNTOWICZ S O, RAVETZ J R. A new scientific methodology for global environmental issues [M]. New York: Columbia University Press, 1991.
[18] VAN DER SLUIJS J P, CRAYE M, FUNTOWICZ S. Combining Quantitative and Qualitative Measures of Uncertainty in Model-Based Environmental Assessment: The NUSAP System [J]. Risk Analysis, 2005a, 25 (2): 481-492.
[19] VAN DER SLUIJS J. Uncertainty, assumptions, and value commitments in the knowledge base of complex environmental problems [J]. Interfaces between Science and Society, 2006, 1 (48): 64-81.
[20] KLOPROGGE P, VAN DER SLUIJS J P, PETERSEN A C. A method for the analysis of assumptions in model-based environmental assessments [J]. Environmental Modelling & Software, 2011, 26 (3): 289-301.
[21] SCHNEIDER S H, MOSS R. Uncertainties in the IPCC TAR: Recommendations to lead authors for more consistent assessment and reporting [J]. Unpublished Document, 1999.
[22] VAN DER SLUIJS J P, JANSSEN P H M, PETERSEN A C, et al. RIVM/MNP Guidance for Uncertainty Assessment and Communication: Tool Catalogue for Uncertainty Assessment [J]. 2004.
[23] VAN DER SLUIJS J P, CRAYE M, FUNTOWICZ S, et al. Experiences with the NUSAP system for multi-dimensional uncertainty assessment [J]. Water Science and Technology, 2005b, 52 (6): 133-144.
[24] RISBEY J, VAN DER SLUIJS J, RAVETZ J. A Protocol for Assessment of Uncertainty and Strength of Emissions Data. Department of Science [J]. Technology and Society, Utrecht University www nusap net STS report E-2001-10 Available from, 2001.
[25] WARDEKKER J A, SLUIJS J, JANSSEN P, et al. Uncertainty communication in environmental assessments: views from the Dutch science-policy interface [J]. Environmental Science & Policy, 2008, 11 (7): 627-41.

第四章　基于临界慢化的监测意外和突发事件预警信号方法框架

Ivan Damnjanovic（得克萨斯 A&M 大学）
Terje Aven（挪威斯塔万格大学）

从根本上讲，风险描述与对系统行为和相关建模假设认识有关。然而，我们很难表示这些假设的有效性。我们应该研究验证相关假设的方法，以充分地了解、评估并且管理风险，特别是与潜在的意外事件和不可预测事件相关的风险。本章介绍了评估系统未来行为假设有效性的一般框架，目的是提供提前预警。该框架基于信号处理方法，该方法监测与系统行为的未决变化相关的临界慢化（critical slowing-down）的统计特征。本章还介绍了几个例子，用来说明该框架与人类和其他生物理解警告的方式的类比。

4.1　引　　言

风险分析是计划过程的重要组成部分。无论你是计划暑假出游，还是更换海上石油平台的一个阀门，甚至是高度复杂的操作，比如完成火星探测计划，我们都会经历这样一个过程，那就是考虑任何可能导致失败、损失或其他形式破坏的情况。我们使用数据、信息和其他可用证据来开发系统及其环境的模型表示。事实上，无论是概念上的还是数学上的，正是基于这个模型，我们建立了风险描述[1]。

然而，该模型基于对管理系统行为过程的各种假设和简化，它只是对真实情况的一种近似。因此，风险描述本质上是以模型假设为前提的，反映了当前的知识状态（K）。更正式地，一般而言，风险描述可以写成函数（$A, C, Q \mid K$），其中，A 代表所考虑的事件，C 代表所考虑的后果，$Q \mid K$ 是一个广义上的不确定性测度[2]。

考虑概率三元组（结果空间、事件集和概率测度），它在更狭义的意义上定义风险描述。鉴于模型只是基于背景知识对现实的近似，样本空间和事件集永远不能用绝对的确定性定义。换句话说，如果行为是不可预测的，那么没有任何东西可以向我们保证事件集是详尽的，并且不发生无法预料的事件。此外，如果事件集不完整，我们对概率判断的信心有多大？我们能预料到意外情况吗？显然，背景知识也是一个风险源，因此必须在风险描述中明确说明，可以写作 (A, C, Q, K)[3]。

但是，明确定义风险描述中的背景知识状态是一项具有挑战性的任务。最近的一项研究[4]旨在通过提供通用的数据—信息—知识—智慧框架（DIKW）来解决这一问题，该框架需要明确说明分析所基于的假设。Flage 和 Aven[5]提出了一种直接方法，可以对知识强度进行从弱到强的分级。而另一篇文献引入了一种基于评分的度量方法[6]，该方法可以捕捉现实情况与假设中使用的条件或状态的偏差。同样地，由 Funtowicz 和 Ravetz[7]开发的"数值、单位、扩散、评估和谱系"系统（NUSAP）旨在表现对背景知识的信心，以便政治科学中管理和沟通这种不确定性。

对知识强度的评估在以高度不确定性为特征的系统的鲁棒性和适应性分析中起着关键作用[8]。尽管这些分析强调了决策的动态性，但它们对评估知识强度和假设有效性几乎没有贡献。验证过程[9]为结合新信息评估模型假设提供了基础。然而，他们的重点仅限于先前确定的模型和假设，而不是关于系统行为和预警信号的知识状态。换言之，的确有许多方法可以提供失效的预警信号[10]，但这些方法：①没有提供观察到的信号和警告之间的联系；②没有提供与对系统行为认知的关系。因此我们认为缺少的是一个将观测和知识与预警信号联系起来的框架。

本章介绍了利用系统的时间序列数据和信号处理方法对意外的和难以预料的事件进行预警（early warnings of surprising and unforeseen events, EWS-SUE）的框架。该框架基于这样一种观念，即系统运作机制的变化往往与未知的和不可预测的未来行为有关，换句话说，就是那些我们对原始假设和先验知识缺乏信心的地方。提出的方法没有直接定义知识强度的动态测量，而是侧重捕获系统行为即将发生临界转移的早期预警信号即溯因异常（abductive anomalie）。换句话说，我们专注开发一个监控流程，使其可以对潜在的未知的和未预料到的行为进行预警。

与临界转移相关的方法与统计过程控制的方法密切相关：两者都旨在捕捉数据异常的早期迹象，这些迹象可能表明系统行为的变化和新平衡的出现。然而，本章所提出的框架更加通用，因为它源于动态系统行为的普遍原则，并且不需要可交换性等假设，该假设是贝叶斯分析中使用的概念，反映了不同个体间的相似性。

还要注意的是这里提出的方法并不旨在取代利用新信息来更新概率判断和模型选择的传统方法（即贝叶斯方法）。相反，它旨在提供一种工具来监测意外的和不可预料的事件的早期迹象以补充现有方法。我们建议建立贝叶斯方法来更新参数和选择模型[11]；所提出的临界转移框架是从更高层面对基本假设有效性进行筛选。

在下一节中，我们将概述我们想要定义和监控风险的系统的关键动态属性。我们使用一个简单的振荡器作为如何描述系统相空间和势能函数的示例。对动态系统的简要介绍使我们能够介绍对本章所提出的框架至关重要的概念——临界慢化。

4.2 系统动力学和临界慢化信号

所有主动系统都以时间序列的形式生成数据，时间序列是表示系统状态随观测时间演变的一系列数据。虽然在外行人眼中，这些数据似乎是随机且无关紧要的，但实际上它们通常会提供有关系统未来行为的重要信息[12]。

考虑使用一个简单的谐振子，例如一个挂在弹簧上的球，作为生成时间序列数据的动态系统的例子（图 4.1）。受到外力 F 的影响 [图 4.1（a）]，系统会偏离最初的平衡点 x_0，产生信号 $x(t)$，并且在时间 T 后重新回到 x_0 [图 4.1（b）]。根据图 4.1（b）中的数据，我们可以（重新）构建系统的相空间，也就是系统的所有可能状态 [图 4.1（c）]。例如，振荡器的状态由其速度（$\dot{x}$）和位置（x）进行定义。如果系统处于状态 $(\dot{x}, x)$，则相空间完全定义了系统从该点开始的演化的唯一轨迹。换句话说，如果我们知道当前的状态，那么就可以完全预测系统未来的行为。

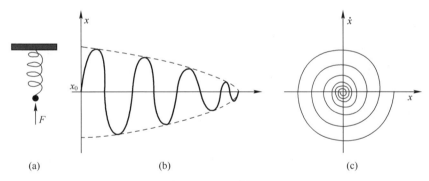

图 4.1　阻尼谐振子
（a）振子；（b）原始信号；（c）相空间。

从图 4.1（b）中还可以看出系统的轨迹是有界的。让我们假设下边界和上边界可以用函数 $V(t)$ 表示。如果我们将图顺时针旋转 90°，并将表示扩展到第三个维度，那么系统看起来像一个球在一个倒置锥体的表面上向下滚动，该锥体可由 $V(t)$ 围绕 x 轴旋转来定义。事实上，如果知道这个表面，那么系统的所有可能状态都是完全定义的。例如，系统状态永远不会超出 $V(t)$ 设置的边界，因为边界是由系统配置定义的：弹簧的长度、弹性等。我们将此函数称为系统的势能函数。事实上，所有动态系统的行为都可以通过这些函数来表征。

对于一般的动态系统，可以将势能函数可视化为像山谷、丘陵和山脉一样的"复杂地形"，这个系统在势能减小最快的路径上移动（即最速下降），在局部最小值停留，然后在外力作用下被扰乱到另一个山顶。这些山谷通常称为"轨道"，轨道的最低点称为"吸引点"。参考文献［13］提供了对动态系统和势能函数更正式的描述。

动态系统经常受到随机扰动的影响，这使确定吸引点位置和势能函数的过程变得困难。在这种情况下，如果无法完全描述所有状态下的势能函数，我们则依赖对系统当前运行领域的分析。通过使用滚动窗口时间序列统计分析（例如自相关性和方差，或频域中的频谱分析）可以近似系统当前运行的领域中的势能函数，并且可以寻找到临界慢化的普适统计特征[14]。接下来将对此进行解释。

我们通过关注两个截然不同的系统的势能函数来解释临界慢化的现象：一个远离相变的系统和一个接近相变的系统。图 4.2 说明了两个系统的势能函数以及相关的时间序列指标。对于远离相变的系统 A，该系统的特点是有吸引力的"深盆"，即在平衡点周围有陡峭的斜坡。受到随机扰动影响的这类系统将迅速返回平衡点。换句话说，该系统对于扰动具有弹性，可以迅速复原。时间序列统计数据（方差和滞后 1s 的自相关性）显示与系统处于稳定轨道一致的行为：方差和相关性是恒定的且相对较小。

然而，对于接近相变的系统 B，其平衡点具有相对较小吸引力的较为平坦的盆地。受随机扰动的影响，该系统将慢慢回到平衡点。因此，即使是轻微的干扰也可能使系统进入与完全不同的系统行为相关的新的吸引力盆地。图 4.2 还显示了这两个系统拓扑的统计特征。远离相变点的拓扑结构被描述为深盆地，系统表现出较小的自相关和方差；接近相变点，其拓扑结构被描述为浅盆地，系统的方差和自相关性增加，恢复时间更长（Scheffer，Dakos 等[15-16]）。

实际上，关键相变的一些一般性原则已经在可靠性分析和安全工程中得到应用。例如，恢复时间模型通常用于旋转设备的振动分析，以识别变化的操作条件[17]。同样，声学监测装置用于分析减压阀并对潜在的故障给出警告[18]。尽管这些应用和类似的方法[19-20]在很大程度上是经验性的，但它们的发展可以追溯到动态系统的基本原理和临界慢化概念。

总之，相空间和势能函数可以提供系统如何随时间变化的详细结构。这个框架意味着系统远离先前的吸引点并接近新的吸引点这一行为存在通用模式，即临界慢化。这恰恰是可以建立全系统观测并以临界慢化形式存在的溯因异常以及系统行为知识之间联系的关键。换句话说，如果来自系统观测的时间序列指标表明系统可能正在转换到新的吸引点，而这个吸引点在背景知识中尚未被考虑或预料到（即信号异常），那么该事件构成一个溯因异常现象，并提供可能即将发生意外的预警信号。

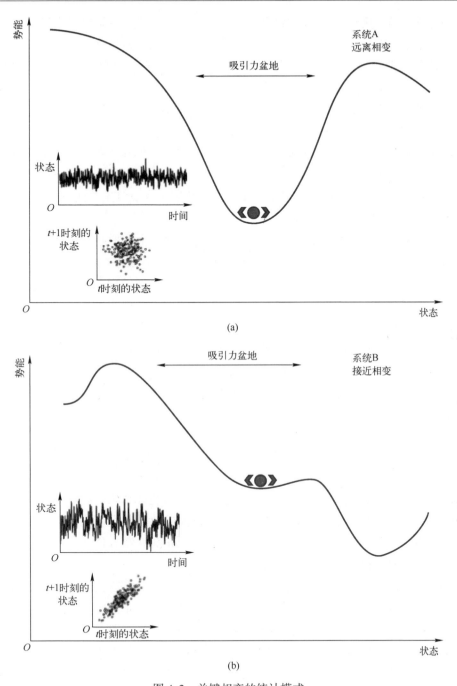

图 4.2 关键相变的统计模式
（a）远离相变的系统；（b）接近相变的系统。

为了理解基于信号处理和临界慢化来产生针对未知和意外事件预警信号（EWS-SUE）的一般问题，首先需要考虑风险描述过程的实质。可用两种模式来认识该过程：用于生成初始描述的预测模式；用于评估初始假设有效性的观察模式。在预测模式中，我们采用基于当前知识状态的假设，然后生成系统行为模型。预测的系统行为代表了构建风险描述的基础。值得注意的是，术语"系统模型"可以从广义上解释，包括专家的认知结构和数学公式。

另外，在观察模式中，我们收集数据信号，从而增加或减少对我们的"系统模型"是现实情况准确表示的信度。请注意，这基本上与贝叶斯方法一致，它使用新信息来更新我们先前的信度。但是，本章不局限在用于事件概率或模型选择的狭窄背景下，而是将其用于对系统行为认知的分析这一背景下。要做到这一点，首先需要了解系统观察结果与我们对系统应如何工作的信念（假设或模型）之间存在的矛盾。

科学方法（scientific method）提供了一个从观察中获取新知识和纠正先验知识的总体框架[21]。Peirce[22]将科学方法定义为推理方法中的螺旋相互作用：演绎、归纳和溯因。该过程从溯因开始：形成关于观察到的现象或异常的假设。接下来是演绎推论，并以实验观察结果来检验候选假设并得出结论。

如何根据科学方法生成预警信号呢？这个问题的答案恰恰隐藏在科学方法的第一步中：检测信号中的异常（即溯因异常）。系统中存在异常信号会对我们的认知产生挑战。它让我们担忧并打破预测未来系统行为能力的信心。事实上，这是一个警告信号，表明我们的知识与观察结果不一致，并且是潜在意外和未知事件的警告信号。

4.3　EWS-SUE 监测框架

在本节中，我们将介绍将系统信号、时间序列统计结果、临界慢化与背景知识联系起来的框架。因此，不仅在更新概率判断的狭窄背景下，而且在使用系统信号来更新我们对背景知识的信心并提供对未知和意外事件预警信号（EWS-SUE）的更大的背景下，风险描述变成与时间相关。

图 4.3 阐述了 EWS-SUE 监测框架。该过程的第一步是在较高层次提供对系统的描述。这包括识别系统和指定要监视的信号。下一步是定义有关系统的知识和假设。这对于识别观测信号与预期信号之间的差异非常重要。在此之后，我们提供了对溯因异常的正式描述，即观测信号与根据知识的预测信号之间的不一致。下面介绍对意外和未知事件预警信号的风险描述。这种依赖信号的风险描述是提出的监测框架的核心要点。它将以前基于背景知识[3]的描述工作与信号、时间序列统计信息和临界慢化模式联系起来。

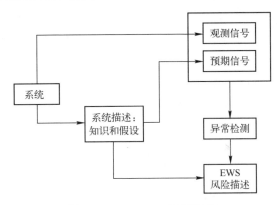

图 4.3　EWS-SUE 监测框架

4.3.1　系统

假设对一个较大系统 S 的行为进行风险评估。例如，我们想评估与海上钻井设备相关的风险。从系统理论的角度来看，系统 S 的行为由其内部特征定义：单体的技术特征，包括组织过程，以及为操作该单体而开发的特征。因此，支持风险描述 (A,C,Q,K) 的背景知识 K 可以用相关系统的知识 K 来表达。

假设系统 S 是一个主动操作系统。换句话说，系统 S 与其环境交互并生成响应数据。例如，运行的海上钻井单元将生成可观测的数据流，例如空间运动、流体流动、应变、应力和振动量，以及可观察的组织和人员行为，例如活动、事件和通信日志。我们将这些称为观察到的系统信号 $x(t)$。

4.3.2　系统描述：知识和假设

在不失一般性的情况下，我们假设有关系统行为的知识 K 可以通过一组基本表示来刻画，例如逻辑、规则、框架和网络，这些表示可以对系统行为进行推断[23]，是从人工智能领域借用的，而且足够灵活，可以考虑各种假设和模型规范。

定义 4.1（知识表示）：知识 K 可以用一对 (B,I) 来表示，其中 B 就是关于系统行为的一组基本表示，即规则，I 是对 B 的一组推论。

为了说明这一点，请考虑图 4.1 中阻尼谐振子的行为。如何呈现这种相对简单的系统的知识？首先，需要推导出基本的行为规则。这种系统的关键行为规则来自物理学的基本定律：胡克定律描述了球的重量、外部扰动力、弹簧和阻尼机构的特性、球的位置、速度和加速度之间的关系。鉴于这种行为规则和公式，人们现在可以在开放环境中推断振荡器的行为。例如，我们可以推断，在存在外部扰动时，如果没有对系统施加额外的力，振荡器将返回平衡状态。

现在考虑更复杂的系统行为，例如半潜式平台的结构行为。与振荡器示例类似，该系统的基本规则源自应用物理定律：流体力学系统稳定性、流体静力学、流体动力学等。从本质上讲，这套基本规则与用于设计结构的方程和模型直接相关。换句话说，在设计过程中，我们使用基本表示来模拟不同加载场景下结构的行为。此外，该模拟过程的输出是对基本表示的简化推断。同样的逻辑也可以用于人员和组织行为——我们使用基本行为模型，例如对激励的响应或团队合作，来定义活动的结果。

现在我们已经定义好了系统知识 $K(B,I)$，那么哪些系统信号和 K 是一致的，哪些系统信号又和 K 是矛盾的呢？

4.3.3 系统信号和异常检测

为了回答这个问题，我们首先需要定义知识表示与预期信号和用于检测异常的统计信息的关系。

定义 4.2（信号与背景知识的一致性）：如果可以从系统的基本表示推断系统信号 $x(t)$，则认为系统信号 $x(t)$ 与知识 K 一致。在给出关于系统的当前知识 $K(B,I)$ 的情况下，我们将此称为期望信号或预期信号。

为了进一步解释这一点，让我们继续前两个例子：振荡器和海上平台。振荡器受力 F 影响后，预计随时间变化的球的位置 $x(t)$ 是一个正弦阻尼信号，如图 4.1 所示。如果信号遵循 $K(B,I)$ 中定义的规则，那么它与我们所认为的振荡器在受到力 F 时的表现是一致的。

现在考虑一个海上平台。它生成系统响应信号 $x(t)$。我们说信号 $x(t)$ 与知识 K 一致，如果这些振动可以从定义的规则（即方程式）推断出来。例如，受到流体动力加载，平台将在特定范围的振幅和频率内产生振动，类似于设计模拟的输出；如果观察到的信号证实了这一点，那么我们可以声称该信号与我们对海上结构流体动力学振动的了解一致。

定义 4.3（信号中的诱导异常）：在某个时间段内观察到的信号 $x(t)$，当且仅当它与 K 不一致时，意味着存在溯因异常 A。

这种信号的不一致性代表着试图用背景知识来解释系统行为失败。事实上，这种不一致的假设是科学过程的第一步，也就是形成假设并进行测试。这个过程的最终结果就是新的基本表示和推论 $K^*(B,I)$，并且新的知识 K^* 可以和之前所有的观测值（包括当前的异常）一致。

例如，如果振荡器开始产生非周期性信号，那么我们可以说信号与知识表示和从胡克定律得出的规则不一致。同样，如果海上平台的振动不能通过其设计过程中使用的规律再现，那么我们就有一个当前知识 $K(B,I)$ 未捕获的现象。因此，这种现象需要进一步调查，以使我们能够更新或修改对系统行为的了解。换句话说，我们需要启动科学方法。

但是，系统行为的这些变化通常与突发的不良事件有关。例如，严重的振动的发生本身就是即将发生结构性故障的迹象，但是为时已晚，无法采取任何有意义的缓解措施。我们需要的是在我们观察到如此严重的振动之前系统行为产生变化的预警。更具体地说，我们需要能够在信号与知识不一致之前捕获信号中隐藏变化的系统指标。临界慢化的普适原则规定了这种统计和模式信息[14]。

定义 4.4（预警溯因异常标志）：令 $Y(x(t))$ 是时间序列信号 $x(t)$ 的统计信息向量。那么，如果它与从 $K(B,I)$ 推断出的预期信号统计 $Y_{K(B,I)}(x(t))$ 相矛盾，$Y(x(t))$ 则是预警溯因异常标志。

首先，区分信号 $x(t)$ 和信号统计量 $Y(x(t))$ 很重要。信号统计量表示信号的统计特性，例如自相关性、均值、方差及给定滚动窗口区间时间序列的其他高阶矩阵。如果我们考虑海上平台示例，平台振动构成信号 $x(t)$，而振动信号的均值、方差和自相关代表信号统计量 $Y(x(t))$。那么哪个信号统计量 $Y(x(t))$ 可以作为一个预警溯因异常？换句话说，这些统计量何时与从 $K(B,I)$ 推断出的预期信号统计数据量 $Y_{K(B,I)}(x(t))$ 相矛盾？简而言之，当系统显示出意外瞬态的早期迹象时，就会发生对异常的预警。实际上，在从一种操作方式转换到另一种操作方式之前，系统将在信号统计量中显示特定的"签名"，例如增加的自相关性和方差。如果没有预料到这种转变并且与背景知识不一致，那么它代表可能出现了未知吸引子，进而可以推测可能出现的未知行为。

考虑我们在图 4.1 中用作示例的振荡器。假设我们观察到它的速度和位置 $(\dot{x},x)$ 有一个诱导异常：球在最低点（即弹簧完全伸展）时的信号显示一个临界慢化信号。显然，根据 $K(B,I)$ 所做的推断，没有预料到会出现这种情况。虽然我们认为像弹簧失效这样的事件可能会发生，但我们认为这不会发生，因此没有将其列入需要持续监控的风险列表中。如果弹簧失效并且球落在地板上，那么这件事对我们来讲是个意外；但是事实真是如此吗？在事件发生之前，人们可能已经检测到与 $K(B,I)$ 中定义的模型相关的溯因异常。换句话说，系统信号中的溯因异常提供了一个可能出现意外的预警信号。

现在我们可以更新风险描述，以包括预警信号。定义 4.5 中增加了知识表示和观测信号中的溯因异常以定义风险描述。

定义 4.5（EWS-SUE 下的风险描述）：假设 A 是一组事件，C 是系统 S 产生的一系列后果，$K(B,I)$ 表示关于系统行为的背景知识，Q 表示广义上解释的关于 A 和 C 的不确定性的度量。然后，获得观察信号 $x(t)$ 时刻的风险描述可以表示为 $[A,C,Q,K(B,I),x(t),Y(x(t)),Y_{K(B,I)}(x(t))]$。

在观测和预期的信号统计量 $[Y(x(t)),Y_{K(B,I)}(x(t))]$ 下，该定义考虑了预警信号。当观察到新信号时，分析它们的时间序列统计量以检测临界慢化的特征。如果该特征无法从 $K(B,I)$ 推断出来，那么它代表了对意外和未知事件的预警信号（EWS-SUE）。

接下来，我们将展示了这个框架的直观性，以及它如何与生物解读信号相一致。事实上，本章通过与人类直觉的类比，在风险评估和监测的背景下提供了更正式的解读信号的定义。

4.4 说明性示例

在本节，我们用三个示例说明如何使用系统信号和临界慢化信号统计特征作为对意外和未知事件的预警信号。在第一个例子（远足者 Hans）中，我们说明所提出的方法类似于远足者用于监视来自物理环境的信号的态势感知分析。在第二个例子（足球运动员 Lars）中，我们展示了自省技术，如基于相同的原则，通过恢复时间评估自己的健康状况。在第三个例子（工程师 Susan）中，我们表明情景意识协议的应用可以提供对未知事件的预警。

4.4.1 远足者 Hans 和雪崩风险

Hans 是一名业余的远足爱好者。他喜欢在城外度过周末，在阿尔卑斯山徒步旅行。对于像 Hans 这样的远足者和登山者来说，大家都了解雪崩的风险。

Hans 在徒步前的惯例是模拟一般的风险评估过程。他通过识别潜在的风险事件开始这一过程，然后继续确定关于其可能性的主观判断。事件集包括系统内部事件（如设备故障）和系统外部事件（如雪崩）。然而，Hans 对某些概率判断比其他人更有信心。例如，他对设备故障可能性的判断；但是，他对天气状况不是很确定，只能依靠国家气象服务进行这种判断。在前往山区之前，Hans 的风险描述采用 (A,C,Q,K) 形式，其中 A 代表事件，C 代表后果，Q 是不确定性的一般测度，K 是他支持 Q、A 和 C 的知识。该风险描述涵盖了重要"系统"的反应，例如他累了时的行为、雪和岩石在他脚下的移动方式、风如何影响他的攀爬等。

此外，Hans 作为远足者和登山者的训练包括对环境的感知，即强调使用感官，如听觉、视觉和嗅觉持续监测周围环境 $x(t)$。因此，Hans 对环境的描述包含了环境随时间产生的声音、图像和气味。换句话说，Hans 的风险描述包括对信号的持续监控以及对预期信号的验证，这些信息来源于他的背景知识 $K(B,I)$ 所定义的规则。例如，山涧奔流的声音、宁静的白雪覆盖的山坡的图像，以及来自松树林的清新气味符合他的背景知识，因此是预期的信号。如果信号显示与他以前的知识相矛盾，他会对该情况反复思考。事实上，Hans 在徒步旅行时对风险的动态描述类似于定义 4.5 中给出的表述。

Hans 在清晨开始徒步旅行。太阳刚刚出来，天空晴朗，天气并不冷。事实上，今天的天气非常适合远足。然而，当他穿上鞋子时，他听到了来自远方的嗡嗡声。他觉得奇怪，但声音还在继续。突然间，Hans 开始对这种情况感到不安。他在该区域四处移动以找到声音的来源，但他没有看到任何异常。然而，他决定上车并驾车离开。1h 后，他回到现场，发现这里被雪覆盖了，竟然发生了不太可能出现的局部雪崩。如果他留下来，必死无疑。然而，他在态势感知方面的训练使他能够对来自环境的异常信号做出反应并放弃该位置。

雪崩正是一个源于系统平衡状态发生变化的一个事件。在雪崩初期，雪的流动产生的声波处于 0.001~20Hz 的次声频率范围内[24]。该频率范围低于人耳的可听范围并且可以远距离传播。然而，接近 20Hz 的频率有时被检测为嗡嗡声，这可能是由其对人体神经系统的影响造成的。Hans 很幸运能够关注这个信号并做出反应。实际上，人体检测这些信号的能力是有限的。大多数新的雪崩预警系统都是基于次声传感器，它可以检测到信号频谱中较低频率信号强度的增加[25]。

总之，Hans 的早期预警系统遵循本章提出的原则：详尽考虑背景知识的风险描述、系统信号监测，以及检测不一致（信号中的溯因异常）的方法。另外，请注意，Hans 没有建立针对雪崩风险的详细的风险监测模型，也没有使用数据以贝叶斯方式更新事件的概率。他依靠对系统声学信号的宏观监控，并用一种初始模式推断出环境正在发生变化，即可能出现意外。

4.4.2 足球运动员 Lars 以及心脏病风险

Lars 是一位 60 岁的大学教授，他的身体在大部分时间都很健康，也很喜欢锻炼身体。Lars 每周五下午都会与他的研究生和同事一起踢足球。事实上，Lars 对足球非常热衷，因为在他 20 多岁时他曾是职业足球运动员。

尽管 Lars 的医生推荐了这项活动，但也警告他不要"追逐每一个球"，因为他（Lars）"不再是 20 多岁了"。Lars 都明白这一点。毕竟，从他的公寓大楼的停车场到他公寓所在的四楼爬了四段楼梯后，他需要一些时间来恢复。

Lars 对他的日常生活活动进行了非正式的风险描述。他想到了可能导致他受伤或任何其他类型的痛苦的事件，然后对这些事件的可能性做出主观判断。他对风险的评估基于一系列来自经验和正式学习过程（来自书籍、文章、对话等）的规则。换句话说，Lars 的风险描述采用（A、C、Q、K）形式。但是，更重要的是，Lars 会使用他的感官，例如疼痛和心率，并根据这些信息做出推论。

最近，Lars 注意到他的心率 $x(t)$ 甚至在"正常活动"之后增加，例如走上山坡。他将此归因于缺乏更严格的锻炼。事实上，Lars 记得从暑假回到他的足球队训练营后的情况非常糟糕。他花了一周左右的时间才恢复过来。因此，Lars 决定在周五踢足球赛之外增加周三跑步活动。然而，在体育场跑了两圈后，Lars 需要停下来喘气。现在，他的心率非常高，需要半个多小时才能康复。Lars 意识到事情有些不对，所以他打电话给医生，最终确诊他有心脏病，这对 Lars 是个大意外。

心脏恢复时间测试是测量患者身体总体状况的有效方法。它是更宽泛的心脏压力测试的一部分，其中，患者在受控的临床环境中受到外部压力[19]。该测试的一般前提假设是恢复时间的增加与冠状动脉循环的异常相关（系统的操作状态的变化）。

总而言之，Lars 和我们所有人一样，不断监测来自他身体（他的内部系统）的信号。我们不会持续进行复杂的诊断测试；相反，我们监测身体信号，如心跳、压力、温度、疼痛、皮肤状况等。我们可能不知道出了什么问题，但通过这种观察自省过程，我们可以得到系统运行机制正在发生变化的预警信号。

4.4.3 工程师 Susan 和中毒风险

Susan 是一名在办公楼工作的工程师。为了使工作环境更具吸引力并激发员工动力，后勤经理已经启动了向办公室分发水果和苏打水的计划。Susan 喜欢这个办公室福利，自从大约两年前开始实施以来，她的工作效率就得到了提高。

Susan 认为苏打水的供应非常可靠和安全。事实上，她从来都没想过苏打水会出什么问题。每天上午 9 点左右，办公室工作人员会带一瓶苏打水和一盘水果到她的办公桌。

现在是周一上午 9 点。Susan 在上周末拜访高中朋友后，坐在办公室。Susan 注意到一盘新鲜水果和一瓶苏打水被放在桌子上。她对此感到高兴，因为最近水果和苏打水的供应并不像过去那样可靠。Susan 喝了苏打水。上午 10 点左右，附近办公室的一个同事发现 Susan 痛苦不堪地躺在地板上。中午，Susan 已被转移到急诊室并被诊断为急性中毒。Susan 完全没有预料到这一点。

Susan 对管理办公设施运营系统的一般知识是基于她的经验。她依赖这些知识评估潜在风险。虽然 Susan 意识到其中的环境和系统可能会造成一些伤害（如物体坠落、流感等传染性疾病或室内空气质量差），但她没有预见到喝一杯苏打水会导致中毒的可能性。

Susan 有机会避免这个事故吗？是否有预警信号让她能够提前认识到这个问题？

Susan 的办公室处在一个包含多个系统的环境中，以提供其工作的支持：有清洁人员、维护人员、行政支持人员、IT 办公室人员、工程师、会计师等。过去，向她的办公桌供水的系统看上去很完美，从瓶子里喝水时没什么好担心的。换句话说，她对风险的描述 (A,C,Q,K) 不包括这次发生的事故。

水瓶由特定的工作人员分配到办公室。水由工作人员从可信赖的来源（二楼的水龙头）倒出，然后由另一个人送到所有办公室。该工作人员还有许多其他任务。事实上，供水只是该工作人员的一个次要工作，还有清洁工作，即清洁办公室和浴室、吸尘等。因此，在 Susan 环境中运行的供水系统只是更大的清洁系统的一部分。这种清洁系统根据天气模式在特定的环境条件下运行，例如，在雨天，清洁工作人员必须更加努力地清理带入建筑物的泥浆。该系统也会受到持续的扰动。例如，迟到的人、瓶子丢失或脏污等。最近，由于管理成本削减的措施，办公室运营人员的规模减小了。

这起中毒事件是怎么产生的？杰克是一名清洁工，周一早上没有来公司工作。在上周五的最后上班时间里，杰克负责清洁厕所。由于供应室里没有用于混合漂白剂和水的容器，杰克决定使用有人留在走廊里的水瓶。在这个任务的中途，杰克接到一位家庭成员的紧急电话，然后离开了工作岗位。在离开之前，他将瓶子的溶液倾倒在马桶中，并将空瓶子留在浴室水槽中。请注意，杰克也是下午负责清洗瓶子的人，以便在早上所有瓶子都是干净的，随时可以装满苏打水并分发到所有办公室。这种情况是由最近试图降低运营成本造成的。星期一早上，一名工作人员看到水槽中留下的瓶子（带有漂白剂残留物），认为它很干净，便装满了苏打水，然后把它带到了 Susan 的办公室。回想起来，我们可以很容易地描述这一事件，但事先很难想象发生的事件链。

Susan 观察周围的环境。她注意到瓶子送达的时间、走廊和卫生间的清洁度、地毯上的污垢和办公室垃圾箱里的垃圾。这些观察结果构成信号 $x(t)$。事实上，Susan 注意到信号的可变性增加：供水和办公室清洁服务的不可预测性。反过来说，这种异常，可能促使她重新思考与特定供应链承担的所有功能相关的风险。这并不是说她可以预测这一事件，但她可以采用预防原则，并自己取水。

可变性的增加是供应链在其能力边缘运行的主要特征之一[26]。供应链中的不稳定信号表示缺乏资源以及工作量或程序不正确。这类似于统计过程控制，其中系统输出的方差增加表明操作方式的变化。

4.5 对示例的几点思考

本节对我们在示例中使用的风险描述的特征进行了一些思考，以及 Hans、Lars 和 Susan 在实施其对意外和未知事件预警时面临的主要挑战。接下来，我们将概括讨论关键框架的功能。

在这 3 个例子中，主角监控的系统是活跃的。换句话说，系统（积雪的斜坡、人体和供应链）在与环境接触时会产生信号。这与不连续地与环境作用，并且仅在它们被激活时才能生成信号的系统形成对比。例如，许多工程安全设备仅在满足特定条件时才被激活。因此，很难获得失效早期警告的迹象；实际上，只有在需要它们的功能时，它们的性能才能被观察到。为了解决这个问题，我们通常会对设备进行定期测试，但是这个过程提供的风险指标与本章概述的风险指标标完全不同。

从统计学的角度来看，主角对新信息的使用不同于贝叶斯事件概率更新的狭隘背景。相反，重点在于信号与背景知识的一致性。接下来，我们回顾实际应用开发框架的两个重要挑战。

（1）时间尺度（提前期）：从第一次出现临界慢化信号到系统运行状态变化

的时间称为提前期,并因不同系统而异。为了实际使用,应在适当的提前期确定该事件预警信号。例如,Hans 和 Lars 有足够的提前时间对信号采取行动作为预警。尽管 Susan 收到的信号可能过于模糊,但它仍然达到了允许她采取行动的时间尺度。在许多情况下,预警信号的提前期非常短。例如,地震、海啸和电流的突然变化,使人没有时间做出相应行动。然而,自动控制的最新进展允许实时监视,并在检测到模式变化时自动执行预防措施,例如,一些雪崩信息中心与预警的应急通信系统直接相关。海啸和地震探测的类似系统也已经到位。

(2)不同规模的系统:如果现象和监测系统处于不同的规模,那么监测信号中的关键转变可能具有挑战性。例如,考虑"完美风暴"情景[27]。一艘渔船即将驶向大海。船员们从当地环境中得到一场"完美风暴"正在生成的信号非常少。他们可以发现即将来临的风暴,但没有迹象表明是"完美风暴"。另外,对于国家气象服务,其获得的信号指标清楚地表明了系统运行方式的变化。在这种情况下,挑战在于在不同规模的系统之间能够进行通信。捕鱼人员应定期与国家气象服务沟通,以便他们做出适当的避险决定。

尽管面临挑战,但该框架带来了许多机会。首先,该框架将数据收集和信号处理方法与风险分析,特别是与风险描述联系起来。这种联系非常重要,因为它可以直接开发与风险描述相连的新系统和技术。例如,可穿戴技术的进步推动了医疗保健中预警过程。其次,该框架影响了系统设计的一些关键原则。为确保监控预警信号,系统设计人员应考虑主动响应配置并考虑提前期和系统规模效应。最后,该框架提供了一个理论基础,使两个学科(风险分析和信号处理)的研究方法交叉整合。

4.6 结 论

本章介绍了使用系统时间序列数据和信号处理方法生成意外和不可预料事件预警信号的一般框架。该监测框架基于系统运行方式变化和临界慢化信号的概念。

风险描述可以通过以下方式重新表述:

(1)基于来自人工智能领域关系表示方法的背景知识 $K(B, I)$ 的定义进行系统描述。

(2)系统信号和时间序列数据统计信息。

(3)基于临界慢化信号的溯因异常检测方法,将观察到的系统信号与预期信号进行比较。

我们认为风险描述的扩展表述为意外和未知事件提供了预警信号。我们使用一些示例来说明临界慢化框架在许多日常生活风险评估实例中都存在。

总之,本章所提出的框架为系统风险分析师(风险分析群体)和系统技术开发人员（传感器和信号处理群体）提供了价值。它为风险分析师提供了一个在数据以及未知和意外事件的预警信号基础上的考虑背景知识的风险描述框架。对于系统开发人员，所提出的框架提供了一种结构化方法，可用于设计能够产生预警信号并监控风险的技术和流程。

参 考 文 献

［1］ COVELLO V T, MUMPOWER J. Risk analysis and risk management: an historical perspective ［J］. Risk Analysis, 1985, 5（2）: 103-120.

［2］ BEARD A N. Risk assessment assumptions ［J］. Civil Engineering and Environmental Systems, 2004, 21（1）: 19-31.

［3］ AVEN T. Risk, surprises and black swans : fundamental ideas and concepts in risk assessment and risk management ［M］. Routledge, 2014.

［4］ AVEN T. A conceptual framework for linking risk and the elements of the data-information-knowledge-wisdom （DIKW） hierarchy ［J］. Reliability Engineering & System Safety, 2013a, 111: 30-36.

［5］ FLAGE R, AVEN T. Expressing and communicating uncertainty in relation to quantitative risk analysis （QRA） ［J］. Reliability and Risk Analysis: Theory and Applications, 2009, 2（13）: 9-18.

［6］ AVEN T. Practical implications of the new risk perspectives ［J］. Reliability Engineering & System Safety, 2013b, 115: 136-145.

［7］ FUNTOWICZ S O, RAVETZ J R. Uncertainty and Quality in Science for Policy ［M］. Kluwer Academic Publishers, 1990.

［8］ LINKOV I, SATTERSTROM F K, KIKER G, et al. From comparative risk assessment to multi-criteria decision analysis and adaptive management: Recent developments and applications ［J］. Environment International, 2006, 32（8）: 1072-1093.

［9］ SORNETTE D, DAVIS A, IDE K, et al. Algorithm for model validation: Theory and applications ［J］. Proceedings of the National Academy of Sciences, 2007, 104（16）: 6562-6567.

［10］ WEICK K E, SUTCLIFFE K M, OBSTFELD D. Organizing for high reliability: Processes of collective mindfulness ［J］. Research in Organizational Behavior, 1999, 21: 100.

［11］ CARLIN B P, LOUIS T A. Bayes and empirical Bayes methods for data analysis ［J］. Statistics & Computing, 1997, 7（2）: 153-154.

［12］ KATOK A, HASSELBLATT B. Introduction to the Modern Theory of Dynamical Systems ［M］. Cambridge: Cambridge University Press, 1997.

［13］ GUCKENHEIMER J, HOLMES P. Nonlinear oscillations, dynamical systems, and bifurcations of vector fields ［M］. Springer Science & Business Media, 1983.

［14］ SCHEFFER M, CARPENTER S R, LENTON T M, et al. Anticipating Critical Transitions ［J］. Science, 2012, 338（6105）: 344-348.

［15］ SCHEFFER M, BASCOMPTE J, BROCK W A, et al. Early-Warning Signals for Critical Transitions ［J］. Nature, 2009, 461（7260）: 53-59.

［16］ DAKOS V, CARPENTER S R, BROCK W A, et al. Methods for Detecting Early Warnings of Critical Transitions in Time Series Illustrated Using Simulated Ecological Data ［J］. PloS One, 2012, 7（7）: e41010.

［17］ EISENMANN R. Machinery malfunction diagnosis and correction: Vibration analysis and troubleshooting for process industries [M]. Prentice Hall, 1998.

[18] FLETCHER N. H. Autonomous vibration of simple pressure-controlled valves in gas flows [J]. The Journal of the Acoustical Society of America, 1993, 93 (4): 2172-2180.

[19] ELLESTAD M H. Stress Testing: Principles and Practice [J]. Journal of Occupational and Environmental Medicine, 1986, 28 (11): 1142-1144.

[20] PERIA M S M, MAJNONI G, BLASCHKE W, et al. Stress testing of financial systems: an overview of issues, methodologies, and FSAP experiences [J]. International Monetary Fund, 2001.

[21] CROWELL JR V L. The scientific method. School Science and Mathematics [J]. School Science and Mathematics, 1937, 37 (5): 525-531.

[22] PEIRCE C S. Collected Papers of Charles Sanders Peirce [M]. Harvard University Press, 1935.

[23] BRACHMAN R, LEVESQUE H. Knowledge Representation and Reasoning [M]. Elsevier, 2004.

[24] BEDARD A. Detection of avalanches using atmospheric infrasound [Z]. the 57th Annual Western Snow Conference. Fort Collins CO, USA. 1989: 52-58.

[25] THüRING T, SCHOCH M, HERWIJNEN A V, et al. Robust snow avalanche detection using supervised machine learning with infrasonic sensor arrays [J]. Cold Regions Science and Technology, 2015, 111: 60-66.

[26] MAGLIO P P, BAILEY J, GRUHL D. Steps toward a science of service systems [J]. Computer, 2007, 40 (1): 71-77.

[27] PATE-CORNELL E. On "Black Swans" and "Perfect Storms": Risk Analysis and Management When Statistics Are Not Enough [J]. Risk Analysis, 2012, 32: 1823-1833.

第五章　改善不确定性分析的理论和实践：加强与知识和风险的联系

Terje Aven（挪威斯塔万格大学）

如果开展不确定性分析，我们需要知道不确定的内容、不确定的人，以及这些不确定性的表示或表达。在本章中，我们基于这3个维度介绍一个不确定性分析的总体框架。关于不确定性分析的研究文献已有很多，但在不确定性的概念化和表征相关方面仍然存在重大挑战。本章的主要目的是通过突出这3个维度并将不确定性与知识和风险相关联，改进不确定性分析的理论和实践。该框架有两个截然不同的特征：

（1）它明确区分了作为概念的"不确定性"和如何测量或描述的"不确定性"。

（2）它区分了分析者眼中的不确定性和决策者眼中的不确定性。

第二个特征是因为所有关于不确定性的判断都是以一些知识为条件的，而这些知识的强度和正确性都不一样。因此，决策者需要了解这些知识的不确定性和风险。

5.1　引　　言

不确定性分析有许多类型。在概率和统计学的大多数教科书中都有基本方法的介绍，包括[1-2]：

（1）使用基于频率的概率和概率模型对群体的变化进行建模。

（2）在基于频率的概率理论框架中使用一些统计工具和指标，例如置信区间。

（3）使用主观概率表示未知量的不确定性，比如贝叶斯分析。

如果更详细地解释这些基本方法，需考虑使用统计中的常见设定。令 X_1，$X_2,\cdots,X_n$ 是随机变量（数量）X 的 n 个观测值，都服从概率分布 $F(x)$。其含义是，如果我们可以假设或真实地考虑无限多个这样的随机变量（数量），则 $F(x)$ 可以表示观察值的变化。由于 $F(x)$ 一般是未知的，因此需要进行估算。这可以直接使用观察值 X_i 或使用一种两步方法完成，即首先引入具有参数 λ（举例来讲）的 F 的模型 G，然后以某种方式估计这些参数。这种参数估计通常通过建立参数的估计模型来进行，通常可以使用基于频率的概率研究它们的性质，或者可以进行贝叶斯分析（除了参数的估计之外还需提供未知参数的主观概率分布）。在服从概率论的情况下，估计函数的不确定性通过诸如方差和标准偏差的度量来计算。相关解释的形式是，如果可以在类似条件下重复相关分析，则产生的区间将在指定的试验次数百分比下覆盖真实参数值。在贝叶斯设定中，通常会说概率模型 G 代表随机或偶然的不确定性，而参数 λ 的不确定性代表认知上的不确定性。随着知识的增加，认知不确定性将会减小，但随机不确定性不会随之变化，因为它反映的是真实存在的差异性。

本章是一本教科书式的材料，在此设定下有大量关于不确定性分析的理论和方法的文献。本章将介绍此设定遇到挑战的情形，以及何时基于频率的概率和概率模型的判定会遇到挑战。我们离开实验室的试验和测试条件，来到现实世界，这是一些常见的情况。举例来说，正如医疗健康和现实中的可靠性研究，如果我们要研究现实生活中的系统和活动，比如核电厂、海上设施、新产品的开发、气候变化、在人民需要面对已知和未知威胁情况的国家的生活，这些系统和活动不可以直接用概率模型定义。然而，由于我们面临未知状况和未知的因果关系，因此需要进行不确定性分析。虽然我们仍然可以开发和使用模型，但它们的准确性是一个关键问题。

如何在这些案例中最好地进行不确定性分析是一个重要问题。与大多数关于不确定性分析的已发表文献相比，本章退后一步，目的是对这一问题提供回应，将不确定性与知识和风险联系起来。本章的出发点是任何不确定性的判断都是以一些知识为条件的，但这种知识可能是很贫乏的，甚至是错误的。因此，当决策者用这些基本上是验证了的信念的知识来做出判断的时候，就存在一定的风险。是否可以对此类风险进行有意义的评估，如何对其进行处理？本章认为，不确定性分析可以从风险分析领域的最新发展中受益，风险分析领域的最新发展强调知识和知识强度判断可以支持不确定性的定量分析。

在下文中，我们将"主观概率"简称"概率"。除了使用"概率"之外，还有其他表示或表达不确定性的方法，选择适当方法是一个重要而有趣的课题。但是，这个讨论超出了本章讨论的范围。本章旨在通过提出不确定性分析框架改进不确定性分析的理论和实践，该框架适用于所有类型的不确定性表示方法和度量方式。该框架强调我们需要对不确定的内容、不确定的人，以及不确定性的表示或表达进行描述。本章的主要目标是，获取关于用不同方法开展的不确定性分析与前面提到的知识和风险的关系的新见解。

本章回顾和总结了近期关于该课题的研究工作，并对其进行了扩展，指出了主要挑战。这并不是一个广泛的回顾，在某种意义上说，它试图包括近年来对该课题的所有主要贡献。其重点是与实际决策环境中的不确定性分析相关的基本问题。这些研究工作的选用存在一定的主观性，偏向本章作者感兴趣的领域。

不确定性分析的历史与概率论的历史一样古老，因为任何关于概率的判断都是对不确定性的判断。然而，不确定性内涵的范围超出了概率；概率只是表示或表达不确定性的一种方式。在过去的三四十年中，我们看到了一个新的研究领域——不确定性分析的发展，研究了表征不确定性的替代方法以及如何使用不确定性分析来改善不确定性沟通方式并支持决策制定。这种发展的基本参考之一是 Morgan 等[3]的著作。它包括关于不确定性分析的观点和原则的探讨、在实际决策环境中如何使用此类分析，以及评估不确定性的方法。该领域的发展在很大程度上与定量风险评估（概率风险评估）中不确定性的讨论有关。例如，参见 Parry 与 Winter[4] 和 Cox 与 Baybutt[5] 的早期研究，以及 Apostolakis[6]、Helton[7]、Winkler[8]、Helton 等[9]、Montgomery 等[10]、Dubois[11]、NRC[12] 和 Flage 等[13] 的近期研究。本章介绍的框架可以看作是以下问题的输入，即不确定性分析的核心主题是什么，以及不确定性分析领域如何与风险分析领域相关联。本章所提出的框架类似于现有的不确定性分析框架[14-15]，但在某些特征上却有所不同。该框架的主要新颖之处在于它在不确定性、知识和风险之间建立的联系。

本章的其余部分内容安排如下：5.2 节介绍了不确定性分析框架，5.3 节给出了框架的使用案例，5.4 节讨论了案例和框架，5.5 节提供了一些结论。

5.2　不确定性分析框架

该框架有以下五个主要支撑问题：

（1）一些与回答下面问题有关的数量：我们不确定的是什么？

（2）一些相关的参与者：分析师、专家、决策者、其他利益相关者来解答的问题：谁是不确定的，谁对这些数量感兴趣？

（3）如何表示或表达这些不确定性？

（4）如何通过建模和分析处理不确定性？

（5）相关参与者如何掌握和利用这些不确定性特征？

对于这些问题，我们将讨论它们与知识和风险的关系。

简而言之，不确定性分析的主要目的是表示或表达某些事物的不确定性，以便在某些情况下使用，以获得更多信息（例如关于风险），以期改善表达方式和支持决策。

5.2.1　我们不确定的是什么？

要问的第一个问题：我们不确定的是什么？举一个扔骰子的例子。下一次抛出的结果是未知的，我们不能确定，但是如果我们假设一次又一次地掷出骰子，我们也可能不确定骰子在长期内分别显示 1，2，…，6 的次数；换句话说，我们不确定骰子基于频数的概率分布。在这两种情况下，我们都可以识别未知量：在后一种情况下，其在构建好的概率模型中设定。在两种情况下都假定存在一些真实的、正确的值。我们让 X 成为表示这样一个数量的通用术语。我们区分一下 X，在前一示例中其为可观察量，而在后一示例中是模型参数。

在前一个例子中，结果与未来事件有关。我们也可能有与过去事件有关的未知数量，例如我们不确定上次投掷骰子的结果。

关键是我们已经定义了一个数量 X（其也可以是一个向量），它具有假定的真实基础值，但这是未知的，即它是不确定的。

如果我们考虑将来的活动，一般都不知道这项活动的结果 C；也就意味着不确定。如果我们用 X 来衡量后果，我们就会回到数量未知的情况。X 正确反映 C 的程度也是一个问题。例如，一家公司已经制定了涵盖产量和因事故造成的生命和伤害损失的绩效指标。但是，没有关于声誉损失的措施。因此，我们可能会在 X 上获得良好的分数，但在考虑声誉和活动的实际后果时，这会是一个主要问题。

我们还讨论了与现象有关的不确定性，例如因果关系。同样，我们可以通过考虑现象的模型 g 并将注意力集中在模型误差 $X-g$ 上，将问题转换为未知量，其中 X 是可观察到的我们感兴趣的量。此处参考 Aven[16] 的吸烟-肺癌示例。在此我们让 X 表示特定人群（特定年龄组的女性）中每 10 万人的死亡人数（肺癌死亡率）。然后可以使用标准统计分析方法将连接 X 和强度 Y_1（每天的香烟数量）和吸烟持续时间 Y_2（年）联系起来，得出准确的模型 g。例如，参见 Flanders 等[17] 和 Yamaguchi 等[18] 的研究。$X-g$ 的真实值是存在的，并且可以考虑其不确定性。

该框架区分了高级别量（high-level quantity）和低级别量（low-level quantity）。高级别量是主要利益相关者——特别是决策者感兴趣的数量。低级别量更具技术性，主要是分析师和专家感兴趣的。这些量通常是用于研究输出量的模型参数。建模和分析将这两个级别联系起来。我们在 5.2.4 节再讨论这个问题。

为了表示感兴趣的数量，我们使用诸如 X、Y 和 Z 之类的字母。感兴趣的数量取决于分析的目的。理想情况下，决策者应该对它们提出要求。但是，到底要用什么数量也是一个技术问题，另外提供以下指导意见：

（1）对于不确定性分析来说，我们感兴趣的高级别量是什么？它们是可观察的量还是概率模型参数？需要提供这些量的清晰解释。如果无法提供此类解释，请将其从感兴趣的数量列表中删除。什么是高级别量或低级别量（即非高级别量）取决于分析的目的。

（2）如果计划的不确定性分析与低级别量相关，请说明分析的目的是什么。如果该量无助于提供有关任何高级别量的信息，则不应进行分析。

如果计划的不确定性分析将感兴趣的高级别量定义为来年特定国家恐怖袭击

的发生概率，则存在一个问题：这种概率无法有效解释。相关数量是具有不同属性的此类事件的数量，或仅仅是此类事件的发生数量。

在风险背景下，高级别可观察数量仅限于未来事件。否则，不确定性分析可能与风险分析中研究的任何类型的数量都有关，包括未知的模型参数。

5.2.2 谁是不确定的？

接下来我们需要搞明白，谁对 X 是不确定的。是分析师吗？还是某些专家？还是决策者或其他利益相关者？在这一点上，任何关于不确定性的判断都需要准确，以确保对不确定性进行适当的调整和处理。不确定性分析可以是相当技术性的，在大多数情况下，分析会产生由专家和分析师做出的判断，以便与决策者和其他利益相关者进行沟通。分析可以明确地介绍专家判断，但分析也可以报告分析师的判断，其中专家为这些判断提供输入；感兴趣的读者可参考文献［19-21］中的讨论。

决策者和其他利益相关者（如对决策感兴趣的政党和非政府组织）主要关注高级别数量以及关键想法和假设，这些都是分析师和专家在做这项工作时的判断的前提条件。

必须区分那些对未知数量不确定且对不确定性分析提出的问题有兴趣的人，以及了解这些数量但没有参与或者对不确定性分析没有任何兴趣的人。前一类涵盖分析团队的成员（专家和分析师），以及与研究问题相关的决策者和其他利益相关者。第二类可能是在该领域非常专业的学者。

上述讨论与不确定性分析和风险分析均相关。

5.2.3 表示不确定性：与知识和风险的联系

首先，我们思考不确定性的真实含义。然后，我们将解决如何表示或表达不确定性的问题。根据测度理论，不确定性的概念以及如何描述或测量是有区别的。在投掷骰子之前，人们面临不确定性，因为人们不确定结果会是什么；换句话说，结果是不确定的。一般而言，我们可以将与 X 相关的不确定性定义为不知道 X 的真实值。表达这种情况的另一种方式是，对 X 存在不确定性是由于关于 X 存在不完整或不完善的信息和知识[22]。如果我们拥有完整而完善的信息和知识，就不会有关于 X 的不确定性。知识在这里被理解为验证了的信念[22]。以骰子为例。我的知识使我相信骰子是公平的，这来自观察和使用对称论证。这种知识并不完美或完整；事实证明，结果 i 的概率 p_i［多次投掷后的百分比，$i=1,2,\cdots,6$］不是 1/6。因此对 p_i 存在不确定性。下一次投掷的结果也存在不确定性。我们的一些知识肯定远非完美或完整，并且不足以确定结果将是什么。

如果 X 是未来可观察的数量，那么在考虑风险的一般概念时，关于该数量

的不确定性 U 也指向风险的概念，见 SRA[22]。"风险"基本上包含两个方面：

（1）利害攸关的价值：所考虑的未来活动对人类重视的事物（如健康和生命、环境和经济资产）造成的后果。

（2）不确定性：这些后果会是什么？

将风险概念限制为某些特定的可观察量 X，因此风险可被视为一对变量 (X,U)。例如，如果我们关注未来 10 年某个系统运行中死亡人数 X，面临风险意味着该活动将导致一些死亡人数 X，而今天它不为人知；这是不确定的（U）。

接下来的任务是描述或刻画关于 X 的不确定性。可以采用两种不同的思维方式[23]：

（1）反映分配者对 X 是或将会是什么的主观判断。

（2）尝试"客观地"呈现可用的信息和知识。

主观判断

如 Lindley[24] 和 Aven[25] 所讨论的，主观判断方法的常用工具是主观概率。然而，如参考文献中详细论述的，该工具具有一些局限性[13]。主要问题是主观概率实际上是以某些背景知识（K）为条件的概率，并且这种知识的强度可大可小，甚至是错误的。在与决策者需求相关的概率判断时，这种知识的正确性成为不确定性评估和管理中的一个重要主题。为了更详细地说明这一点，让 $P(A|K)$ 表示给定知识 K 的事件 A 的主观概率。假设分析人员得出概率为 0.1，即 $P(A|K)=0.1$。该概率表示分析者对事件 A 发生的信任程度，同时也意味着他/她对 A 的不确定性和信任程度与在随机抽取实验的标准条件下从 10 个球中抽出 1 个特定的球的不确定性和信任程度是相同的。然而，分析者可以为两种完全不同的情况分配相同的概率值：如果 K_a 和 K_b 对应这些情况，可能有 $P(A|K_a)=P(A|K_b)=0.1$，但在某一情况的知识可能是比较贫乏的，而另一种情况下的知识可能是比较完善的。显然，还需要以某种方式考虑知识的正确性。如果仅使用 P 来表征不确定性，那么这种表征实际上是给定知识 K 的条件判断，我们可以将其表示为 $(P|K)$。然而，一个全面的不确定性表征还需要考虑与 K 相关的风险和不确定性。下面将描述和讨论这样做的方法，但首先是另一个基本的讨论。

乍一看，通过使用 Mosleh 与 Bier[26] 讨论的全概率定理，似乎可以消除对 K 的依赖性。在一些简单的情况下，这确实是可能的，但对于涉及建模的更复杂情况则不然，因为概率分析需要基于某些假设和理念。通常，我们不可能或不希望将所有可用知识转移到概率数字上。如果在给定特定假设的情况下可以进行准确的概率分析，并且该假设存在很大的不确定性，那么，在给出该假设下的条件分析基础上对假设单独分析，可能会提供更多信息，而不是建立一个受到所作假设的偏差影响比较大的无条件集成概率数。

让 SoK 作为知识 K 的强度的判断。上述论证得出不确定性的表征为 (P, SoK, K)，包含概率 P、SoK，以及概率和 SoK 判断所基于的知识 K。有关如何进行

SoK 判断的示例，请参阅文献［13，27］。另见文献［28］，它比较了做出此类判断的不同方案，包括 NUSAP 系统（其中 NUSAP 代表数字、单位、扩散、评估和谱系）[29-35]。

概率符合不确定性测度通常所需的基本标准[36]：公理、解释和测度程序。在其基本形式中，这意味着对每个感兴趣的事件用具体的数量予以表示。但是，通常只会提供一个区间范围而不是一个具体的值。分析师可能不愿意给出比 $P(A|K)>0.5$ 更精确的结果。这样的陈述并不意味着评估者不确定风险概率，因为这样的解释会假定存在潜在的客观概率，而不仅仅是主观概率。然而，这里就存在着一些不精确的情况。在知识 K 的前提下，评估者更愿意给出一个具体的区间。获得这个区间的理论有许多种，包括可能性理论和证据理论[11,37]。

因为这些区间也取决于某些知识，为此使用这样的区间不会改变对知识强度（SoK）判断的需求。然而，相比于精确的情况下，区间所基于的知识通常更强。对于大规模生产的骰子，结果 1 发生概率为 0.1~0.2 的表述的知识基础比特定概率 1/6 表述的知识基础更强。

还有其他表达不确定性的方法，相关文献中提到的最普遍的方法之一是合理性（P_1）[38]。在具体情况下，分析师可能会说事件 B 比事件 A 更合理；即 $P_1(A) \leq P_1(B)$。在其他情况下，（由于它们是无法比较的）分析师可能无法为它们排序。合理性是：

（1）传递性：如果 $P_1(A) \leq P_1(B)$ 并且 $P_1(B) \leq P_1(C)$，那么 $P_1(A) \leq P_1(C)$。

（2）反对称性：如果 $P_1(A) \leq P_1(B)$ 且 $P_1(B) \leq P_1(A)$，那么 $P_1(A) = P_1(B)$。

对于两个事件，A 和 B，其中 A 包含于 B（即 A 是集合论规则中 B 的子集），我们可知 $P_1(A) \leq P_1(B)$；也就是说，A 的合理性低于 B。

合理性是非常常见的表达不确定性的方式，涵盖了上述方法。然而，问题是这种方法的信息量不大。假设一种情形，分析师对于一种新型活动，事件 A 导致致命事故发生的合理性高于事件 B。直观地说，这个陈述可能为决策者和其他利益相关者提供一些有用的信息，但该陈述真正说了什么？此处并没有提供解释。此外，相同类型的陈述也可以通过概率给出：分析师表示他/她认为 A 的概率高于 B；也就是说，$P(A)>P(B)$，并且可以使用瓮标准（urn standard）对此表述进行清楚的解释。分析师不愿意给出比上述不等式结果更精确的结果。因此，该陈述可被视为不精确，但仍在概率框架内。此外，由于概率判断是基于某些知识的，因此也需要对知识强度进行判断。

上述分析引导我们对不确定性进行一般描述或表征。这是二维形式(Q,K)，其中 Q 是给定知识 K 的不确定性的主观描述或表征。在上面的例子中，Q 等于概率和知识强度判断 SoK 的变量组合；也就是说，$Q=(P,\text{SoK})$。这里的概率可能是精确的或不精确的。

根据这种通用特征,可以导出特定的不确定性度量,例如方差、在风险价值(VaR)中的概率分布的分位数、概率分布的熵,或表示导致损失超过不同的 x 值的事件概率的曲线[36,38]。在框架中,这些指标都需要增加知识判断的定性强度。为不同的设定开发合适的不确定性指标是研究中的一项挑战,但这超出了本章内容的范围。

"客观"表示:

在科学中,客观性被认为是理想的,并且这种理想通常与不确定性分析有关。该观点是客观地将可用知识转换为不确定性表示,使它不添加或移除任何信息或知识。其目的是用定量 R 表示,以代替可用知识 K。

但是,这种表示并不存在。任何度量 R 都是以某种条件为基础的,并且需要添加这些东西以提供对不确定性的正确表征。为了表达清楚,让我们回到上一节中提到的概率区间 $P(A|K)>0.5$。这种描述可能是基于专家"事件 A 更有可能发生或不会发生"的表述。仅从这个描述中,我们可以说 $P(A|K)>0.5$。从这个意义上说,我们客观地将知识转化为不确定性度量。然而,仍然必须将知识 K 及其强度的判断添加到不确定性表征中,因为该专家可能对于讨论的问题有着或丰富或薄弱的了解。即使我们能够客观地将其转换为表示 R,其所依据的知识也不一定是客观的。

我们用来表示"客观"情况(b)中的不确定性的工具与主观方法(a)相同,因此我们可以将 Q 用于两者。两种方法(a)和(b)之间的主要区别在于,对于主观方法(a),其鼓励分析师和专家尽可能地表达,他们对未知数量的主观判断,即使背景知识有些薄弱,而在客观情况下(b)当知识不丰富时,采取谨慎的态度也做出准确的判断。在实践中,如 Flage 等[14]所论述的,这些方法的组合可能是有用的。这两种方法没有冲突;相反,它们通过反映表达不确定性的不同策略来相互补充。对于主观方法,通常可以给出特定概率,而在"客观"情况下,区间概率可以是所使用的标准度量。在这两种情况下,都可以写作通用的不确定性特征 (P,SoK,K),但根据策略的不同具有不同的内涵。与前一节一样,P 在此允许是精确的或是不精确的。

从上一节中定义的风险概念 (X,U) 开始,我们得出风险描述 (X,P,SoK,K),其中 X 是与所研究活动相关的未来的可能值。

5.2.4 通过建模和分析处理不确定性

为了评估未知量的不确定性,通常会引入模型,如 5.2.1 节中所述。设 X 是我们要研究的量,$g(Y)$ 是模型,其中 Y 是模型参数向量。在不确定性分析中,许多工作致力于表达关于 Y 的不确定性,并通过 g 传播这种不确定性以获得 X 的不确定性表征,例如,参见文献[14,37]。演绎分析方法和蒙特卡罗方法都用于达到此目的。这些方法会引入计算误差,因为该方法会产生与 g 不同的值 g'。因此模型误差不是 $X-g$ 而是 $X-g'$。

在框架中,X 是我们要研究的高级别量,Y 是低级别量。另外,由 $Z=X-g'$ 定义的模型误差是我们要研究的量。该框架允许使用不同的工具将不确定性从低级别量传播到高级别量。Aven 等[37]总结了这种工具的例子。

建立模型 g 意味着需要在准确性和简化间进行权衡。如果存在大量相关数据,则使用传统的统计分析和贝叶斯程序来验证和认证模型,并分析模型的优点;参见文献[39-44]。但是,这里的重点是数据缺乏的情况。在这些情况下,我们被引导到其他方法,如文献[45]中讨论的,这些方法利用形式为(P, SoK, K)的不确定性表征来确定模型是否准确。

另一个需要研究的问题涉及确定导致不确定性的重要因素。关于这个问题的文献很多;例如,文献[46]的概述。该文献在很大程度上局限于概率,并且在某种程度上也涉及概率区间。但还需要更多的研究来涵盖 SoK 判断和 K 所代表的知识维度。

试想在发生 A_1、A_2……或 A_s 的情况下就会发生的事件 A(假设这些事件中只有一个可能发生)。使用指标函数 I,我们可以将模型写为

$$I(A) = I(A_1) + I(A_2) + \cdots + I(A_s)$$

现假设存在一个模型中没有包含的事件 A_s+1,原因是缺乏对所解决现象的了解。基于概率的不确定性分析不会涵盖此事件,但在某种程度上它将由 SoK 和 K 解决,例如考虑到模型是基于对所研究现象的不良了解,有意外事件发生的可能。这个例子说明了在知识不完整的情况下处理模型误差和不确定性的困难,特别需要考虑不完整不确定性、意外,以及"黑天鹅"的概念[16,47-48]。

考虑一个复杂的系统,其中有很多关于其各个组件如何工作的知识。由于系统很复杂,因此我们认为,通过使用基于这些组件的简单模型(如框图或故障树),我们无法真正准确地预测系统性能[22]。但是,由于缺乏可替代的和更好的模型,故决定使用这种简单的建模方法。这就意味着,经过建模过程,模型无法将对组件级别的深入了解延伸至对系统级别的了解。

模型可用于简化复杂的系统和活动,以获取更深层次的信息。同时,重要的是,要承认模型的局限性、建模误差和不确定性。下一节将解释该理论框架如何将这些局限性考虑在内。

对于风险及其描述(X, P, SoK, K),本节中的讨论是相关的,因为它涉及如何推导概率和知识判断。

5.2.5 如何跟踪和使用不确定性特征?

分析人员使用(P, SoK, K)的形式表征不确定性,如前一节所述。这种表征为决策者和其他利益相关者提供了信息。它没有规定要做什么,原因有两个:

(1) 不确定性表征有局限性。例如，知识 K 可能相当薄弱甚至是错误的。不确定性表征是分析师做出的主观判断，它并不代表真相。在关于 K 可能是错误的层面上，存在与知识 K 相关的风险。

(2) 决策者需要权衡这种风险以及其他对其决策具有重要意义的关注点的价值，这些关注点不一定在不确定性评估的考虑范围内。

可以通过定义不同的理念和政策来传达不确定性，告知利益相关者并在决策中使用不确定性特征。总的来说，该理论框架基于以下思路，以达到使用不确定性分析来支持决策的过程：

① 确定并构建问题，确定替代方案；
② 评估替代方案的利弊；
③ 评估不确定性和风险；
④ 使用②和③通知利益相关者和相关的决策者。

这些想法符合规划理论和质量管理的基本步骤。众所周知，从分析领域到决策领域有一个跨越，并且这种跨越不能被任何分析方法取代，例如预期效用理论（expected utility theory）或成本效益分析（cost-benefit analysis）。关键是分析并未涵盖决策者感兴趣的所有方面。无条件风险（与 K 相关）的方方面面将始终存在，并且很难将决策者的价值观和偏好传递到分析中。我们需要承认这些工具的局限性，但它们仍然可以为利益相关者和决策者提供有用的信息。但是，它们不应该用来规定要做什么。

决策者不是不确定性分析和风险评估方面的专家。然而，他们需要解决上述无条件的不确定性和风险，包括与假定前提相关的潜在意外，并且要平衡不同的问题，在这些问题中，非量化不确定性和风险是重要的因素。目前的框架是基于这样一种信念，即管理者和决策者能够应对这一挑战。所需要注意的是，不确定性和风险分析部门能够提供和传达明确的原则和想法，以实现正确的思考。本章旨在为此目的做出贡献。

5.3　框架的使用案例

我们考虑一个系统真实状态未知的案例：无法确定系统是正常运行还是处于"失效"状态。可以观察到一些信号，给出系统实际上处于失效状态的一些指示。我们可以考虑一个技术备份系统，其状态功能正常与否是未知的，并且某个信号可能表明它不能正常工作。另一个案例是人体健康状况，其中人体是系统，状态是指患有或不患有某种疾病（例如癌症）。信号是某种形式的物理观察，指示某些器官存在问题。

以下将进行一些不确定性分析。我们首先回答下列问题：

(1) 什么事情是不确定的？

(2) 什么人对此不确定？

我们还需要将这些问题放在对此问题进行分析必要性的背景中。

5.3.1 什么事情是不确定的？什么人对此不确定？为什么进行确定性分析？

这里研究的关键量是系统的真实状态。系统是否无法按照要求正常运作或一个人是否患有癌症？设 A 表示此事件：系统处于健康或故障状态。然而，当考虑类似系统的（大量）群体时，也可以考虑这样的情况：研究的主要量不是 A 而是百分比 A_s。这适用于技术系统示例和疾病示例。设 Y 表示这个百分比。

关于"什么人对此不确定？"，有两个主要的要研究的角色：

(1) 一个专业的分析小组，其进行不确定性分析，重点是特定的 A 或 Y。

(2) 通过此专业分析小组获知结果的决策者。

对于这个例子，为了简化讨论，我们假设没有其他的利益相关者。

5.3.2 表达不确定性：建模与分析

接下来我们将研究分析师如何表示或表达关于 A 和 Y 的不确定性。让我们首先关注 Y。它代表处于失效状态的系统的百分比。因此，它表示了相似系统（n 个系统）的相关数量的变化：系统处于故障状态的比例，其中 $1-Y$ 表示处于良好的非故障状态的比例。研究的数量被认为是巨大的，并且通常用 p 近似 Y，表示在考虑无限数量的类似系统时处于故障状态的系统的占比。这意味着我们已经开发了概率模型：Y 是具有参数 n 和 p 的二项分布随机变量。

我们很容易将 A 作为 n 等于 1 的特殊情况考虑，故 Y 是伯努利随机变量，其中 $P(Y=1)=P(A)=p$，$P(Y=0)=1-p$。但是，这样做必须注意，因为它要求与 A 相关研究中存在一定数量的相似系统，进而获得参数 p。它需要进行判定。如果 $P(Y=1)=P(A)=p$，则意味着 P 被解释为基于频率的概率，我们应该写作 $Pf(Y=1)=Pf(A)=p$，并且这个概率与主观概率 $P(A|K)$ 是根本不同的概念。后一概率表示某人的不确定性或 A 将发生的信度，如第 5.2 节所述。如果 p 已知，我们可能有 $P(A|K)=p$，但一般来说 $P(A|K)$ 不同于 p。

在这个例子中，我们以某种方式寻求在建模中反映观察到的信号。在大群体情况下，通过考虑某个数量 V 可以很容易地扩展二项式模型，例如，如果已经观察到信号则数量为 1，否则为 0。然后，我们需要指定系统分别在给定信号和未知信号的情况下处于故障状态的频率概率，即 $Pf(A|V=1)$ 和 $Pf(A|V=0)$。我们将这些频率概率分别称为 p_1 和 p_0。

我们可以对概率模型的未知参数 p、p_1 和 p_0 进行不确定性分析。传统的统计分析以及贝叶斯分析均可以进行。该设置是标准的，有很多教科书可用于此类不确定性分析（例如文献 [1-2]）。

在信息和知识很少的情况下，关于该信号事实上是如何关联到系统状态的，本章的分析对此特别感兴趣。如果 p_1 和 p_0 的不确定性很大，我们应该如何进行不确定性分析？

该框架提出了以下方法。分析师团队总结所有可用的信息和知识，并使用概率和 SoK 判断表达了与 p_1 和 p_0 相关的信度。举例来讲，该团队表示，如果观察到信号，则系统处于失效状态的频率概率高于 0.1 的可能性是 90%。同时，需要指出的是支持该判断的知识较薄弱。其取决于具体情况和正在考虑的决定。专家组可以得出结论，如果观察到信号，则处于故障状态的概率非常高，需要采取行动，并且没有必要详细表达概率。

如果考虑的系统是唯一的，那么概率模型的引入是不合理的。但仍然可以进行不确定性分析。它将包括系统在给定信号和未知信号的情况下处于故障状态概率的判断，即 $P(A|V=1)$ 和 $P(A|V=0)$，以及支持这些概率的知识的判断。注意，与上述频率分析相反，这些概率是以知识 K 为条件的，即以知识为基础的概率（主观概率）。

当背景知识薄弱时，给出非常准确的概率特征是没有意义的。根据具体情况，可能需要加强知识基础以支持决策，但时间和资源限制使得我们需要立即做出决定。我们总是可以产生某种类型的概率判断，至少可以基于 SoK 判断区间形式。

5.3.3 决策

考虑 5.3.1 节中描述的决策者。分析师根据他们的知识提供关于未知数量的判断，并对这些知识做出判断与汇报。决策者获得这些信息后，如果分析师发现系统可能处于故障状态，那么决策者就会采取行动进行进一步的分析和干预。然而，如果分析师发现这种可能性相当小，决策者就需要决定进行进一步的分析和干预行动。相反，如果分析师认为可能性非常低，那么决策者需要进行更广泛的评估，思考判断所依据的知识，以及相对于分析师的判断，评估不确定性和潜在意外的分量有多大。保守的方法可能意味着对识别出的最小可能性的故障都采取行动和干预，但显然在大多数情况下需要取得平衡，考虑在误警时采取行动和干预的成本和压力。因此，需要某种类型的策略，平衡识别真实故障的愿望，并避免误警。例如癌症的病例。忧郁症患者会将任何症状都理解为生病的迹象，这显然是不正确的，不是明智的策略；另一类患者是忽略所有症状，结果是治疗得太晚，而这个人实际上已经病了。

这使我们关注对风险的考虑和对影响决策的重要因素进行广泛评估。为开展评估，我们已经开发了许多方式和方法，但正如 5.2 节所强调的那样，该框架强调了我们要超越传统分析方法的重要性。在这个例子中，当可以确认概率模型并且决策者对大量类似系统感兴趣时，可以计算期望净现值（expected net present values)。在国家层面，研究可以提高癌症的早期识别，这肯定是有价值的。然后，成本效益类型的分析可以用于指导决策者有效使用可用资源。然而，这还需要进行更广泛的评估，强调相关参数的不确定性，以及未包含在成本效益分析中的决策重要性。对于特殊案例和具有相当薄弱背景知识的案例，仅有这种类型的分析不会为决策者提供太多相关信息。一般而言，列出所有不确定性和风险判断的相关利弊是框架推荐的方法。没有确定最佳解决方案的方法，因为这类问题不存在最佳解决方案。对于面临与跟踪信号相关的特殊问题的特定人员，基于期望值的方法（如成本效益分析）可以提供一些对决策有用的通用见解，但最重要的信息和知识与风险及不确定性有关，而成本效益分析并未揭示这些信息和知识。我们需要做的是对所有利弊的广泛判断，同时适当考虑风险和不确定性。

分析师的工作内容是不确定的，他们通常以两种方式讨论风险分析的内涵：当要研究的量与未来相关时，以及在考虑可能偏离 K 中所做的假设或信念时。当面临与癌症相关的不确定性时，一切都与风险有关，因为这种状态的发生和严重程度是主要的关注点。不确定性的判断可以是基于假设的，但这可能是错误的，影响可能很严重，它也与风险有关。例如，分析师在不知道所考虑的系统之前经历过可能影响其弹性的损伤的情况下，可以做出情况发生可能性的判断。

5.4 讨 论

概率模型是不确定性分析的基本方向之一。然而，在许多情况下，它们的使用是有问题的，特别是用于分析具有极端后果的罕见事件。这些模型允许进行复杂的概率分析，并参考了一些如肥尾分布/重尾分布的概念。但是，我们很少看到这个框架是合理的，甚至是受到质疑的：它实际上是否适合研究极端事件现象？

设 A 表示这种事件的发生，X 表示相关的损失，通过某种严重程度表示。如果事件未发生，则 X 等于零。概率模型意味着已经为 A 和 X 定义了基于频率的概率分布，例如对于 X 的极端结果 x 的 $Pf(A)$ 和 $h(x) = Pf(X > x)$。如果 X 具有正态分布，则随着 x 值的增加，$h(x)$ 迅速变小，而对于肥尾分布，$h(x)$ 则"不是那么小"，即使对于大的 x 值也是如此。这些是含糊不清的术语，但在此背景下和本讨论的目的下是足够准确的。有时会引入带有参数的特殊形式和公式，近似或精简 $h(x)$。然后，可以使用这些概率模型作为基础进行标准概率和统计分析。认知不确定性通过未知参数表达。该设置实际上是传统设置，概率模型反映了随机（偶然）不确定性，而概率表示或表达认知不确定性。

我们在文献［49］中找到了这种类型设置的一个例子。该文献中写道："正确评估灾难造成的损失程度的过程中，会发现一些令人不安的事实，即灾害造成的损失往往会服从肥尾分布（即存在极大损失的可能性较高的分布）。这种分布看起来与熟悉的正态分布（例如用于表征人类身高的分布）不同，并且在社会科学的大多数实证研究中起着核心作用。即使对数正态分布更加注重极端结果，也不会接近在灾难损失分布中发现的肥尾特征。灾害损失（例如来自地震、飓风和洪水的灾害），可以通过幂律分布更好地描述。利用幂律分布，最大损失很可能是第二大损失的 3 倍甚至 10 倍，而对于服从正态分布的变量则不能观察到这种变化。"

　　进行此类分析时，持有这样观点的是保险公司或大国或世界。我们可以想象一个人在"月球上"看着地球上发生的事情。可以通过描述一组定义的事件内的方差来生成经验分布。但是，方差不是不确定性。方差可以为表示或表达不确定性提供基础，但事物变化不会导致明确的不确定性表示方式；相反，它可以帮助我们弄明白不确定的内容。在考虑许多可能的事件时，它是一个特定事件还是事件的一部分或损失的分布？我们在这一组事件中实际纳入了哪些类型的事件？

　　关于如何概念化和描述不确定性的进一步讨论，将取决于分析的目的。对于一家具有宏观视野的保险公司和一项具体活动的管理来说，观点是完全不同的，后者关注的是这项活动的表现及其不确定性分析。

　　在前一种情况下，概率建模方法可能是合理的，但在后一种情况下则不然。概率模型需要通过考虑无数相似的情况或系统来构建架构。不管怎样，在这两种情况下，我们都需要处理未知量的不确定性。确切的或区间的概率是一个关键工具，但总是需要根据它所基于的背景知识和其完善程度来看待。

　　概率是表示表达可能性的常用工具。它有一个清晰的解释，它的计算相当简单，理论也很完善。其他可替代的定量计算方法，如可能性理论和证据理论，更难理解和使用。然而，对于概率，我们也允许不精确的区间的存在，例如，当指定区间$[0.01, 0.1]$的概率时。这些理论和相关计算的理论基础不容易沟通，对于实际的不确定性分析，为此许多分析师不愿意使用它们。简单易行很重要，但必须平衡对所提供信息准确性的需求。使用概率和定性知识判断可以视为一种实际的折中。然而，5.2 节中描述的框架不限于这种方法。表达不精确的概率区间也是不确定性表示和表征的方式，因为在许多情况下需要这样的区间来正确反映可用信息。然而，必须对这些区间进行适当的解释，不能隐藏在太多的数学细节后面。这些区间还需要对知识的强度的定性判断，因为这些区间代表某些判断，而这些判断是以一些知识为前提的。

　　5.2.3 节中提到风险的一般形式是关于一项活动的未来后果 C 和相关的不确定性 U，也就是说 (C, U)。因此，表示和表达不确定性 U 是风险表征的一个关键方面。使用 Q 作为不确定性度量或描述的通用表达式，我们得到了风险的表征方式(X,Q,K)，其中 X 是 C 的详细表述，K 是 X 和 Q 所基于的背景知识。注意 C 和 X 之间的区别：C 是活动实现后的实际后果，而 X 是风险评估中规定的后果。不确定性分析涉及 X 以及 K 的各个方面，例如一些假设或理念的真实性。因此，不确定性分析是风险评估中的一项重要任务，但也用于外部风险评估，因为不确定性分析也涉及与未来无关的方面，就像风险一样。

5.5 结　　论

为了进行不确定性分析，我们需要知道什么事情是不确定的，什么人对此是不确定的，以及我们应该如何表示或表达不确定性。本章提出了一个框架来回答这 3 个问题，并将不确定性与知识和风险联系起来。开展不确定性分析时，主要结论可归纳为以下几点：

（1）搞清楚要研究的量是概率还是可观测量；
（2）要求对所有要研究的量进行清晰的解释；
（3）证明引入概率模型和其他模型的必要性；
（4）解决模型误差和模型不确定性；
（5）鼓励使用概率来表达未知量的信度，增加知识强度的判断；
（6）证明使用反映不精确度的区间概率是合理的，增加知识强度的判断；
（7）确定关键的不确定因素；
（8）搞清不确定性判断所依据的关键假设和信念；
（9）考虑与偏离这些假设和信念相关的风险；
（10）鼓励决策者对这种风险做出判断，达到决策所需的程度；
（11）承认不确定性分析提供了决策支持，而不是关于做出什么决策的明确指导。

不确定性分析代表了一些人的判断；这可能是有用的，因为这些人有关于所研究现象的一些知识，且通常相当丰富。然而谦逊是必要的，因为他们分析所依据的知识可能有局限性，甚至是错误的。

致谢：本项研究工作由挪威研究委员会资助，作为 Petromaks 2 项目的一部分，编号为 228335/E30。我们对此表示感谢。

参 考 文 献

[1] EVANS M J, ROSENTHAL J S. Probability and Statistics：The Science of Uncertainty, 2nd edn ［M］. W. H. Freeman and Company, 2010.
[2] BEAN M A. Probability：The Science of Uncertainty ［M］. American Mathematical Soc., 2009.
[3] MORGAN M G, HENRION M, SMALL M. Uncertainty：a guide to dealing with uncertainty in quantitative

risk and policy analysis [M]. Cambridge: Cambridge university press, 1990.

[4] PARRY G W, WINTER P W. Characterization and evaluation of uncertainty in probabilistic risk analysis [J]. Nuclear Safety, 1981, 22 (1): 28-42.

[5] COX D C, BAYBUTT P. Methods for Uncertainty Analysis: A Comparative Survey [J]. Risk Analysis, 1981, 1 (4): 251-258.

[6] APOSTOLAKIS G E. The Concept of Probability if Safety Assessments of Technological Systems [J]. Science, 1991, 250: 1359-1364.

[7] HELTON J C. Treatment of uncertainty in performance assessments for complex systems [J]. Risk Analysis, 1994, 14: 483-511.

[8] WINKLER R L. Uncertainty in probabilistic risk assessment [J]. Reliability Engineering & System Safety, 1996, 85: 127-132.

[9] HELTON J C, JOHNSON J D, OBERKAMPF W L. An exploration of alternative approaches to the representation of uncertainty in model predictions [J]. Reliability Engineering & System Safety, 2004, 85 (1-3): 39-71.

[10] MONTGOMERY V J, COOLEN F, HART A. Bayesian Probability Boxes in Risk Assessment [J]. Journal of Statistical Theory & Practice, 2009, 3 (1): 69-83.

[11] DUBOIS D. Representation, Propagation, and Decision Issues in Risk Analysis Under Incomplete Probabilistic Information [J]. Risk Analysis, 2010, 30: 361-368.

[12] NRC. US Nuclear Regulatory Commission. Guidance on the treatment of uncertainties associated with PRAs in risk-informed decision making draft report for comments (NUREG-1 855, rev. 1) [J]. 2013.

[13] FLAGE R, AVEN T, ZIO E, et al. Concerns, Challenges, and Directions of Development for the Issue of Representing Uncertainty in Risk Assessment [J]. Risk Analysis, 2014, 34 (7): 1196-1207.

[14] ROCQUIGNY E D, DEVICTOR N, TARANTOLA S. Uncertainty in Industrial Practice [M]. Wiley, 2008.

[15] AVEN T. Some reflections on uncertainty analysis and management [J]. Reliability Engineering & System Safety, 2010, 95: 195-201.

[16] AVEN T. Risk, Surprises and Black Swans [M]. London: Routledge, 2014.

[17] FLANDERS W D, LALLY C A, ZHU B P, et al. Lung cancer mortality in relation to age, duration of smoking, and daily cigarette consumption: results from Cancer Prevention Study Ⅱ [J]. Cancer Research, 2003, 63: 6556-662.

[18] YAMAGUCHI N, KOBAYASHI Y M, UTSUNOMIYA O. Quantitative relationship between cumulative cigarette consumption and lung cancer mortality in Japan [J]. International Journal of Epidemiology, 2000, 29 (6): 963-968.

[19] COOKE R M. Experts in Uncertainty: Opinion and Subjective Probability in Science [M]. Shanghai: Oxford University Press, 1991.

[20] HOFFMAN F O, KAPLAN S. Beyond the Domain of Direct Observation: How to Specify a Probability Distribution that Represents the "State of Knowledge" About Uncertain Inputs [J]. Risk Analysis, 1999, 19 (1): 131-134.

[21] AVEN T, GUIKEMA S. Whose uncertainty assessments (probability distributions) does a risk assessment report: the analysts' or the experts'? [J]. Reliability Engineering & System Safety, 2011, 96: 1257-1262.

[22] SRA. Glossary society for risk analysis [J]. 2015.

[23] AVEN T, ZIO E. Some considerations on the treatment of uncertainties in risk assessment for practical decision making [J]. Reliability Engineering & System Safety, 2011, 96 (1): 64-74.

[24] LINDLEY D V. Understanding Uncertainty [M]. Wiley, 2006.

[25] AVEN T. How to define and interpret a probability in a risk and safety setting. Discussion paper, with general introduction by Associate Editor, Genserik Reniers. [J]. Safety Science, 2013, 51: 223-231.

[26] MOSLEH A, BIER V M. Uncertainty about probability: a reconciliation with the subjectivist viewpoint [J]. IEEE Transactions on Systems, Man, and Cybernetics Part A Systems and Humans, 1996, 26 (3): 303-310.

[27] AVEN T, FLAGE R. Risk assessment with broad uncertainty and knowledge characterisations: An illustrating example [M]. Wiley, 2017.

[28] BERNER C L, FLAGE R. Comparing and integrating the NUSAP notational scheme with an uncertainty based risk perspective [J]. Reliability Engineering & System Safety, 2016, 156: 185-194.

[29] FUNTOWICZ S O, RAVETZ J R. Uncertainty and Quality in Science for Policy [M]. Kluwer Academic Publishers, 1990.

[30] FUNTOWICZ S O, RAVETZ J R. Science for the post-normal age [J]. Futures, 1993, 25: 735-755.

[31] KLOPROGGE P, VAN DER SLUIJS J, PETERSEN A. A method for the analysis of assumptions in assessments [M]. Bilthoven: Bilthoven, 2005.

[32] KLOPROGGE P, VAN DER SLUIJS J P, PETERSEN A C. A method for the analysis of assumptions in model-based environmental assessments [J]. Environmental Modelling and Software, 2011, 26: 289-301.

[33] LAES E, MESKENS G, SLUIJS J. On the contribution of external cost calculations to energy system governance: The case of a potential large-scale nuclear accident [J]. Energy Policy, 2011, 39 (9): 5664-5673.

[34] VAN DER SLUIJS J, CRAYE M, FUNTOWICZ S, et al. Combining quantitative and qualitative measures of uncertainty in model-based environmental assessment [J]. Risk Analysis, 2005a, 25 (2): 481-492.

[35] VAN DER SLUIJS J, CRAYE M, FUNTOWICZ S, et al. Experiences with the NUSAP system for multidimensional uncertainty assessment in model based foresight studies [J]. Water Science and Technology, 2005b, 52 (6): 133-144.

[36] BEDFORD T, COOKE R. Probabilistic risk analysis [M]. Cambridge University Press, 2001.

[37] AVEN T, ZIO E, BARALDI P, et al. Uncertainty in Risk Assessments [M]. Wiley, 2014.

[38] HALPERN J Y. Reasoning about Uncertainty [M]. MIT Press, 2005.

[39] BAYARRI M J, BERGER J O, PAULO R, et al. A framework for validation of computer models [J]. Technometrics, 2007, 49 (2): 138-154.

[40] JIANG X, YANG R J, BARBAT S, et al. Bayesian probabilistic PCA approach for model validation of dynamic systems; proceedings of the Proceedings of SAE World Congress and Exhibition, Detroit, MI, F, April 2009 [C].

[41] KENNEDY M C, O'HAGAN A. Bayesian calibration of computer models [J]. Journal of the Royal Statistical Society: Series B (Statistical Methodology), 2001, 63 (3): 425-464.

[42] MEEKER W Q, ESCOBAR L. Statistical Methods or Reliability Data [M]. Wiley, 1998.

[43] REBBA R, MAHADEVAN S, HUANG S. Validation and error estimation of computational models [J]. Reliability Engineering & System Safety, 2006, 91: 1390-1397.

[44] XIONG Y, CHEN W, TSUI K L, et al. A better understanding of model updating strategies in validating engineering models [J]. Journal of Computer Methods in Applied Mechanics and Engineering, 2009, 198 (15-16): 1327-1337.

[45] BJERGA T, AVEN T, ZIO E. An illustration of the use of an approach for treating model uncertainties in risk assessment [J]. Reliability Engineering & System Safety, 2014, 125: 46-53.

[46] BORGONOVO E, PLISCHKE E. Sensitivity analysis: A review of recent advances [J]. European Journal of Operational Research, 2015, 248 (3): 869-887.

[47] BJERGA T, AVEN T, FLAGE R. Completeness Uncertainty: Conceptual Clarification and Treatment [M]. Wiley, 2017.

[48] TALEB N N. The Black Swan: The Impact of the Highly Improbable [M]. Penguin, 2007.

[49] VISCUSI W, KIP, et al. Deterring and Compensating Oil-Spill Catastrophes: The Need for Strict and Two-Tier Liability [J]. Vanderbilt Law Review, 2011, 64: 1717-2011.

第六章 完整性不确定性：概念区分和处理

Torbjørn Bjerga，Terje Aven，Roger Flage（挪威斯塔万格大学）

本章讨论完整性不确定性（completeness uncertainty）。相关文献中对该术语的解释大多含糊不清，处理起来也很困难。本章的写作目的是搞清楚这一概念，并表明它可以被视为模型的不确定性来处理。一个简单的例子用于说明这一点。

6.1 引　　言

现欲评估与挪威峡湾突发洪水相关的风险。靠近峡湾的顶部，有一些山脉的岩石滑坡。峡湾的入口处有一个容纳 50 人的小村庄，如果发生大规模岩石滑坡，则可能会引发海啸，摧毁这个村庄。经过地质检查，结论是不太可能发生这样的事件，但为防患于未然，仍然安装了一个早期预警系统来检测早期的主波。如果这个系统有效，它会在发生海啸的情况下给大多数人足够的时间逃生。在对该系统进行评估时，可以建立一个简单的事件树，如图 6.1 所示。

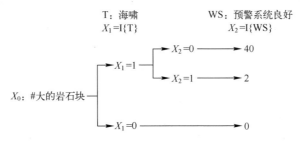

图 6.1　岩石滑坡的事件树（右边的数字是假设的死亡人数）

事件树是死亡人数的模型，在数学上可以写成 $G(X)=2X_0X_1X_2+40X_0X_1(1-X_2)$，其中 $X=(X_0,X_1,X_2)$ 是向量；如果没有发生岩石滑坡，则 X_0 定义为 0，否则 X_0 定义为 1；如果海啸发生则 X_1 取值 1，否则 X_1 取值 0；如果早期预警系统正常工作则 X_2 取值 1，否则 X_2 取值 0。

然而，该模型只给出了可能发生的三种粗略情况，例如，在夜间所有人都在睡觉的时候发生岩体滑坡是很危险的。另一个问题是进入峡湾的邮轮，可能因滑坡导致的死亡人数更多。也存在未考虑的其他可能发生的事件，例如海底滑坡、地震活动或陨石，这些都可能产生类似于岩石滑坡的海啸。此外，可能还有一些未被考虑过的事件和因素，也就是说未知量。如何处理未包含在模型中的所有风险因素？该问题是风险分析中的一个普遍问题，与峡湾洪水的例子有关。我们应该如何定义和处理这些风险因素？

美国核能管理委员会（NRC）通过关于概率风险分析（PRA）的权威指南及其对"完整性不确定性"概念的讨论，给出了一个答案。NRC将"完整性不确定性"称为认知不确定性的一部分[1-3]，并将该概念与未包含在PRA模型中的风险因素联系起来。它分为"已知"和"未知"两种类型[3]。因此，将这种理解与上面的例子联系起来，我们应该理解，例如，作为已知完整性不确定性的一个例子，海底滑坡或夜间岩石滑坡的可能性。显而易见很难找到未知完整性不确定性的例子。

在这些例子中，我们并不是很清楚，未包括的风险因素如何与完整性不确定性相关，以及完整性不确定性概念是什么。文献［3］中最接近精确定义和解释的是：缺乏完整性本身并不是一种不确定性也不是某种不确定性的一部分，而是模型覆盖范围的局限性的表现。然而，模型覆盖范围的限制可能会导致对所有风险因素的不确定性。

但是，这个定义的含义很难理解，也很难与例子中峡湾洪水的情况联系起来。完整性与什么有关？模型还是其覆盖范围？夜间岩滑事件在模型之外，但可能在覆盖范围之内。模型是否完整与覆盖范围或其他方面相关？此外，不确定性是什么？例如，排除海底滑坡"会导致所有风险因素的不确定性"吗？

在相关文献中，完整性不确定性也称：

（1）PRA中是否考虑了所有重要现象和关系的不确定性[4]。
（2）由于缺乏知识，模型中出现的遗漏[5-6]。
（3）PRA中未明确包含的风险部分导致的不确定性[7]。
（4）一种模型不确定性[2,4,7-8]。
（5）与真实风险事件相关的不确定性[2,9]。
（6）缺乏完整性导致分析结果和结论的不确定性[10]。

从这些参考文献中可以看出，对于不确定性是如何产生的，以及不确定性与哪些因素有关，人们有着不同的看法。

本章旨在阐明完整性不确定性的含义。这项工作的动机是上面提到的问题，并致力于为加强风险分析科学基础和术语做出贡献。风险分析需要清晰而有意义的概念，才能发展成为一个学科。然而，与概念清晰同样重要的是，对风险评估和管理的影响。我们会讨论，缺乏完整性不确定性的明确定义也阻碍风险评估和风险管理。

此外，人们普遍认为，量化和分析完整性不确定性即使可能，也是非常困难的[1-2,4-10]。然而，如果可以提出一种合适的概念，现实并不像这些作者中的一些人所指出的那样复杂。不确定性总是可以评估的，但是评估的基础的知识强度可强可弱。我们将在 6.3 节中进一步讨论这一点。

根据 NUREG-1855 文件，对于已知和未知的风险因素，完整性不确定性的处理遵循不同的路径。为了应对未知的完整性不确定性，建议采用安全裕度、深度防御和性能监控[3]。而针对已知的风险因素，使用重要性判断和分析（边界和保守分析）的筛选过程。通常，重要性是基于概率（可能性）来决定的。如果风险因素被判断为重要，则风险因素可以被包括在升级后的 PRA 模型中。或者，如果风险因素被判断为无关紧要，则风险因素不能被包括在内[3]。

总的来说，人们对这些策略似乎有广泛的共识，但是我们认为，可以而且应该做出一些改进，特别是对于已知的风险因素，有必要超越概率来判断重要性。概率是基于一定背景知识的判断，在判断风险因素是否重要时，也应该考虑这些知识的强度。为充分反映不确定性，最近有大量成果阐述了这种扩展判断的必要性[11-15]。

在介绍如何理解完整性不确定性概念并讨论其对风险评估和管理的影响之前，我们先介绍更多的关于完整性不确定性的细节。

6.2　详述完整性不确定性

在上下文中，NRC 引入了与 PRA 相关的完整性不确定性。PRA 模型被构建为逻辑结构/模型，例如事件树和故障树与反映变化（也称为随机不确定性）的概率模型相结合，例如初始事件和组件故障[3]。然而，PRA 模型及其预测的代表性和有效性，仍然存在（认知）不确定性[3]。认知不确定性进一步分为参数不确定性、模型不确定性和完整性不确定性。

6.1 节介绍了完整性不确定性以及理解该概念的困难。参数不确定性是模型中参数值的不确定性，例如 6.1 节中的 X。另外，模型不确定性本质上可以解释为对于哪个模型最能代表系统的不确定性（NRC[3]）。例如，我们可以引入 $F(X) = 45X_0 X_1 (1-X_2)$ 替代 $G(X)$，那么模型不确定性就是关于哪个模型能最恰当地代表系统，是 $G(X)$ 还是 $F(X)$。

总结 NRC 关于模型和参数不确定性的思考的一种方法是这样的：
（1）参数不确定性：X 的不确定性。
（2）模型不确定性：$G(X)$ 或 $F(X)$ 哪个更优的不确定性。

在相关文献中，还有其他方法可以理解模型的不确定性。其中的一种方法将在 6.3 节介绍。

完整性不确定性与未包括在 PRA 模型中的风险因素有关，例如初始事件、危害、操作模式、现象、相互作用、人员和组织因素以及组件失效模式[1,3,7,16]。因此，它包含许多不同元素，其中一些元素不适合其他认知不确定性范畴或 PRA 模型：

"有些现象或失效机理，可能因为尚未承认它们的存在性或者对于 PRA 应如何处理某些影响还未达成一致而被忽略，例如老化或组织因素对风险的影响。此外，PRA 通常不处理它们"（见文献［3］第 2~4 页）。

事实上，某些元素处于完整性不确定性范畴中的原因有很多[3,7]：

（1）它们超出了模型覆盖范围。
（2）它们超出了细节层次。
（3）它们的相对影响被认为是微不足道的。
（4）尚无相关分析方法。
（5）就如何解决这些问题，目前尚未达成一致。
（6）不能针对它们建立合理模型。
（7）传统上没有将它们包含在内。
（8）资源有限。
（9）它们是未知的（未明确的）。

基本上，原因（1）~（8）被归类为已知的完整性不确定性，而原因（9）是未知的完整性不确定性。然而，分界线并不总是清晰的。有时，如在文献［2］中，原因（5）和（7）被列入"未知"范畴中。我们将在 6.4 节中对这些项目进一步讨论。

6.3 理解和处理"完整性不确定性"

如 6.1 节中所述的定义，我们发现完整性不确定性与风险源有关：事件、现象、相互作用、因素、系统等的单独或组合可能会导致不良后果。在本章的例子中，风险源是岩石滑坡、巨浪或有危险的系统失效。这 3 个风险源与模型 $G(X)$ 通过 X 相关联。例如，X_1 与潜在的巨浪相关联，并且在巨浪发生时取值为 1，否则取 0。模型和各 X_i 是基于（被人熟记于心或以书面形式表示的）已识别风险源的列表构建。风险源清单似乎是讨论完整性不确定性的良好起点。例如，什么时候可以认为风险源清单是完整的，而且其不确定性是什么？

首先，想象一下，假如时间向前跳跃 50 年是可能的。在这个时间跨度里峡湾会发生什么？很可能不会发生重大事件，但是假设发生了一次岩体滑坡，引发了一场海啸，对此，警报系统发出了警报。同时假设有两人死亡，且没有其他风险来源起作用。50 年前使用的风险源清单，包括岩石滑坡、海啸和警报系统可靠性，与实际发挥作用的风险源非常吻合。该清单可以认为是完整的。然而，此时的问题是，我们不知道将要发生（或不会发生）的实际风险源。有比上述三种（岩石滑坡、海啸和警报系统失效）情况更多的风险源。例如，可以想象，当一艘游轮行驶到峡湾时有可能会发生海啸。

不同询问对象对于完整的相关风险源清单可能会有不同的看法。就我们的案例而言，假设第一位风险分析师已经确定并生成了她/他已知的所有风险来源的清单。该清单包括岩石滑坡、海啸、警报系统失效、夜间场景、降水、邮轮和峡湾渔民。该分析师表明，据他所知，该清单涵盖了所有相关的风险源（是完整的）。然后，第二名风险分析师审查案例和清单。此人同意这份清单，但另外指出海底滑坡是应该列入清单的一个风险源。据此人所知，如果不包括海底滑坡，这份清单是不完整的。第三位风险分析师表明，该列表应该只包含峡湾的岩石滑坡、海啸、警报系统失效、夜间场景和邮轮。其他风险来源具有非常低的概率（约为0）和影响，可以忽略。第四位分析师表明，只有当该列表还包括一个"其他"类别[17]时，该列表才是完整的，该类别包括未知的风险源和6.2节（原因（1）~（9））中列出的完整性不确定性种类。

我们可以总结潜在的解释。如果未来时间段的风险源包含以下内容，则可以认为这些风险来源列表已完成：

- B：风险分析师所知道的所有风险源，但低概率/低影响的除外；
- C：风险分析师所知道的所有风险源；
- D：风险分析师和复核风险的分析师所知道的所有风险源；
- E：所有可能的风险源（已知和未知）；
- A：将来会实际发生的风险来源。A 的元素目前尚不清楚。

下面的表6.1使用峡湾案例阐述了这些风险源。

表6.1 风险源列表

	X	B	C	D	E	A
已知	X_0	岩石滑动	岩石滑动	岩石滑动	岩石滑动	RS_1
	X_1	海啸	海啸	海啸	海啸	RS_2
	X_2	警报系统可靠性	警报系统可靠性	警报系统可靠性	警报系统可靠性	RS_3
	X_3	夜间场景	夜间场景	夜间场景	夜间场景	…
	X_4	游轮	游轮	游轮	游轮	RS_N
	X_5		渔民	渔民	渔民	
	X_6		沉淀物	沉淀物	沉淀物	
（未知）已知	X_7			海底滑坡	海底滑坡	
包括未知事件	X_8				其他	

注：RS——风险源；X——$G(X)$ 中的输入参数；N——实际风险源数量。

通过比较表6.1中B列到E列，很明显地发现 B 是 C 的子列表，C 是 D 的子列表，D 是 E 的子列表。每个列表都涵盖前一个列表相同的风险源，但也有额外的风险源。因此，对于可能的风险源，列表 B 不如 C 完整，C 不如 D 完整。但是，只有列出了"其他"类别的 E 列表是完整的，因为在列表中能找到所有可能的和实际的风险源。从本质上讲，"其他"类别会消除完整性不确定性。请注意，也可以在列表 B 和 C 的末尾引入"其他"类别。

即使完整性不确定性的概念因"其他"类别而变得多余，但实际风险源（A）是否属于列表的指定部分（或"其他"类别）仍然存在不确定性。当知识基础充分时，如在本例中就是这样，可以使得风险源清单是详尽的，并且不太可能出现"超出指定列表"事件。但是可能会发生这样的事情。为了说明，假设对于列表 B，在未来的某个时刻，由岩石滑坡引起了能够触发警报的海啸，并且一艘渔船被困于峡湾中。通过将实际风险来源与清单 B 进行比较，发现存在差异。"峡湾中的渔民"这一风险来源未包括在清单 B 中。在真实场景下，实际风险来源与清单 B 之间是否存在差异，以及差异可能包含哪些内容，都是不确定的。

此外，我们可以注意到，一定有一些与风险源"渔民"有关的实际后果。否则，它将被视为无关紧要的。例如，如果我们进一步观察海啸场景，可以假设所有的渔民（比如 10 名）都死去了。现在让我们回到 $G(\boldsymbol{X})$ 模型，该模型有将可能的风险源与结果相结合的场景（比如 $2X_0X_1X_2$）。假设对应列表 B 的输入向量是 $\boldsymbol{X}=(X_0,X_1,X_2,X_3,X_4)$。$\boldsymbol{X}$ 和实际的风险源之间会有差异，因为没有 X_i 对应于峡湾中的渔民。模型预测的死亡人数（2 人死亡）和实际死亡人数（2 个村民和 10 个渔民死亡）之间也会有差异。模型预测 $G(\boldsymbol{X})$ 和实际结果 Z 之间的偏差更容易被理解为模型误差，这里表示为 M；也就是说，$M=G(\boldsymbol{X})-Z$，其大小的不确定性为模型不确定性[18]。

6.4 作为模型不确定性的风险源

总而言之，根据参考文献［18］，关于实际风险源和指定清单之间是否存在差异的不确定性本质上是模型不确定性，可以作为模型不确定性来对待。现在，模型必须平衡两个方面，即准确性和简洁性。与列表相反，模型可能不需要包含所有指定的风险源来生成有用的知识；相反，太多的信息很容易使事情复杂化并模糊化。显然，被认为影响小/概率低的候选风险源也许可以被排除在外。然而，需要对模型误差和模型不确定性进行适当的分析，以决定哪些 X_i 应该包括在 $\boldsymbol{X}$ 和模型 G 中，哪些应该放在"其他"类别中，这里用 X_8 表示。让我们看看这 3 个风险源，渔民、降水和海底滑坡，如何按顺序来做。我们从一个模型开始，其中 $\boldsymbol{X}=(X_0,X_1,X_2,X_3,X_4)$ 对应列表 B 中的风险源。

假设在 $G(\boldsymbol{X})$ 中 $i=0,1,2$ 时 $X_i=1$（$i=3,4$）时 $X_i=0$，这相当于一个包含岩石滑坡和能触发警报的海啸的场景（其他场景可以通过调节其他组合来探索）。在这种情况下，$G(\boldsymbol{X})=2$（死亡人数）。模型误差为 $M=G(\boldsymbol{X})-Z=2-Z$。

此外,如果峡湾中的渔民是不确定性的唯一来源,则试图为 Z 划定边界。比如,咨询专家,他们一致认为每次在场的渔夫不会超过 30 名,分布在 3 艘船上。由于渔业的性质,如果峡湾有渔民,通常同时有 3 艘船,但也可能只有 1 艘或 2 艘。图 6.2 所示的分布反映了这一点。概率(比如 $P(2-Z=-8)=0.1$)表示评估者对模型误差等于 -8 的置信程度与概率为 0.1 的标准事件相同[17],即从一个装有 10 个球的瓮中随机抽取一个特定球[19-21]。

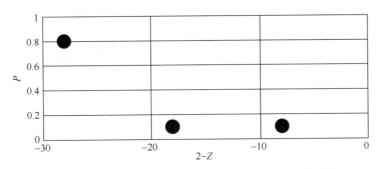

图 6.2 当渔民在峡湾时发生模型误差为 2-Z 的概率分布

分布取决于假设、现象理解、数据等。这称为概率分布的背景知识 K,符号为 P(某一事件|K)。关于 K 中包含哪些内容以及如何进行评估等更多细节,请参见参考文献[20-21]。在这种情况下,做一个简单但被认为是表示会发生什么的一个很好的假设,假设海啸会夺取所有在场船员的生命。除此之外,专家也表示同意,而且这种现象很好理解。背景知识被认为是中等/强。

需要考虑的另一个方面是,由于鱼类的迁移,船只可能每年只有一天会在峡湾中。当巨浪发生时,渔船出现的可能性非常小。此外,这是一个众所周知的现象,背景知识很充分,如果有这种可能的话,渔业预计在未来几年会减少。可以说,仅考虑峡湾中的渔民,模型误差 $M=0$,$P(M=0|K)$ 的无条件概率非常高,而且背景知识很充分。也许没有必要在风险模型中包括这个因素。

将渔民包括在模型中的理由有很多。历史表明不可思议的事情确实发生了。此外,如果峡湾内有渔民活动,则相关模型误差可能相当大,并且我们发现其背景知识相当充分。而且(方法之一是)将渔民作为附加参数 X_5 添加到模型 $G(X)$ 中并不难。在这种情况下,决策非常明确:将 X_5 以及潜在的相关后果包括在模型中。

现在让我们看看另外两个风险来源。先来考虑降水。峡湾地区经常下雨和下雪,但这是模型中的一个相关风险源吗?乍一看,降水本身似乎无害,但仔细想想,它是否能与其他风险源相联系,从而以某种现实的方式产生不良后果?可以想象一些可能发生的例子。比如说,长时间下雨,也许再加上低温,可能会使岩石滑动的可能性增大;或者,在紧急情况下,零下的温度会使人在冰面上滑倒,撞到石头上，甚至晕倒，从而无法逃离海浪。总的来说，降水可能会推迟村庄的全部人口的逃离。而且，随着气候的变化，降水的频率和数量将在所考虑的50年内增加。

与峡湾渔民不同的是，这个风险源存在的可能性非常高。这也是一个众所周知的现象，K 很强。同样，当 $i=0,1,2$ 时，令参数 $X_i=1$；当 $i=3,4$ 时，令 $X_i=0$。该模型预测了两起死亡事故，模型误差为 $M=G(X)-Z=2-Z$。此外，如果降雨量是唯一的不确定来源，则可以判断实际死亡人数与2人这个数量不会有明显的偏离。若已确定以3人死亡为界限，则 $2-Z$ 可以达到-1。然而，在有强大背景知识约束下，这种可能性非常低。因此我们的结论是不将这个风险源作为单独的元素添加到模型中，而是将其放在"其他"类别中，因此它将被参数 X_8 反映出来。由于发现模型误差和模型不确定性足够低，因此不需要特别包括降水就可以对模型进行认证（这对应于表6.1中的参数 X_6）。

最后，以海底滑坡为例，这是一个罕见的事件，也许比岩石滑坡发生的概率更小。因此，它们同时出现的情况很难证明是正确的。相反，在发生海底滑坡的情况下，X_0 将是0（使得 $G(X)=0$，$M=-Z$），否则死亡人数被判断为类似于岩石滑坡的死亡人数，因此 $M=-G(X)$。这里没有必要为模型不确定性确定概率；而是使用背景知识的强度评估。条件约束是基于挪威海岸的历史观测数据，假设这些是相关的数据。然而，峡湾周围的大部分海床还没有被详细勘探。众所周知，有一个大型海底山脊深入挪威海，大约8000年前，一次海底滑坡引发了一场大规模的致命海啸。背景知识的强度被判断为中等。考虑到模型中存在较大的潜在误差和中等的模型不确定性，我们的结论是将这一风险源包括在模型中。有一种方法可以做到这一点。我们可以排除 X_0，而不是添加另一个 X_i。因此，海啸是模型中的初始事件/类别，其范围足够广，无论是什么原因造成的（岩石滑坡、海底滑坡或其他事件），它仍然被包含在内。

综上所述，我们认为完整的列表是 E。列表 E 有一个详尽的指定部分（D），通过接受同类审查，该列表包括假定的低概率/低影响的风险源和一个"其他"类别。对于模型 $G(X)$，参数变为 $X=(X_1,X_2,X_3,X_4,X_5,X_8)$。该模型涵盖了清单上的所有风险源。应该讲，在 $G(X)$ 模型中构建不同的风险源/事件组合和结果、关于模型背景知识的判断、完整的清单以及和降水、渔民和海底滑坡的模型不确定性/模型误差判断都放在一起，并作为一个整体呈现给潜在的决策者。

6.5 讨　　论

图6.3展示了如何使风险源清单完整的建议流程，其中包含了详尽的已知风险源。前两个步骤基本上生成了已知/已识别的风险源，而第三个步骤基本上涵盖未知和次要事件。前两个步骤的目的是尽可能多地捕获已知的风险源。风险分

析师充分发挥其所学所知,完成该清单(在实践中,人们既可以使用自由思考法,也可以使用HAZID等成熟的方法)。通过详细罗列已知部分,"其他"类别必然变得尽可能小。但什么才是切实合理的呢?如果有更多的专家和风险分析师参与到我们的峡湾案例中,或许有可能将清单中已知的部分扩展得更详细。总的来说,研究也有助于建立风险源列表。使用更多的资源可以揭示更多的风险源,但要付出经济上的代价。具体实践中,合理是一个管理问题。它必须考虑用于识别额外风险源的资源需求。这是一种权衡行为。对形势的了解和理解程度对找到合理的平衡来说可能是很重要的。像峡湾的情况一样,对于一个背景知识相当充分的案例,很容易论证一个审查人员就可以满足需求。另外,如果知识贫乏,那么可能需要更多的资源。在知识贫乏的情况下,识别风险源可能很有挑战性的,并且可以假设"其他"类别很可能包含许多潜在的信息。无论知识水平如何,"其他"类别应始终包括在内,以确认潜在的信息,以及对不确定性/背景知识的评估。

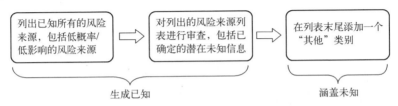

图 6.3 如何通过"其他"类别列出一个风险源清单,使已知风险源最大化,并覆盖未知风险源

在编制完整清单的过程中,不建议忽视被认为具有低概率/低后果的特定风险源。这是因为概率以背景知识为条件,如前所述,但这也说明写一份清单并不需要太多资源。当然,必须使用常识。例如,包括邻近星系仙女座的位置有些太遥远了。再如,一些南美国家的经济状况,或者你的生日是什么时候,也是如此。关键是潜在的风险源必须以某种方式相互关联,并与我们感兴趣的事物相关联,如6.3节所示。

有了完整的清单,下一个过程就是构建一个模型。该模型必须平衡两点:尽可能准确,同时尽可能简单,以便获得有用和清晰的信息。在我们的案例中我们已经看到,唯一可以让我们自信地归类为"其他"类别的已知风险源是影响相对较低并且背景知识强的风险源,即当 M 被判断为低的时候。在我们的例子中,也就是降水这一风险源。其他两个风险源包括在内,而且不考虑其概率如何。按照这种思路,6.2节中引用的风险源,即核电概率风险分析(PRA)中的老化和组织因素,其特征是知识强度较低,因此需要以某种方式纳入模型。一个简单的方法是采用下述过程,即在模型中包含相关参数(各 X_i),并评估和包含其可能的影响。然而,在我们的案例中,这些可能不像风险来源那样容易被包括在内。

结果是整个模型的不确定性很高，因此在使用模型时需要交流和考虑这一点。

模型中包含众多风险源的一个问题是它们会模糊我们的认知。然而，正如我们看到的那样，其中许多风险源可以归类。例如，由于海底滑坡、岩石滑坡、降水和其他事件可能导致巨浪，因此"巨浪"被设置为模型中的起始事件，而不是"岩石滑坡"[22]。

我们可以看到，风险源差异的不确定性在本质上可以看作模型不确定性：模型误差 M 大小的不确定性，其中 $M=G(X)-Z$。模型误差 M 的一部分可以归因于模型中未包括的风险/不确定性来源。模型中不包括在内的风险源本质上来源于完整性不确定性。简而言之，模型不确定性是完整性不确定性。然而，许多缺失的风险源可以作为输入参数 X_i 包含在模型中。从某种意义上说，不确定性还在于通过 X_i 将特定的风险源包括在模型中。

6.6 结　　论

我们的结论是，"完整性不确定性"本质上是一个过时的术语，没有必要在风险分析中使用。风险源清单可以通过包括一个"其他"类别来完成。相反，潜在的未包括的风险源本质上可以被视为模型不确定性，其中适当考虑了不确定性和超出常规实践的背景知识。然而，目标是尽量减少"其他"类别，这可以通过各种方式来实现，例如通过使用同行评议。模型应该包括除了导致相对微不足道的模型误差和模型不确定性低的风险源之外的所有风险源。为了涵盖较低模型误差/不确定性和意外情况，可以将"其他"风险源作为单独的输入参数。

致谢： 本项工作的一部分作为 Petromaks 2 项目的一部分（项目编号：228335/E30）由挪威研究理事会资助，我们对此表示感谢。

参 考 文 献

[1] NRC. PRA procedures guide.（NUREG/ CR-2 300）[R]. Washington DC, 1983.

[2] NRC. Guidance on the treatment of uncertainties associated with PRAs in risk–informed decision making（NUREG-1 855）[R]. Washington DC, 2009.

[3] NRC. Guidance on the treatment of uncertainties associated with PRAs in risk-informed decision making; draft report for comments（NUREG-1 855, rev. 1）[R]. Washington DC, 2013.

[4] VESELY W E, RASMUSON D M. Uncertainties in Nuclear Probabilistic Risk Analyses [J]. Risk Analysis, 1984, 4（4）: 313-322.

[5] FUNTOWICZ S O, RAVETZ J R. Uncertainty and Quality in Science for Policy [M]. Springer Science & Business Media, Kluwer Academic Publishers, 1990.

[6] HELLSTRöM T, JACOB M. Policy uncertainty and risk: Conceptual developments and approaches [M]. Springer Science & Business Media, Kluwer Academic Publishers, 2011.

[7] REINERT J M, APOSTOLAKIS G E. Including model uncertainty in risk-informed decision making [J]. An-

nals of Nuclear Energy, 2006, 33 (4): 354-369.

[8] PARRY G W. The characterization of uncertainty in Probabilistic Risk Assessments of complex systems [J]. Reliability Engineering & System Safety, 1996, 54 (2): 119-126.

[9] MODARRES M, KAMINSKIY M, KRIVTSOV V. Reliability Engineering and Risk Analysis: A Practical Guide, Second Edition [M]. CRC Press, Taylor & Francis, 2009.

[10] RAO K D, KUSHWAHA H S, VERMA A K, et al. Quantification of epistemic and aleatory uncertainties in level-1 probabilistic safety assessment studies [J]. Reliability Engineering & System Safety, 2007, 92 (7): 947-956.

[11] TICKNER J, KRIEBEL D. The role of science and precaution in environmental and public health policy [M]. Edward Elgar Publishing, 2006.

[12] FLAGE R, AVEN T, ZIO E, et al. Concerns, Challenges, and Directions of Development for the Issue of Representing Uncertainty in Risk Assessment [J]. Risk Analysis, 2014, 34 (7): 1196-1207.

[13] AVEN T, ZIO E. Some considerations on the treatment of uncertainties in risk assessment for practical decision making [J]. Reliability Engineering & System Safety, 2011, 96 (1): 64-74.

[14] STIRLING A. Risk, precaution and science: towards a more constructive policy debate [J]. EMBO reports, 2007, 8 (4): 309-15.

[15] DE ROCQUIGNY E, DEVICTOR N, TARANTOLA S. Uncertainty in Industrial Practice: A Guide to Quantitative Uncertainty Management [M]. John Wiley & Sons, 2008.

[16] ABRAMSON L R. Model uncertainty from a regulatory point of view. [R]. Annapolis, Maryland, US, 1995.

[17] KAPLAN S, GARRICK B J. On The Quantitative Definition of Risk [J]. Risk Analysis, 1981, 1 (1): 11-27.

[18] AVEN T, ZIO E. Model Output Uncertainty in Risk Assessment [J]. International Journal of Performability Engineering, 2013, 9 (5): 475-486.

[19] FLAGE R, AVEN T. Expressing and communicating uncertainty in relation to quantitative risk analysis [J]. Reliability & Risk Analysis: Theory & Application, 2009, 2 (13): 9-18.

[20] AVEN T. Risk, surprises and black swans: fundamental ideas and concepts in risk assessment and risk management [M]. Routledge, 2014.

[21] BERNER C, FLAGE R. Strengthening quantitative risk assessments by systematic treatment of uncertain assumptions [J]. Reliability Engineering & System Safety, 2016, 151: 46-59.

[22] AVEN T. Ignoring scenarios in risk assessments: Understanding the issue and improving current practice [J]. Reliability Engineering & System Safety, 2016, 145: 215-220.

第七章 风险评估的质量：定义和验证

Terje Aven（挪威斯塔万格大学）
Enrico Zio（法国巴黎萨克莱大学工业工程实验室，意大利米兰理工大学能源部）

风险评估的质量取决于它是否符合一些"科学标准"，以及它在决策中是否"有用"。在本章中，我们将审视这些观点，分析这些标准应该是什么以及如何解释"有用"一词。我们将通过考虑两个新颖的方面为这个主题带来新的见解：

（1）将风险评估焦点从准确的风险评估转移到知识和知识缺乏的表征。
（2）认识到决策者需要超越风险分析师和专家所描述和评估的有条件风险，以考虑无条件风险。

我们在以上两项的背景下考虑风险评估的质量，讨论它取决于什么、如何保证以及如何检验的问题。主要结论是，目前的风险评估实践需要加以改进，特别是在理解和沟通知识和缺乏知识的方式上。

7.1 引　言

在风险评估中，分析师识别可能的危险/威胁（如气体泄漏或火灾），分析其原因和后果，并描述风险。为了进行评估，分析师需要做出假设和简化、收集和分析数据、并开发和使用模型来表示所研究的现象。这些任务本质上是主观的，这就提出了如何评估和确保评估质量的问题。

一般来说，"质量"与完善程度、符合要求程度、满足需求的所有特性、免于失效、适用性（适用性由客户定义）、客户满意度、满足客户要求的程度以及产品或服务满足客户期望（期望包括需求和要求）的程度相关联[1]。但是，在风险评估环境中，免于失效意味着什么？那么是否适合使用或满足顾客的期望又意味着什么？如果决策者是客户，他或她可能会对某个特定案例中的一些结果非常满意，但这并不一定意味着我们可以得出"风险评估质量良好"的结论。显然，决策者不能作为衡量风险评估质量的唯一客户；必须从更一般的意义上来定义一些质量原则和要求。

在核能领域,许多监管和行业组织已经针对概率安全评估(probabilistic safety assessments, PSA)的质量问题提出解决方案。有人认为,良好的PSA应该是一个完整的、全面的、三级PSA(考虑事故演变的三个阶段:在核电站内部环境中、在安全壳内和在外部环境中),而其他人认为PSA的质量应该根据应用领域和支持决策的方面来衡量。例如,国际原子能机构(International Atomic Energy Agency, IAEA)于2001年发布了其出版物TECDOC-1200[2],其中涉及分析PSA在估计如核电站的先进复杂系统真实可靠性和风险贡献方面的一些局限性。建议进行边界分析和敏感性研究以估计可能的风险程度。PSA质量和质量保证之间也有区别:前者是指用于开发PSA模型的方法、详细程度和数据在技术上的充分性;后者指的是用于确保所选择的方法和数据是以适当和受控的方式应用和记录的。重点是必须有适当的指导,以确保PSA具有足够高的质量,并足以支持基于风险的决策目标。为了保证PSA能够满足此类预期用途,有必要在分析中满足特定的特性和详尽程度,以间接保证PSA分析结果所产生决策的充分性和可靠性。

针对这些建议和要求,第二份文件发表,其中含有确定核电厂PSA质量的一项建议[3]。它确定了PSA模型和分析开发中应该满足的属性(技术特征),以在结果中实现所需的稳定性和可靠性。其定义了一组特定的属性和特征,这些属性和特征被认为可以衡量PSA模型合格性的标准,并据此评估对质量满意度的保证。然后,决定PSA质量的一个主要挑战是定义被认为影响基于风险的决策的属性以及相关的预先定义的质量验收准则。这些属性分为一般属性和特殊属性,这取决于它们在所有或特定PSA应用中的适用性。一般属性可用于所有典型的PSA基本案例,但具体属性描述了支持PSA某些应用的特殊、加强的和提升了的能力。

风险评估的质量问题与评估建模和仿真(M&S)活动的质量有关[4-8]。在过去的几十年中,建模和仿真极大地影响了工程系统的设计以及这些系统的性能、可靠性和安全性的评估。M&S在复杂系统中的应用已经最终证明,有许多因素对预测能力至关重要[9]。随着用于发展M&S能力的资源不断增加,决策越来越依赖M&S,有必要通过开发改进的方法来评估M&S活动的质量。这种努力的最近一个例子是预测能力成熟度模型(predictive capability maturity model, PCMM),这是一种评估M&S活动成熟度的结构化方法。该模型中用于评估成熟度的6个M&S元素是:表征和几何准确性、物理和材料模型准确性、代码验证、方案验证、模型验证、不确定度量化和灵敏度分析。

对于这些元素中的每一个,都确定了4个不断增长的成熟度级别的属性。

在科学文献中,很少有人从总体风险评估和质量角度提出这个问题。仅有的两个例子是文献[10-11]。继Aven与Heide[11]提出这个问题之后(另见文献[12]),"科学质量"的两个通用标准可以表述为:

（1）评估服从所有规则、假设、限制或约束；并且所有选择、判断等的基础是明确的；最后，原则、方法和模型是有序且系统的，以确保能提出任何必要的评论，并且是可理解的。

（2）这种分析是相关且有用的——它有助于其所关注的学科内的发展，并且有助于解决其所关注的"问题"，或有助于进一步发展以解决其所关注的"问题"。

这两项科学质量要求基于科学工作的标准要求[13]。然而，风险评估一般不需要是一项"完全科学"的工作。试想一个石油公司的风险评估，以支持降低海上作业风险措施的决策。人们是否应该要求这项工作的进行方式能够引起讨论？我们是否应该要求评估与风险评估学科的发展相适应？对于科学研究来说，这样的要求是有意义的，在某些情况下，风险评估可能有这样的雄心壮志，但显然并非对所有的风险评估都是如此。

根据文献[14,10]，质量关系到对风险评估结果和由此产生的建议的信心。为质量评估提出的典型问题如下：

（1）评估范围是否完整？
（2）分析手段和推理逻辑是否可信？
（3）风险特征是否能导致不合理的决策？

通过解决这些问题，决策者寻求证据来证明风险评估是否合理，而后他们将风险评估的结果作为决策的依据。

相关质量标准可以在参考文献[15-16]找到。下述为一组被认定对风险评估的效果及其质量有强烈影响的指标：

（1）对象的定义。
（2）系统定义和描述，包括限制条件。
（3）根据系统和分析目的选择分析方法。
（4）来源和背景信息的质量。
（5）风险分析带头人的能力。
（6）所需资源的可用性。
（7）文件。
（8）结果和分析过程符合分析的目标。
（9）结果的沟通。

参考文献[11]中还讨论了与"可靠性"和"有效性"指标相关的风险评估质量。其中，可靠性关系到"测量工具"（分析师、专家、方法、程序）的一致性，有效性与能否成功"测量"分析中要"测量"的量有关。更确切地说，Aven与Heide[11]给出了以下定义：

（1）可靠性（reliability）：在重复风险评估分析（R）时产生相同结果的程度。

（2）有效性（validity）：风险分析描述人们试图描述的特定概念的程度（V）。

根据分析的目的，可以对上述可靠性和有效性的一般定义做出更具体和详细的解释（二级指标）[11]。

可靠性：

（1）在重新运行这些方法时，风险分析方法产生相同结果的程度（R1）。

（2）当不同的分析团队使用相同的方法和数据进行风险分析时，风险分析产生相同结果的程度（R2）。

（3）不同分析团队在对同一分析范围和目标（对方法和数据没有限制）进行风险分析时，产生相同结果的程度（R3）。

有效性：

（1）与潜在真实风险相比，产生的风险数值的准确程度（V1）。

（2）指定概率充分描述评估者对所考虑未知量的不确定性的程度（V2）。

（3）认知不确定性评估的完善程度（V3）。

（4）正确分析处理数量的程度（V4）。

对文献工作的简要回顾表明，风险评估的质量问题必须结合风险评估本身的具体目来解决。欲识别潜在的危险/威胁，如果忽视了一种同时被几名专家认为代表严重风险的危险类型，那么显然该评估的质量是不高的。在这种情况下，质量是根据分析的完整性来判断的。其他情况可能更难判断。对事件或场景概率的估计是一个好的估计吗？质量是否与准确估计一些潜在真实风险值的能力相关？我们需要搞明白准确的风险估计是否是风险评估的目标，因为如果目标是描述与潜在危险/威胁及其后果相关的知识和缺乏知识，那么质量问题将完全不同。

本章侧重于描述和表征知识和知识缺乏的风险评估目标（以下简称知识特征）。它反映了当前对风险的思考，这表明了将不确定性视为风险的一个关键因素的趋势，例如参见 ISO 31000 风险定义[17]、石油安全局的风险定义[18]和新的风险分析学会术语表[19]的建议。与更传统的基于概率的观点相比，根据这种风险概念，我们更关注知识以及缺乏知识情况下的描述和特征。目前，已开展了一些工作，以确定与知识特征有关的质量[12,20]，但是这项工作仍处于早期阶段。

我们试图通过解决分析师所描述的风险和决策者要考虑的风险之间的差异，为这个主题带来新的见解。其关键是决策者需要解决无条件风险，而不仅仅是风险分析师和专家所描述的有条件风险。为了说明，假设 P 是由分析团队使用模型和专业判断得出的事件 A 的概率。这个概率表示分析师基于背景知识 K 做出的判断，背景知识 K 通常涵盖许多假设。我们可以把它写成 $P=P(A\mid K)$。在传统的基于概率的风险视角中，重点是概率，但这种风险描述实际上是一种条件风险描述；也就是说，"给定 K"。这个 K 可能隐藏了风险的重要方面：例如，一个可能会被证明是错误的假设。这些知识可能很薄弱，并且可能发生与这些知识相关的意外。另外，决策者在做决策时必须考虑所有风险；换句话说，他们的判断需要解决无条件的风险和 K 所涵盖的风险。风险评估质量的评估必须考虑到这一点。最大的问题是如何弥合分析师的条件风险特征和决策者的判断之间的差距。或者，换句话说，我们如何保证以合理方式处理这一差距的质量过程。这些是我们在本章中讨论的一些主题。我们用一个例子来说明我们的讨论：液化天然气（liquefied natural gas，LNG）工厂。7.2 节给出了这个例子。然后，在 7.3 节中，我们更准确地阐述了本章中提到的挑战——上述提到的差距——并指出改进当前风险评估实践以应对这一挑战的关键手段。接下来的两节给出了关于这些方法的更多细节——7.4 节中的可靠性和有效性问题以及 7.5 节中的知识相关问题。7.6 节讨论了一些发现，7.7 节提供了一些结论。

7.2 案　　例

在规划一座 LNG 工厂的过程中，运营商希望将其选址在离居民区不超过几百米的地方[21]。已执行几项定量风险评估（quantitative risk assessments，QRA），以证明根据一些预先定义的可接受风险指标，风险是可以接受的。在 QRA 中，风险是用计算的概率和期望值表示的。使用的风险度量包括个体风险和 f-n 曲线，此外也在使用传统的风险矩阵。f-n 曲线显示了造成至少有 n 人死亡的事故的发生概率，是 n 的函数[22]。个体风险表示一个任意但特定的人在特定年份死亡的评估概率。事实证明，这些评估和相关的风险管理方法遭到了强烈的批评。附近居民和许多独立专家发现风险描述存在不足；他们认为，此风险是从过于狭隘的风险视角得出的。

为了计算风险矩阵，我们做了一些假设：

（1）事件树模型。

（2）特定暴露人群数量。

（3）不同情况下特定死亡人数比例。

（4）基于近海碳氢化合物泄漏的数据库估计的泄漏的概率和频率。

（5）所有的容器和管道都受到水下设备应有的保护，比如监视器和消防栓。

（6）如果过往船只撞击码头装载的 LNG 油轮，释放的气体将立即被点燃（由碰撞本身产生的火花引燃）。

几位专家反对这最后一个假设。其中一位写道[21]："这一假设的含义是，在研究中没有必要考虑由于风和液化气体的热量而导致的气体云的任何扩散，这对于公众可能面临的情况有着明显的后果。这种非常关键的假设至少应该经过敏感性研究，以说明假设的变化会如何影响结果，并讨论假设的鲁棒性。然而，所有这些研究都没有提供以上需求。"

7.3 所面临挑战的理论表述

风险评估生成了风险矩阵 m，定义为特定事件 A 的概率，这取决于知识 K。我们有 $m=P(A|K)$。这里 P 是主观的（判断的、基于知识的）概率。更笼统地讲，矩阵可以是概率向量以及期望值。

决策者通常被告知 m 和 K。在实践中，K 的描述方式有所不同，从带有相关敏感度分析结果的假设列表，到基本上没有涵盖 K 的内容和重要性（强度）。为了确保满足风险评估质量的基本要求，需要以下条件：

（1）背景知识 K 被揭示和讨论。
（2）使用敏感性和不确定性分析并讨论了风险度量对 K 的依赖性。

当前的风险评估实践已认识到这两个条件的重要性，以及它们在确保高质量评估中的作用，当风险评估过程与质量要求一并考虑时，后者至少包括以下问题：

（1）评估的目的是否明确？
（2）分析的对象是否具体？
（3）分析小组是否具备必要的能力？
（4）用于分析的方法是否得到科学界认可和广泛接受？

关于这些质量问题的透明信息使决策者了解风险度量对 K 的依赖程度，并引起人们对所进行的评估工作的质量的重要性的关注。然而，风险分析师提供的信息和决策者对支持决策的信息需求之间仍然存在差距。本章认为，通过承认这一差距，并以理性、科学的方法解决这一问题，可以改进目前的做法。更具体地说，我们认为通过执行一系列系统性流程以透明的方式处理这些问题，可以看到一些改进的潜力。

为此，有必要明确区分分析师使用的风险矩阵 m 和决策者必须处理的无条件风险，后者被理解为对人类珍视的事物有影响的事件的发生，以及相关的不确定性。分析师的风险矩阵 m 和决策者的无条件风险之间的差距需要通过思考和评估以下问题来解决：

（i）风险描述的可靠性和有效性。
（ii）风险矩阵 m 所基于的知识 K（SoK）的强度。
（iii）与知识 K 相关的潜在的意外。

在目前的实践中，只在有限程度上考虑了这些观点。它们的评估应由风险分析师进行，以使决策者了解风险评估考虑和代表什么，评估结果表达什么和不表达什么，哪些见解指导了分析师的评估，以及在做出决策时需要考虑哪些未解决问题。这些评估应阐明哪些关键假设代表矩阵 m 产生的风险信息，其可靠度和稳定程度，并且应该表明是否要质疑这些假设的判断。了解到这些，决策者可以自己评估偏离这些假设对风险的影响。风险评估过程应该支持决策者的这种推理，而不是给人一种风险评估是阐述"真实"风险的印象。

当然，决策者对风险的理解也是主观的，并且以某些知识为条件，但他们对无条件风险的关注确保了侧重点在于在背景知识中审查隐藏的风险因素，而不是更传统的方法。

在以下部分中，我们将使用 7.2 节的 LNG 示例作为例证，进一步研究上面列表中的问题。

7.4　有效性和可靠性指标

关于 7.3 节中列表的第（i）项，我们首先考虑的是有效性，然后是可靠性。

7.4.1　有效性指标

有效性指标是风险评估能够描述人们试图描述的特定概念的程度，7.1 节中的 V2~V4 是相关的三个次级指标。

要验证是否满足了 V2 的有效性要求并不简单：指定的概率充分描述了评估者的不确定性和所考虑的未知量。在相关科学文献中正在进行一些研究和讨论以解决这个问题[23]。对此研究和探讨进行完整的解释超出了本章的范围，但我们将指出一些重要的原则和流程[24-26]：

（1）通过使用概率规则，如贝叶斯定理，来实现基于新信息的不确定性评估。

（2）如果可获得的话，与相关的可观测到的有关频率进行比较。例如，如果历史信息显示在 1000 个单位中有两个失效，我们可以将概率与 2/1000 的比例进行比较。

（3）需要在概率分配方面进行培训，以使评估人员了解启发式（heuristics）（例如可用性启发式[27]，以及量化概率的其他问题，例如（与评估者可能对数值缺乏感觉有关的）表面性（superficiality）和不精确性（imprecision）。当专业分析师和专家分配概率时，仍需注意启发式，但当外行人员分配概率时，这是一个主要问题。

（4）应使用包括概率模型在内的模型简化分配过程。

（5）应使用可以融合专家判断的流程。

（6）问责机制：必须确定所有概率分配的基础。

此外，动机相关方面将始终是评估概率的重要部分，因此涵盖专家判断分析的有用性也包括在内。总的来说，我们应该意识到激励措施的存在，在某些情况下，这些激励措施可能会对任务产生重大影响。但是，我们可以得出结论，当专业人员进行风险评估时，动机方面不是问题。相反，一般而言，专业分析师，不会受到动机因素的影响和出于某些意图，进行有偏见的评估。如果他们的声誉受到质疑，他们的工作就不会长久。然而，他们对评估的做法和使用的方法可能对某一具体缔约方有利。例如，当对加工厂（例如 7.2 节中讨论的 LNG 工厂）执行标准风险分析时，可能会有人认为重要的不确定因素被掩盖，因此不符合 V3：请参阅下面的讨论。分析师对此有何看法？他们会报告这个吗？可能不会，因为它不符合客户（工厂运营商）的利益。因此间接地，在评估风险评估结果时，动机方面是一个重要问题。

这些原则和流程为建立概率分配标准提供了基础，目的是使用模型、观察数据和专家意见提取和总结有关未知量（参数）的信息。如果遵循该标准，似乎可以合理地说满足要求 V2。

接下来，我们解决指标 V3。表达所有未知量和参数的认知不确定性是一项挑战。在实践中，一种常见的方法是在某些选定的数量和参数上指定一些边际分布，使得输出的概率不确定性分布仅反映不确定性的某些方面。这使产生的不确定性难以解释。此问题与 LNG 示例相关，在这个例子中，评估是基于包含数百个参数的复杂模型进行的。处理这个问题的一种方法是关注可观察量，例如死亡人数，并让认知不确定性基于（主观/判断/基于知识的）概率和知识强度（SoK）判断。SoK 判断的想法是揭示概率所基于的背景知识 K 所涵盖的风险和不确定性。对于 LNG 的例子，让我们考虑这样的假设：当通过的船只撞击码头上的液化天然气油轮时，气体释放会立即被点燃，很可能是由碰撞本身产生的火花引起的。这个假设可能是错误的。如果不评估该假设的不确定性，则风险结果的不确定性并未得到充分揭示。请参见 7.5 节中有关此问题的更详细讨论。

接下来，我们解决指标 V4：分析处理正确数量的程度。如果引入概率参数，我们需要质疑这些参数是否真的是我们感兴趣的数量。加入某个参数的目标是表达特定活动的风险，但是，类似情景的预估人群的平均表现是否表达了对正在研究的活动的有意义的表述？如上所述，关注可观察数量（如死亡人数）可能会提供更多信息。为了满足标准 V4，必须清楚地解释所涉及的数量。如果我们使用参数定义模型，则需要进行解释。只有这样，我们才能判断这些数量是否与描述风险相关。对于 LNG 实例，如果我们能够提供这样的解释，则可以认为满足了标准 V4，并且如果我们关注如上述可观测量，则显然是这种情况。相反，如果我们的出发点是评估一些内在的频率概率，那么提供有意义的解释就不是那么简单了。我们是否对平均表现感兴趣，而不是对所分析的特定活动的表现感兴趣？如果我们关注频率概率，那么假设这个平均值能够代表所研究的特定单位。

7.4.2 可靠性指标

现在让我们看一下可靠性指标 R：在重复进行风险分析时产生相同结果的程度。可以预期，遵循概率分配标准（即满足 V2）将确保满足可靠性要求 R。但是，分配所依据的背景知识在不同的分析中不一定完全相同。因此，我们会遇到概率分配的差异。但如果满足 V2，则差异可能不大。该观察结论适用于 R1 和 R2。标准 R3（针对同一分析范围和目标开展风险分析时，若对方法和数据没有限制，不同分析团队产生相同/相似结果的程度）通常不满足，因为不同分析之间背景信息将不同，并且由于不同的能力水平、研究院校、可用的工具等，通常差异非常大。这个问题与 LNG（液化天然气）案例尤其相关，因为评估基于许多主观判断和假设（参见文献［28］中的基准测试），这说明了可靠性缺乏的问题（R3）。

在这种情况下，我们可能会质疑可靠性标准的适当性。显然，我们要求结果不依赖运行计算机开展计算的个人等，但是不应该以不同的分析团队争取相同的结果为目标。根据 V2，使用主观概率评估不确定性。如前一段所述，这些任务的背景信息可能因分析团队而异，并且通常这种差异可能非常大。反映这些差异可能被认为是分析的一个重要目标。在某种程度上，这方面可以反映在对知识判断强度的判断上。

7.5 知识相关问题

我们采取的立场是，目前对风险描述及其评估的相关框架需要加以扩展，以便对构成这些描述的知识以及限制这些描述的任何知识缺乏情况做出适当的表征。这应该能够弥补评估产生的有条件风险与决策者为正确管理风险需要考虑的无条件风险之间的差距。在这种观点中，经典的不确定性描述中使用的概率度量不能提供有关评估质量的信息：不提供支持评估本身假设的知识的质量和强度。该信息可能掩盖影响风险评估后续预测能力的重要方面。

通过描述支持风险矩阵假设的知识强度，决策制定者意识到与无条件风险之间的差距，以及基于分析师知识的评估中可能会出现意外情况的事实，从而使他们在决策中或多或少地保持谨慎态度。

不确定性区间可被看作标准风险描述的延伸，以说明在风险设置中可能出现的许多不同情况，如 7.2 节中描述的 LNG 工厂风险评估示例。例如，与泄漏位置、天气状况或潜在暴露人数相关的不同情况会导致不同的后果，并有不同的发生概率。

不确定性区间清楚地反映了由于可能发生的许多情况而导致的变化，但它们也取决于分析师的知识，而区间本身并不表示这种知识的强度。关于这一强度的信息显然会通知利用风险评估的结果来进行决策的决策者。问题是：

（1）知识的强弱意味着什么？

（2）我们如何评估这个问题？

（3）我们如何与决策者沟通相关信息？

参考文献［29-30］提出了两种支持风险评估的描述知识强度的方法。

第一种是对知识强度的直接评分，与参考文献［31］中提出的评分一致，该评分着眼于与感兴趣的风险配置相关的知识、数据和专业知识。该方法涉及 7.1 节中提到的预测能力成熟度模型（predictive capability maturity model，PCMM），用于评估 M&S 活动的成熟度，但具有不同的侧重点，因为它专门处理支持所分配概率的知识。

第二种是对风险评估构建所基于的主要假设进行分析，使用"假设偏离风险"概念。例如，在 LNG 工厂风险评估的情况下，已经确定了六个主要假设（见 7.2 节）。然后，对于每个假设，我们评估与所定义的条件/状态的偏差，并使用诸如高、中或低三个等级为每个偏差分配风险分数。这些反映：

（1）偏差的大小。
（2）产生这种偏差大小的概率。
（3）变化对后果 C 的影响。
（4）支持这些判断的知识强度。

这种"假设偏离风险"等级，被视为衡量假设的临界性和重要性的指标，它捕获了拓展风险视角的风险描述的基本组成部分：

（1）所做假设的偏差及相关后果。
（2）衡量这种偏差和后果的不确定性测度。
（3）偏差所依据的知识。

通过这些评估，我们可以得出支持概率分析的知识的整体强度的结论。例如，如果只有少量假设的临界性/风险分值高，我们会将知识强度归类为高。然而，如果有许多假设具有很高的临界性/风险分数，我们会得出结论：知识的强度很差。我们可以使用一个或多个中间级别反映这两个极端之间的情况。

在参考文献［29］中，7.2 节示例的知识评估强度获得了较差/中等的评估，因为六个主要假设中的许多假设被给予了相当高的风险/严酷度分数。这种关于知识强度的额外信息对决策者和利益相关者产生的数值结果来说是重要的补充。这种风险/严酷度评分也可以用作指导方针，指导我们将重点放在哪里，以改进风险评估：应该检查评分较高的假设，看看它们是否能以某种方式得到处理，以便它们能够转移到风险/临界性较低的类别。因此，知识的强度成为评估风险的一个额外维度，它告知决策者风险评估的质量和对评估结果的信度。

延伸风险视角中应该包含的另一个方面是识别评估中用于产生（有条件）风险结果的与知识相关的意外（意外，即"黑天鹅"，属于类型 II[32]）。可以用不同的方法揭示这些事件；参见文献［30］和以下讨论。

同样，风险评估的结果取决于分析师和其他专家根据他们的背景知识 K 选择的模型、采取的假设和作出的判断。这必须在分析中明确说明，并告知决策者。决策者最终必须处理无条件的风险。实际上，给定 K 的条件风险描述可能无法捕捉风险的重要方面。背景知识可能很薄弱，可能会有意外发生。那么问题是如何对风险评估进行评估，这需要找到一种方法来说明分析师的条件风险特征与决策者解决所有风险（无条件风险）方面的需求之间的差距。这需要解决与模型及其参数、潜在情景和确定的危害相关的不确定性，以便决策者可以了解已知和未知的内容并自信地做出决定。

因此，如果知识 K 的质量得到提高，风险评估的质量（满足某些"科学指标"并在决策过程中"有用"）就可以得到提高，从而缩小（来自分析师的）条件风险和决策者需要解决的无条件风险之间的差距。正是在这个方向上，最近许多努力都集中在理解、识别和发现潜在事故情景的新方法上，特别是在涉及不同的元素（物理、人员、软件、组织）复杂风险环境中、非常大的空间规模和长时间范围（比如现代网络物理系统和关键基础设施），对于这些方面来说概率很难定义。通过给出更多的与潜在事故相关的"具有知识的"假设和模型，帮助更好地了解风险状况，从而有助于减少意外。

在这种情况下，功能性响应事故模型（functional resonance accident model，FRAM）提供了一种方法来检查单个系统功能并确定它们在系统层面的相互关系[33-34]。FRAM 模拟了复杂的社会技术系统的功能，这有助于它的成功运作。了解一些功能如何耦合以实现成功运行，以及可变性如何影响它们，可以揭示出可能发生的一些令人意想不到的场景。FRAM 对被调查系统的结构或组织方式，以及可能的原因和因果关系，都不做任何假设。FRAM 没有寻找故障，而是关注功能如何耦合以及可变性如何"响应"，进而变成出乎意料的结果。事故不被视为因果关系的线性组合，而是由无法预测、及时识别和对异常和危急情况做出反应引起的。系统功能中的问题在耦合中出人意料地结合在一起，发展为一种动态的事故。识别系统功能及其耦合以成功运行系统，研究可能的变化和响应的可能性，以及安装在系统中的（阻尼）保护和弹性屏障，可以更好地理解事故的发展和风险背景，从而加强 K。

另一种方法是基于 I-TRIZ 的预期故障认定（anticipatory failure determination，AFD）方法，这是创造性问题解决理论的一种形式，它能够将故障场景的识别视为系统、详尽且积极地运行着的一种创造性的过程[35]。传统的故障分析解决了以下问题：

（1）这次失效是怎么发生的？

（2）这次失效如何能发生？

AFD 和 TRIZ 更深入一步，提出了一个问题：如果我想制造这种特殊的失效，我该怎么做？

这项技术通过故意"发明"失效事件和场景来揭示传统因果推理中不会出现的情况。探索和处理有助于系统功能成功运行的变化也是系统理论事故模型和过程（system-theoretic accident model and process，STAMP）与安全控制理论观点的核心,其中事故被认为是由失去控制、系统设计缺乏适当的约束(控制动作)导致的偏离/变化,或者由于系统运行中约束(控制动作)执行不力而产生的[36-43]。可观察性和可控性的概念似乎为理解"共因变化"(从历史经验和知识来看是可预测的)和"特因变化"(不可预测的,因为超出了经验和知识范围)的可预测性和不可预测性提供了一种有前景的方法[44-45]。

最后,风险评估中使用的计算模型可通过先进模拟技术,用于探索场景空间。在这种情况下,模拟的目的不是像传统的风险分析那样验证概率估计的完整性也不是准确性。相反,它能够产生"出乎意料"的场景(因为没有预见到,也没有重大的后果),这可能为系统中可能发生的事情提供有用的见解[46-48]。反向应力测试的"伴随矩阵"模拟方法对于生成演绎(预期的、反向的)场景可能特别有意义,在这种场景中,我们从系统未来的一个想象的、能够产生重大后果的状态开始,并找到这种状态发生必须的场景(应力、偏差)。如果要识别出人意料的事件,用系统思维来解释这些场景、揭示漏洞和相互联系是至关重要的,相反,使用如事件树的方法来揭示场景有很大的局限性,因为分析是基于对初始时间产生的事件链的线性归纳思考[49]。

7.6 讨 论

风险评估和管理的问题在于,基于知识的假设、建模选择以及分析师和专家判断过程的风险评估产生的条件风险,与决策者必须管理的无条件风险之间的差距。

信任可以建立在评估质量的基础上,这来自对风险背景的进一步了解,以便更好地描述风险,从而缩小条件风险和无条件风险之间的差距。目前,研究人员正在开发探索系统功能的方法,以便捕捉可能导致事故的变化的影响。FRAM、STAMP 和 AFD 是系统的分析方法,能够产生关于系统行为以及事故因果关系和可变性的新见解。先进的模拟方法有助于知识的提升,揭示出人意料和不能预见的情况。

然而,一个模型确切地来说只是一个实物模型,而不是它所代表的系统或环境。模型与系统行为的匹配程度总是有限制的。必须对分辨率、系统边界等做出假设。例如,在 FRAM 中,需要对合理的可变性做出许多假设;STAMP 包含许多假设,如系统是如何组织的[50]。

对于风险评估的质量,人们需要提升知识,这可以通过改进并加强对系统的理解和建模来减少不确定性,以及更好地描述不确定性本身来实现。模型的准确性很重要,但不能不考虑模型与场景/危险的组合与系统的匹配程度的不确定性。FRAM、STAMP、AFD 和通过模拟进行的场景探索从根本上提高了对系统的认识,因此也提高了建模能力。但是,仍没有解决不确定性和潜在的意外情况,这一事实需要传达给决策者。除了有更精确的模型外，还必须有一个关于不确定性的陈述，以便能够判断其准确性，从而判断风险评估的质量。在文献［51-52］中介绍了一种这样做的方法，理论上可以随时间而估计的真实变化模式 F 和模型 $G(X)$（X 是参数向量）之间的差异称为模型误差；即模型误差是 $F-G(X)$，模型误差大小的不确定性称为"模型不确定性"。基于模型不确定性分析，一个模型可以被认可或重新建模，或者至少该分析产生一份关于不确定性的陈述，该陈述可以提交给决策者，从而使决策者就其预测能力而言意识到风险评估的质量。也可以在模型不确定性分析的基础上比较不同模型的表现。

这类模型为认知不确定性的表征提供了方法，通常使用（判断的、基于知识的）主观概率。形式上，我们可以写为如 $P(A|K)$ 这样的陈述，其中 A 是以直接或间接的方式链接到 G 的我们感兴趣的事件。模型不确定性是背景知识 K 的"质量"的一个方面。为了对这一质量进行全面评估，我们需要考虑一系列方面，如文献［30-31］所讨论的：

（1）所做的假设在多大程度对系统进行了简化。
（2）相关数据的可用性。
（3）专家之间的一致/共识程度。
（4）对相关现象的理解程度。
（5）精确模型是否存在。

假设特别重要，可以进行单独评估。参考文献［29］中介绍了一种使用假设偏离风险概念的方法。例如，需要陈述关于可变性或相互作用的假设，然后根据可能出现的偏离、偏离的可能性、潜在后果以及背景知识的强度进行评估。其他方法也可用于解决假设，例如基于假设的规划[50,53]。

解决与现有的知识/观点相关的潜在意外也很重要。如果这些意外带来极端的后果，则称为"黑天鹅"[32,54]。例如，可以使用"红色团队"以及信号和告警监控来解决这些问题[30,55]。风险分析中的红色团队由一个"外部"分析小组组成，其任务是挑战风险评估分析小组做出的模型、假设和判断。然后，可以将一份潜在"黑天鹅"的清单交给决策者。

最后，风险评估的质量本质上是关于知识和不确定性的，这决定了风险描述的条件，从而定义了与决策者要处理的无条件风险之间的差距，决策者需要意识到这一点，以便有意识并从容地进行管理。从风险评估中获得的风险表征必须包括风险的标准要素，如事件和场景及其后果和概率，还必须包括与条件风险相关的不确定性区间、知识强度评估和对模型及相关知识的意外情况的考虑。这种扩展的风险质量信息为决策者和其他利益相关者提供了可以考虑的决策中的深层次信息。结果是以分析师和专家为条件的，需要分析和解释这种条件的影响。

7.7 结　　论

在本章中，我们提出并讨论了风险评估的质量问题。为什么？因为我们深信，在许多实际情况下，这对于正确使用风险评估来为决策提供信息至关重要。我们的观点来自这样一个事实，即我们认为风险评估应该有助于构建对评估中所涉及的现象和过程的了解和所缺乏的了解。本章所用的实例具有一定的启发意义。在 LNG 问题中进行的风险评估是一项传统的评估，旨在通过参考预先定义的风险接受标准来表明工厂是安全的。这种做法是有问题的，因为风险没有被概率充分描述，安全问题不应该仅仅根据计算的数字来判断。以这种方式进行的风险评估不符合基本质量要求。相反，我们提倡一种针对知识特征的风险评估方法，评估的框架建立在这样一种认识上，即风险分析师生成的条件风险结果与决策者解决无条件风险的需求之间存在差距。风险评估的质量在很大程度上取决于如何处理这一差距。在 LNG 案例中，这一差距甚至没有得到关键人物的认可。在本章中，我们讨论了这一差距的重要性，并强调了应重点解决的问题。

我们想到一个假设的情况：如果根据建议的方法分析 LNG 案例，决策者将面临一个决策基础，该基础没有提供关于工厂安全与否的明确结论，而是提供了能够让他们自己得出结论的见解。这种观念的转变带来了挑战，正如许多决策者所期望的那样，风险评估会给出明确的建议，而在 LNG 案例的情况下，这种使用风险评估的方式会对必须做出决策的人提出要求。然而，我们认为，这是风险评估在这种情况下唯一有意义的用途，它将把关键问题放在正确的位置，因为管理者和决策者的主要任务是平衡不同的关注点，并针对风险和不确定性做出判断。风险分析师有一个主要作用，即适当地把信息告知决策者。风险分析师不应该为决策者做决定。

致谢： 这项工作作为 Petromaks 2 项目的一部分由挪威研究理事会部分资助（项目编号：228335/E30），我们对此表示感谢。

参 考 文 献

[1] BERGMAN B, KLEFSJö B. Quality from customer needs to customer satisfaction [M]. Studentlitteratur, 2010.

[2] IAEA. IAEA-TECDOC-1200 Applications of probabilistic safety assessment (PSA) for nuclear power plants [J]. International Atomic Energy Agency, 2001.

[3] IAEA. IAEA-TECDOC-1511 Determining the quality of probabilistic safety assessment (PSA) for applications in nuclear power plants [J]. International Atomic Energy Agency, 2006.

[4] AIAA. AIAA guide for the verification and validation of computational fluid dynamics simulations [M]. American Institute of Aeronautics and Astronautics. , 1998.

[5] DOD. 5000.61: DoD Modeling and Simulation (M&S) Verification [J]. Validation, Accreditation

(VVA), 1996.

[6] ROACHE P J. Verification and validation in computational science and engineering [M]. Hermosa, 1998.

[7] SEI. Capability maturity model integration [R]. 2006.

[8] WEST M. Real process improvement using the CMMI [M]. CRC Press, 2004.

[9] OBERKAMPF W L, PILCH M, TRUCANO T G. Predictive capability maturity model for computational modeling and simulation [R]. Sandia National Laboratories Albuquerque, NM, 2007.

[10] ROSQVIST T, TUOMINEN R. Qualification of formal safety assessment: an exploratory study [J]. Safety Science, 2004, 42 (2): 99-120.

[11] AVEN T, HEIDE B. Reliability and validity of risk analysis [J]. Reliability Engineering & System Safety, 2009, 94 (11): 1862-1868.

[12] AVEN T. Practical implications of the new risk perspectives [J]. Reliability Engineering & System Safety, 2013c, 115: 136-145.

[13] RCN. Quality in Norwegian Research: An overview of terms. methods and means: [S]. Norwegian Research Council, Oslo: 2000:

[14] ROSQVIST T. On the validation of risk analysis: A commentary [J]. Reliability Engineering & System Safety, 2010, 95 (11): 1261-1265.

[15] HEIKKILäA-M, MURTONEN M, NISSILäM, et al. Quality of risk assessment and its implementation [Z]. Scientific activities in Safety & Security. VTT Technical Research Centre, Espoo, Finland. 2009: 66.

[16] ROUHIAINEN V, HEIKKILä A-M. Ensuring the quality of safety analyses in industry; proceedings of the 9th International Conference on Probabilistic Safety Assessment & Management, PSAM 9, F, 2008 [C].

[17] ISO. 31000 Risk management-principles and guidelines [S]. International Standards Organization, 2009.

[18] PAS-N. Definition of risk. Petroleum Safety Authority Norway [J]. 2015.

[19] SRA. SRA glossary [R]. Society of Risk Analysis, 2015.

[20] HANSSON S O, AVEN T. Is risk analysis scientific? [J]. Risk analysis, 2014, 34 (7): 1173-1183.

[21] VINNEM J E. Risk analysis and risk acceptance criteria in the planning processes of hazardous facilities—Acase of an LNG plant in an urban area [J]. Reliability Engineering & System Safety, 2010, 95 (6): 662-670.

[22] BEDFORD T, COOKE R M. Probability density decomposition for conditionally dependent random variables modeled by vines [J]. Annals of Mathematics and Artificial intelligence, 2001, 32 (1-4): 245-268.

[23] FLAGE R, AVEN T, ZIO E, et al. Concerns, challenges, and directions of development for the issue of representing uncertainty in risk assessment [J]. Risk Analysis, 2014, 34 (7): 1196-1207.

[24] AVEN T. On some recent definitions and analysis frameworks for risk, vulnerability, and resilience [J]. Risk Analysis, 2011, 31 (4): 515-522.

[25] COOKE R. Experts in uncertainty: opinion and subjective probability in science [M]. Oxford University Press, 1991.

[26] LINDLEY D V, TVERSKY A, BROWN R V. On the reconciliation of probability assessments [J]. Journal of the Royal Statistical Society: Series A (General), 1979, 142 (2): 146-62.

[27] TVERSKY A, KAHNEMAN D. Judgment under uncertainty: Heuristics and biases [J]. science, 1974, 185 (4157): 1124-1131.

[28] LAURIDSEN K, KOZINE I, MARKERT F, et al. Assessment of uncertainties in risk analysis of chemical establishments. The ASSURANCE project. Final summary report (8 755 030 637) [R], 2002.

[29] AVEN T. A conceptual foundation for assessing and managing risk, surprises and black swans [Z]. the Network Safety Conference. Toulouse, FR. 2013a.

[30] AVEN T. Risk, surprises and black swans: Fundamental ideas and concepts in risk assessment and risk management [M]. Routledge, 2014.

[31] FLAGE R, AVEN T. Expressing and communicating uncertainty in relation to quantitative risk analysis [J]. Reliability & Risk Analysis: Theory & Application, 2009, 2 (13): 9-18.

[32] AVEN T. On the meaning of a black swan in a risk context [J]. Safety Science, 2013b, 57: 44-51.

[33] HOLLNAGEL E. Barriers and Accident Prevention [M]. Ashgate, 2004.

[34] HOLLNAGEL E. FRAM, the Functional Resonance Analysis Method: Modelling Complex Socio-technical Systems [M]. Ashgate Publishing, Ltd, 2012.

[35] ZLOTIN B, ZUSMAN A, KAPLAN L, et al. TRIZ beyond technology: The theory and practice of applying TRIZ to nontechnical areas [J]. The TRIZ Journal, 2001, 6 (1).

[36] BELMONTE F, SCHöN W, HEURLEY L, et al. Interdisciplinary safety analysis of complex socio-technological systems based on the functional resonance accident model: An application to railway trafficsupervision [J]. Reliability Engineering & System Safety, 2011, 96 (2): 237-249.

[37] COWLAGI R V, SALEH J H. Coordinability and consistency in accident causation and prevention: formal system theoretic concepts for safety in multilevel systems [J]. Risk analysis, 2013, 33 (3): 420-433.

[38] ISHIMATSU T, LEVESON N G, THOMAS J P, et al. Hazard analysis of complex spacecraft using systems-theoretic process analysis [J]. Journal of Spacecraft and Rockets, 2014, 51 (2): 509-522.

[39] LEVESON N. A new accident model for engineering safer systems [J]. Safety science, 2004, 42 (4): 237-270.

[40] LEVESON N G. Engineering a safer world: systems thinking applied to safety (engineering systems) [M]. MIT Press, 2011.

[41] LIU Y-Y, SLOTINE J-J, BARABáSI A-L. Observability of complex systems [J]. Proceedings of the National Academy of Sciences, 2013, 110 (7): 2460-2465.

[42] ROSA L V, HADDAD A N, DE CARVALHO P V R. Assessing risk in sustainable construction using the Functional Resonance Analysis Method (FRAM) [J]. Cognition, Technology & Work, 2015, 17 (4): 559-573.

[43] SONG Y. Applying system-theoretic accident model and processes (STAMP) to hazard analysis [D]. McMaster University, 2012.

[44] BERGMAN B. Conceptualistic pragmatism: a framework for Bayesian analysis? [J]. IIE Transactions, 2008, 41 (1): 86-93.

[45] DEMING W E. The new economics for industry, government, education [M]. MIT press, 2000.

[46] TURATI P, PEDRONI N, ZIO E. An entropy-driven method for exploring extreme and unexpected accident scenarios in the risk assessment of dynamic engineered systems; proceedings of the 25th ESREL, Safety and Reliability of Complex Engineered Systems, Zurich, Swiss, F, 2015 [C].

[47] TURATI P, PEDRONI N, ZIO E. An adaptive simulation framework for the exploration of extreme and unexpected events in dynamic engineered systems [J]. Risk analysis, 2016, 37 (1): 147-159.

[48] TURATI P, PEDRONI N, ZIO E. Simulation-based exploration of high-dimensional system models for identifying unexpected events [J]. Reliability Engineering & System Safety, 2017, 165: 317-330.

[49] KAPLAN S, VISNEPOLSCHI S, ZLOTIN B, et al. New Tools for Failure and Risk Analysis: Anticipatory Failure Determination [M]. Ideation International Inc, 1999.

[50] LEVESON N. A systems approach to risk management through leading safety indicators [J]. Reliability engineering & system safety, 2015, 136: 17-34.

[51] AVEN T, ZIO E. Model output uncertainty in risk assessment [J]. International Journal of Performability En-

gineering, 2013, 9 (5): 475-486.
- [52] BJERGA T, AVEN T, ZIO E. An illustration of the use of an approach for treating model uncertainties in risk assessment [J]. Reliability Engineering & System Safety, 2014, 125: 46-53.
- [53] DEWAR J A. Assumption-based planning: a tool for reducing avoidable surprises [M]. Cambridge University Press, 2002.
- [54] TALEB N N. The Black Swan: The impact of the Highly Improbable [M]. Random house, 2007.
- [55] PATé-CORNELL E. On "black swans" and "perfect storms": Risk analysis and management when statistics are not enough [J]. Risk Analysis: An International Journal, 2012, 32 (11): 1823-1833.

第八章 风险评估中情景分析的认知驱动系统仿真

Pietro Turati（法国萨克雷大学）
Nicola Pedroni（法国萨克雷大学，意大利都灵理工大学）
Enrico Zio（法国萨克雷大学，意大利米兰理工大学）

8.1 引　言

近年来，关于"风险"的基本概念以及与风险评估相关的基础问题的讨论越来越多[1-4]。一般而言，风险评估的结果受限于所要分析的系统和/或过程已有的知识和信息量[5-7]。这不可避免地会导致剩余风险的存在，这些剩余风险与系统和/或过程的特征和行为中的未知因素有关。

有一点很重要，即我们需意识到与评估结果相关的知识存在不完备性，这有点像前美国国防部部长唐纳德·拉姆斯菲尔德的想法，他在2002年2月12日的新闻发布会上提供了伊拉克政府向恐怖主义团体提供大规模杀伤性武器的证据[8]："世间有已知的已知：我们已知的事物。世间也有已知的未知：即我们知道自己不知道。但世间也有未知的未知，即我们不知道。"

相应地，根据可用于风险评估的知识的多少对不同事件进行分类[9]：

（1）未知-未知。
（2）未知-已知。
（3）已知-未知。
（4）已知-已知。

在风险评估时，类别（1）意味着每个人都不知道的事件；类别（2）表示执行评估的风险分析人员不知，但其他人已知的事件；类别（3）表示背景知识薄弱，但有迹象或合理的信度表明未来可能发生新的未知类型的事件（关注范围内的新事件）；类别（4）表示执行风险评估的分析人员已知并且存在证据的事件。

根据文献［9］，类别（1）（2）和（4）中的事件和情景，以及发生概率可忽略不计的事件，它们在某种意义上是"黑天鹅"[10]。类别（3）代表新兴风险,定义为在新的或不熟悉的条件下变得明显的新风险或熟悉的风险[11]。请注意,"新"和"不熟悉"的概念显然取决于现有的背景知识。

例如,南澳大利亚电网遭遇大规模停电事故,这是由于2016年9月28日暴风雨引发的级联故障。这次停电事故大约影响了170万人,持续3h,完全恢复电力供应花费了很多天。根据澳大利亚能源市场运营商(AEMO)的初步报告,暴风雨是一个"不可信事件"(non-credible event):要么属于未知-已知的,要么属于发生概率可忽略[12]的已知-已知。

从上述定性讨论中,我们可以看到,风险评估过程中,我们系统并结构性地使用了对风险管理决策有影响的事件、流程和情景的相关知识和信息。风险评估相对于待分析系统而言,可认为是一种将分析人员知识组织起来的工具[9]。

当评估中的未知和不确定性很多并且评估的对象是一个复杂的系统时,识别和表征导致危急情况的情景和条件变得非常重要:可能会存在很多情景和条件的集合,但我们仅关注其中个别有用的情景和条件,因为它们会导致危急状况的发生。

在本章中,我们将尝试使用系统仿真进行情景分析,以此来扩充不同条件下的系统响应的知识,目的是识别系统可能出现的意外或紧急关键状态。实际上,经过确认和验证的数值模型(或"模拟器")提供了一种扩充分析系统知识的机会。在基于仿真的情景分析中,分析人员可以使用系统不同的初始配置和运行参数开展大量模拟,并识别导致关键系统状态的后验。这些状态构成了临界域(CR)或损伤域(DD)[13]。已识别的CR可以与分析人员的先验知识相对应——分析人员会意识到这些配置会导致关键输出——或者这些CR可能会"令人惊讶",即由于分析人员并未意识到潜在的后果因此会对他们的出现感到"惊讶"。

在本章的其余部分,将着重呈现系统仿真如何帮助风险评估的以下内容:基于仿真的CR搜索中的挑战(8.2节);研究现状(8.3节);作者提出的两种面向CR识别的情景搜索方法(8.4节);8.5节给出相关结论,并对未来发展进行讨论。

8.2 问题陈述

系统行为的仿真模型可能很复杂,因为:
(1)高维,即具有大量输入和/或输出。
(2)非线性,由于系统元素之间关系的复杂性。
(3)动态,因为系统实时变化。
(4)上述特征和所采用的数值方法,对计算要求很高。
输入高维度意味着要搜索的条件和情景以及为识别CR必须检查的相应的系

统端状态,将随着空间维度的增长而呈指数增长[20]。此外,对结果进行有效的可视化解释也是一项挑战,这需要专门设计表征结果可视化的工具。输出空间的高维度上也会有可视化问题,因为在输出空间采用聚类技术有助于识别具有相似行为的输出组,从而对关键特征进行描述[14-16]。

模型中的非线性通常会使预测与特定输入配置相关的输出变得很困难,特别是在解决反问题(即发现会导致系统特定输出的输入配置)过程中。在实践中,当计算模型是黑盒时(因为是基于经验构建的或相关白盒模型过于复杂),解决问题的唯一可行方法是进行仿真并对结果进行后处理,以从生成的数据中挖掘出关注的信息。

对动态系统进行分析需要能处理在分析的时间范围内(通过模拟)发生变化(确定性或随机)的方法,例如在不同时间发生的影响系统运行的事件序列[可能是随机的(比如组件故障),或者确定性的(比如控制动作中止)]。

在上述情况下,通常实践中,计算成本就成了风险分析中基于仿真的系统响应分析的问题。单个模拟的高计算成本使分析人员很难通过运行和搜索大量输入配置来获得有关系统 CR 的知识。因此,如何利用精心设计的有限量仿真来提取系统信息的方法成了亟待解决的问题。为了实现这一目标,则要求这些精心设计的有限量仿真需覆盖仿真过程最有可能对应系统 CR 的那些输入配置。

8.3 研究现状

在风险评估中,事件树(ET)表示系统对事故起因响应的逻辑顺序图表,它和系统动力学数学模型的组合已被证明是一种有效的方法,该方法能够确定系统在事故情景中对应的终端状态(ES),并能推导出情景与发生事件之间对应的因果关系[17-20]。动态事件树(DET)方面的研究[21-26]表明,一个事故情景引发的系统 ES 不仅取决于事故情景序列中事件的发生顺序,还取决于这些事件发生的确切时间及其程度[17-18,27-30]。然而,搜索所有动态序列相当于在理论上无限维度(因为连续时间和事件量级变量)的系统状态空间中遍历。为了解决该问题,相关文献中大多数方法通过对时间维度和幅度维度的离散化来缩小状态空间大小,同时和/或裁剪发生概率较低的情景序列及其时间树分支。然而,这些技术可能会错过我们关注的会导致 CR 的"罕见"情景序列[23,31]。

为了解决这些问题,一些作者引入了自适应仿真方法来驱动对具有更多不确定输出的情景(ET 分支)的搜索[32-33]。简单来说,需要搜索的事件次数和量级就是会产生与已知结果不同的情景次数和量级。如果相同事件的不同次数和量级得到的结果导致的都是完全相同的情景输出,则彻底搜索它们也不会向系统 CR 添加任何信息。另外,对于事件不同的发生次数和量级来说,如果相同的情景可以导致不同结果，则需运行多次仿真来发现事件的发生时间和量级与情景结果之间的关系。

如前所述，风险评估的一个基本问题是识别 CR 或 DD，即使系统达到安全临界结果的输入配置。其用数学语言表达为若输入/输出（I/O）模型 $Y=f(X)$ 是确定的，其中输入 X 是不确定的且输出 Y 是仿真的结果，则目标是识别满足输出特定条件的输入集合：输出值高于给定安全临界阈值的输入集合 $x=\{x \text{ s.t. } y \geq Y_{\text{thres}}\}$，这些临界阈值与系统关键状态相对应，因此这些输入集合属于 CR。为了寻找这些输出条件，一种方法是采用实验设计（DOE）[34-36]，即为了覆盖输入空间，在给定逻辑条件下选择一组输入配置集，通过仿真计算相应的输出，并识别导致安全临界输出的输入。然后，通过对这些可用的 I/O 数据进行后处理，比如采用专家分析或机器学习，以深入了解 CR，如输入和输出之间的因果关系、以安全为导向的特征、CR 的形状和数量等。例如，西班牙核安全委员会研究了一套综合安全评估方法，并在最近采用这套方法来验证目前的《严重事故管理指南（Severe Accident Management Guidelines）》是否对"冷却剂事故中的密封失效"给出了恰当的定义[37]。作者利用专家知识将输入状态空间限制在特定域内。通过多次仿真进一步了解缩小的域，这样做的结果是可以根据事故期间核电站的不同后果类型［例如反应堆未覆盖（core uncovering）、燃料棒融化（fuel melting）、容器失效（vessel failure）］重新对状态空间进行切分。后处理过程中涉及大量专家知识，这些知识能对事故场景进行描述的各类事件以相应的物理解释，同样也能对故障发生和恢复的时间影响进行解释。这篇文章尽管运行了大量的模拟，但是由于计算成本高，仅分析了一个事故情景。Di Maio 等[38]与美国爱达荷国家实验室合作，针对沸水堆核电站停电问题，结合核安全代码 RELAP5-3D[39]，利用代理模型重现了将 CR 与安全区域分离的极限面。然后将识别出的 CR 投射到可控变量的子空间，通过 K-D 树算法[40]辨识出距离 CR 极限表面最远的与最安全的操作条件。

对 CR 的识别可以实现对"质蕴涵项"的识别，这可以作为 ET 分析中最小割集概念的扩展。质蕴涵项被定义为导致动态系统失效的最小过程参数值和最少组件失效状态的集合。Di Maio 等[27,41]针对基于多值逻辑离散化的输入空间，提出了两种不同的质蕴涵项识别框架。在第一篇论文中，作者使用差分进化算法来识别质蕴涵项；而在第二篇论文中，作者采用了一种视觉交互方法，该方法允许检索表征质蕴涵项序列的主要特征值。

在基于仿真的 CR 识别方法的同时，虽目标略有不同，有学者还提出了伪造时间特性（the falsification of temporal properties）的技术[42-44]。动态系统用来满足一些特定要求。例如，如果水槽的液位由自动阀控制以保持在两个阈值之间，则伪造出一个失效便可以查找导致系统超出设计规范的情况，即"伪造"预期的系统行为。实际上，伪造技术旨在表明存在至少一个不满足设计规范的情况，而 CR 识别方法旨在发现和表征不满足设计规范的所有情况。

此外，现在系统的互联程度越来越高（如体系、SoS（System of Systems）），可能会出乎意料地出现新行为（紧急行为）[7,45]。因而提出了一种名为 ARGUS 的方法，用来发现动态 SoS 中的紧急行为[46]。特别要提的是其中的迭代自适应 DOE 与并行计算相结合的方法。该方法利用了当前计算技术（云计算和集群）的优势，同时还保证了自适应 DOE 算法的效率和灵活性。自适应算法用于在每次迭代时选择要搜索的一批候选配置，同时使用一组处理器来并行仿真。然而，由于该方法专门用于搜索随机模型，因此当应用于确定性模型时，它失去了其优点。此外，由于 ARGUS 利用多项式调和函数来估计响应函数的均值，因此这种方法在高维情况下效率较低。

核能和金融行业近来越发关注实际中有可能发生的极端情景[47-48]。例如，欧盟委员会针对 2011 年福岛核事故，要求所有成员国进行特定的应力测试，以评估它们的核电站在几种极端事件发生时的弹性，包括地震、洪水、恐怖袭击和飞机碰撞。类似地，国际清算银行也要求财务机构进行应力测试以评估它们在极端金融情景下的鲁棒性[49]。分析人员通过应力测试可以收集有关系统响应的信息。但是，这些响应只是针对极端情景开展评价的，因此分析人员并不能通过应力测试了解正常输入值和情景条件下，系统是否会出现关键事件。

当计算成本成为分析的约束时，元模型（或等效的代理模型）可能是一种替代解决方案[50]。一般而言，元模型（meta-model）是一种以较低的计算成本再现真实模型行为的"代理"模型，因为它是通过训练得到的基于从真实模型获得的一组输入/输出观察数据。一旦元模型得以验证（例如，基于其训练样本外的预测精度），它就可以替换真实模型并模拟系统的行为。有很多类型的元模型可用，每类元模型都有自身特点和适用的条件。在文献［51-52］中提到的大量方法中，本节我们仅回顾一些在风险评估中会使用的方法：

（1）多项式混沌展开（PCE），它采用概率空间的一组特殊基本函数来表示真实模型的输入/输出关系（详见附录 8.A）[53]。

（2）响应面方法（RSM），它通常使用低阶多项式集拟合已有的数据观测值，并且可以通过线性回归估计相应的多项式系数[54]。然而，该方法本质上是线性方法，因此不适用于非线性模型。

（3）人工神经网络（ANN）及其所有相关的演化，它们基于大量模型（神经元）通过非线性变换（网络）相互联系的方式，再现任意一种模型行为，包括非线性[55-56]。然而，ANN 通常需要大量的输入/输出观察数据进行训练。

（4）支持向量机（SVM），它通过将输入映射到更大的特征空间来再现非线性行为；实践中，元模型中被映射的特征和其输出之间的关系是线性的，但 SVM 的输入和输出之间可以是非线性的[57]。

（5）克里金（Kriging）方法，它利用高斯过程可精确地在现有的输入/输出观测值范围内进行内插，并且能对任意输入配置相应的响应进行点估计和置信区间估计[57-59]。克里金方法特别适用于再现具有驼峰状和局部行为的非线性模型（详见附录 A.8）。

许多研究人员一直在开发相应的工具箱和软件来支持序贯 DOE、元模型、迭代抽样、模拟等，比如：

（1）桑迪亚（Sandia）国家实验室的 DAKOTA[60]。

（2）苏黎世联邦理工学院的 UQLab[61]。

（3）利物浦大学风险与不确定性研究所 OpenCOSSAN[62]。

（4）根特（Ghent）代理建模实验室的 SUMO[50]。

（5）西班牙核安全委员会（CSN）的 SCAIS[37]。

（6）爱达荷（Idaho）国家实验室的 RAVEN[63]。

（7）学术机构和工业公司合作开发的 OpenTURNS，如 EDF、空中客车和 Phimeca[64]。

这些工具都在持续更新，并有 Matlab（UQLab, OpenCOSSAN, SUMO）开源版本或其他开发语言 C++/Python（DAKOTA, SCAIS, RAVEN, OpenTURNS）的开源代码。除 SUMO、RAVEN 和 OpenTURNS 外，其余都提供商业版本。

必须指出的是，这些软件包并非专门用于涉及情景搜索的研究。实际上，它们旨在使行业和从业者获得许多统计分析方法的最新技术。无论如何，对于模型搜索（model exploration）和知识检索（knowledge retrieval）而言，这些软件包无疑是减少相关新方法编程时间和加快其设计进程的可行工具。

总之，安全临界系统的风险评估，可从以下两个方面来解决基于仿真的情景搜索和知识检索问题：

（1）大规模仿真，利用并行计算和云计算来增加仿真次数。

（2）自适应仿真，利用机器学习从可用的仿真中提取信息，并基于机器学习"驱动"仿真朝着关注的状态方向进行分析，从而缩减仿真次数，降低高昂的计算成本。

可以在两种方法中都使用元建模来进一步降低计算成本。在下文中，将介绍两种最近提出的自适应策略，并展示这两种方法给分析人员带来的效率和附加价值。

8.4　提出的方法

本节介绍了作者为在风险评估背景下扩充相关知识而提出的两种搜索策略。方法背后的理论和一些简单但有代表性的应用都将在本节中描述。

第一种策略旨在搜索在给定动态系统中可能发生的事故情景。特别地，它对时间维度有离散缩减，并且能够评价时间对事故情景进展的影响（8.4.1 节）。

第二种策略旨在识别 CR，即导致系统输出临界值的输入及其参数值的配置。该策略的主要目的是解决高维系统的计算问题。出于这个原因，则需特别注意如何得到有限且能精确表征 CR 的数值模型（8.4.2 节）。

8.4.1 动态工程系统中极端和意外事件的搜索

8.4.1.1 方法

事故情景分析需要对所分析的系统中发生的所有可能的失效情况进行识别、列举和分析。DET 可用于识别（动态）事故情景并表征它们的后果。但是若要考虑时间维度及其对事故后果的影响则需付出更多的精力。为了使分析可行，提出了诸如引入先验方法来对时间维度进行离散化和/或裁剪事故演变中的相关分支等方法。然而，这类排除发生概率较低的分支以及时间离散化的方法，有可能就会漏掉"罕见"的临界事故序列[18,27,29]。

在介绍该方法的主要特征之前，需给出一些定义。我们将情景（scenario）定义为动态系统生命演化过程中的一组有序事件序列（在其任务时间 T_{Miss} 内），情景可能涉及一组特定的部件、安全功能或行为（比如机械故障、安全系统的激活和人的决策）。例如，情景 S_1 可以由发生在时刻 T_A 的事件 A（组件的失效）和随后发生在时刻 $T_A<T_B<T_{Miss}$ 的事件 B（安全系统的失效）来定义；情景 S_2 可以由事件 B 和 A 的相反顺序定义，即 $T_B<T_A<T_{Miss}$。如 Di Maio 等所证明的[27-28]，由于序列中的事件可以相同的顺序但在不同的时间发生，因此对于单个给定的情景存在无限种序列，从而可能导致不同的输出（系统状态）。

在事故进展分析（即本节中的案例）中，系统输出 Y 通常表示系统在仿真期间达到的最差条件[37]。在下文中，我们定义了端状态（end-state，ES），这是一个基于系统输出来综合表示系统状态的类型变量。许多应用中都有这种情况。例如，在核电站的冷却剂损失事故中，输出可以根据反应堆达到的不同 ES 进行分类：反应堆未覆盖、脆化状态、燃料棒熔化、燃料倒换、容器故障等。这些都具有不同严重性的后果[65]。

本文提出的策略的基本思想是，并非所有情景都需要在同一细节层面进行搜索。考虑两种情景：一种表示正常运行条件，其中没有失效发生；另一种由组件在时刻 T_F 处失效并在时刻 T_R 处修复来刻画。显然，在正常情景下进行多次仿真搜索是没有必要的，因为我们已经清楚地知道它相应 ES。但同时在组件失效的情景下，我们则关注不同时刻发生的失效对 ES 的影响。实际上，我们可以预想到，如果失效发生后立即进行修复，则组件故障的影响将低于在方案中稍后进行修复的影响。

为了有效地搜索情景，作者提出了自适应仿真框架（图 8.1）[66]。该框架包括三个主要步骤：

（1）初步搜索（8.4.1.1.1 节）：动态系统情景整个空间的全面搜索。

(2) 交互式决策（8.4.1.1.2 节）：初步搜索后，分析人员可以决定，或通过增加初步搜索（步骤1）中的仿真数量来提高其对状态空间的全局认知，或聚焦于关注的特定事件（步骤3）。

(3) 深度搜索（8.4.1.1.3 节）：对特定事件进行彻底搜索；例如，目标可以是针对特定情景 S_j，检索其在达到给定 ES ES_i 之前的可能的演化过程，下文将其表示为 $\{S_j, ES_i\}$。

图 8.1　自适应搜索框架的示意图

为了对关注的情景生成时间序列，我们针对每个情景取值域（情景中所有有序事件发生次数的区域）采用联合均匀分布来实现各种情景的彻底搜索，从而获得每种情景对应的可能的系统 ES 的全集。为此，可以采用马尔可夫链蒙特卡罗（MCMC）Gibbs 抽样[67]。

1. 初步搜索

此处以下，我们假设初步搜索是在有限的计算资源的约束下进行的；也就是说，需要运行的仿真次数是给定的。该步骤旨在增强系统在事故情景发生期间的动态行为的全局认知。搜索包括两个步骤：

(1) 根据驱动函数选择要搜索的情景；

(2) 在所选情景中仿真时间序列。

驱动函数应能灵活地适应不同分析人员的目标和背景。例如，分析人员可能更关注搜索和收集有关导致 ES 的特定集合 ES^* 的情景的信息，比如最关键的 ES 为 ES^*。鉴于此，初步搜索步骤中的情景选择就需要选择可以最大化驱动函数 $I_{\gamma,\beta}(S_j, ES^*)$ 的情景 S^*：

$$S^* = \underset{j \in S}{\arg\max}\, I_{\gamma,\beta}(S_j, ES^*) \tag{8.1}$$

其中，$I_{\gamma,\beta}(S_j, ES^*)$ 的定义如下：

$$I_{\gamma,\beta}(S_j, ES^*) = I_{\gamma,\beta}(N_j^{ES}, n_j, I_{ES^*}) = \begin{cases} \dfrac{(N_j^{ES})^\gamma}{n_j} & (I_{ES^*} = 0) \\ \dfrac{(N_j^{ES})^\gamma}{n_j} \cdot \beta & (I_{ES^*} = 1) \end{cases} \tag{8.2}$$

式中：N_j^{ES} 为情景 S_j 引发的 ES 的数量（如果没有此信息，则它表示情景中已出现的 ES 的数量，若新的仿真中发现新的 ES，则该数量将随之更新）；n_j 为 S_j 下已经运行的仿真次数；I_{ES^*} 为一个布尔变量，如果情景 S_j 的所有仿真结果中至少有一次得到的 ES 为 ES^*，则 $I_{ES^*} = 1$，否则为 0；$\gamma \in (-\infty, +\infty)$ 和 $\beta \in (1, +\infty)$

第八章 风险评估中情景分析的认知驱动系统仿真

是反映分析人员偏好的两个设计参数：γ 表示分析人员对情景多变性的偏好，β 表示分析人员关于 ES 集 ES^* 的偏好。如果 $\gamma<0$，则驱动函数更频繁地选择那些可以达到少量 ES 的情景；如果 $\gamma=0$，则与情景的变化性无关，不会优先考虑任何情况；否则，如果 $\gamma>0$，则驱动函数更可能选择那些可以达到大量 ES 的情景。同时，β 值越高，算法更可能选择那些达到属于 ES^* 的 ES 对应的情景。值得注意的是，如果 $\beta=1$，则不会优先考虑任何 ES。

为清楚起见，此处举了两个示例，分别显示了两个偏好参数的影响。考虑一个简单的动态系统，其中只能出现 4 个情景 $S_1, S_2, \cdots, S_4$，并且每个情景可以引发不同数量的 ES，$N_1^{ES}=1, N_2^{ES}=2, \cdots, N_4^{ES}=4$。最后，我们假设同一情景中所有可达到的 ES 具有相同的发生概率，并且分析人员没有关于要搜索的 ES 的偏好；也就是说，$\beta=1$。表 8.1 展示了 1000 次搜索每次搜索仿真了 100 次的结果，并且这 1000 次搜索根据参数 γ 的 3 个不同取值：$\gamma=-1$（左），$\gamma=0$（中）和 $\gamma=1$（右），分布在不同的情景中。列"Tot"表示在相应情景内运行的仿真次数。

表 8.1 分析师对于待搜索的 ES 没有偏好时的结果

情景	ES_1	ES_2	ES_3	ES_4	Tot	ES_1	ES_2	ES_3	ES_4	Tot	ES_1	ES_2	ES_3	ES_4	Tot
S_1	47.9	0	0	0	**47.9**	25.0	0	0	0	**25.0**	10.0	0	0	0	**10.0**
S_2	12.0	11.9	0	0	**23.9**	12.4	12.6	0	0	**25.0**	10.0	9.9	0	0	**20.0**
S_3	5.3	5.3	5.3	0	**15.9**	8.4	8.3	8.3	0	**25.0**	10.0	10.0	10.0	0	**30.0**
S_4	3.0	3.1	3.0	3.1	**12.2**	6.2	6.2	6.3	6.3	**25.0**	10.0	10.0	9.9	10.1	**40.0**

参数 $\gamma=1$ 的选择是特别合适的，因为在这种情况下，搜索算法在所有情景中分配仿真，以便保证每个情景 S_j "聚集"了与每个情景可以"产生"的 ES 的 N_j^{ES} 的数量呈比例的仿真次数。

相反，现在假设分析师对最可变的情景（$\gamma=1$）和最关键的 ES 感兴趣；比如，$ES^*=\{ES_3; ES_4\}$。表 8.2 展示了不同的参数 $\beta=\{1,2,4\}$ 对情景中仿真次数分布的影响。如果 $\beta=1$，则算法转向上述的初步搜索（左）；否则，如果 $\beta>1$，则在选择步骤（中和右）中偏向能够到达 ES^* 集合的情景。

表 8.2 分析人员关注变化最大的情景时的结果

情景	ES_1	ES_2	ES_3	ES_4	Tot	ES_1	ES_2	ES_3	ES_4	Tot	ES_1	ES_2	ES_3	ES_4	Tot
S_1	10.0	0	0	0	**10.0**	7.0	0	0	0	**7.0**	3.1	0	0	0	**3.1**
S_2	10.0	9.9	0	0	**20.0**	7.0	6.0	0	0	**12.9**	3.0	2.9	0	0	**5.9**
S_3	10.0	10.0	10.0	0	**30.0**	12.0	11.7	11.7	0	**36.0**	12.6	12.3	12.5	0	**37.4**
S_4	10.0	10.0	9.9	10.1	**40.0**	12.7	11.8	11.8	11.7	**48.1**	13.4	13.4	13.4	13.3	**53.5**

对于初步搜索，我们仅提出了一种基于两个参数的函数，这个函数可以反映分析人员对情景变化性和已知 ES 集合的兴趣；然而，在这个阶段也可以使用不同类型的函数，根据其他准则驱动情景的选择。

2. 交互式决策

每次进行初步搜索时，都可以获得表 8.1 和表 8.2 中的矩阵。因此，基于所访问的事件（对情景 $ES(S_j, ES_i)$）以及访问这些事件已经运行的仿真次数，根据在初步搜索阶段采用的准则，分析人员可以决定增加仿真次数，或对特定目标事件进行更深入、更精确的搜索。根据他们的偏好，分析人员必须分别根据初步或深度搜索，迭代地选择仿真的最大次数。多数情况下，系统的维度（状态空间）及其行为的变化性（实际中，为一个情景可引发的 ES 数量及其相应的概率）不是事先已知的；相反，系统仿真所需的计算成本可以是已知的（例如，基于每次仿真的平均时间来计算）。因此，根据分析人员在不同搜索标准中的偏好，计算量可被视作需考虑的约束。在这一点上，必须注意的是，所提出的方法并不能保证覆盖整个事件空间；不可避免的是，如果可用的计算能力（实际中可以是可运行的仿真次数）与系统状态空间相比较小，则对于每种情景来说只能搜索到有限的 ES。

3. 深度搜索

深度搜索的目的是尽可能准确地辨识哪些系统演变（时间的转移）会导致关注的特定事件。为了清楚起见，我们假设关注的事件写作为一个数对（情景，ES）$= (S_j, ES^*)$；尽管如此，不失一般性，ES^* 也可以代表一组 ES。当数学模型的结构给定时，深度搜索的指导思想是针对已经达到的事件 (S_j, ES^*)，在其"周围"生成时间序列。为了实现这一目标，我们采用 MCMC 方法，该方法能从任何需要的（即目标）概率分布 p[67]中生成一组随机样本。具体地，我们利用 M-H（Metropolis-Hastings）算法[68]在关注的事件 (S_j, ES^*) 的取值域 SES^* 上均匀地对组件转换时间进行采样；换句话说，在引发关注事件的转移时间中均匀地采样。M-H 算法包括两个步骤：

（1）根据提议分布 q 提出新的候选 $\boldsymbol{T}^*$（此时，它是转移时间的向量）；

（2）接受或拒绝给出的时间向量。

感兴趣的读者可以参考附录 A.8，了解有关算法的更多的详细信息。

必须强调的是，提出的样本与已接受样本之间的接受率（AR）起着根本性作用。高接受率（AR>0.9）意味着提议分布 q 的变化性很小，即大多数提出的 $\boldsymbol{T}^*$ 与原始 $\boldsymbol{T}^*$ 太接近，因此算法在覆盖取值域 SES^* 时太慢；相反，小接受率（AR <0.2）则意味着提议分布 q 的可变性很大，即大多数提出的 $\boldsymbol{T}^*$ 都可能不属于关注的 SES^* 的取值域。在这方面，很多文献给出了如何在自适应 MCMC 方法自适应地选取提议分布的方法，并且这些方法可以在该阶段用于"最优地"覆盖关注的 SES^* 的取值域[69-70]。

针对深度搜索中仿真次数的选择方法，提出下面两个准则：

（1）固定仿真次数（如前述初步搜索章节）；

（2）关注事件取值域的覆盖度。

对于第二个准则，基本思想是不断产生新的仿真结果，直到 SES^* 被大量的点（配置）"充分"填充从而覆盖所有输出变化的可能性。具体而言，在初步搜索之后，可获得导致关注事件(S_j, ES^*)的一组发生时间向量的集合 $EX_V(SES^*)$ $= \{T_1, T_2, \cdots, T_V\}$。对于（时间）空间填充度的度量而言，可考虑使用这些时间向量中的最小距离的最大值；则初步搜索之后的时间空间填充指标 $D_V(EX_V(SES^*))$ 可由式（8.3）计算得到：

$$D_V(EX_V(SES^*)) = \max_{i \in EX_V(SES^*)} \min_{j \neq i} d(T_i, T_j) \tag{8.3}$$

式中：$d(\cdot, \cdot)$ 为两个向量之间的一种适合的距离。此时，例如可考虑欧几里得距离。每当在搜索期间接受一个新的时间向量 T_n 时，它将被添加到导致所关注事件的时间向量集合中，即 $EX_n(SES^*) = \{EX_{n-1}(SES^*); T_n\}$，这样则更新了填充指标 $D_n(EX_n(SES^*))$。当前填充指标与初始填充指标之间的比例低于一个固定阈值 $\delta \in [0,1]$ 时，结束深度搜索；也即，当关注的 SES^* 取值域中的时间向量"密度"比初始值大约高 $(1/\delta)^l$ 倍时，则 l 是时间向量 T_n 的大小。因此，算法的空间填充能力严格地与所涉及向量的维度相关；实际上，维度越高，减少填充指标所需的随机向量的数量越大。为此，则需设置样本的最大允许数量 n_{max}，以便对所有情况的最大计算量进行限制。那么，停止准则变为

$$\frac{D_n(EX_n(SES^*))}{D_V(EX_V(SES^*))} \langle \delta \text{ or } n \rangle n_{max} \tag{8.4}$$

深度搜索停止准则的算法概述见表8.3。

表8.3 深度搜索停止准则的算法概述

1）对于 $i=1,2,\cdots,V$，评估到向量 T_i 的最小距离并将它们保存在向量 d_V 中： $$d_V(i) = \min_{j \neq i} d(T_i, T_j)$$ 根据符号 $D_V(EX_V(SES^*)) = \max d_V$。
2）给定新的时间向量 T_n，对 $i=1,2,\cdots,n-1$ 更新 d_{n-1} 向量： $$d_n(i) = \min(d_{n-1}(i), d(T_i, T_n))$$
3）使用上一步已经可用的距离将第 n 个组件添加到 d_{n-1}： $$d_n(n) = \min_{j \neq i} d(T_n, T_j)$$
4）评估填充指标： $$D_n(EX_n(SES^*)) = \max d_n$$
5）检查是否满足停止准则： $$\frac{D_n(EX_n(SES^*))}{D_V(EX_V(SES^*))} < \delta \text{ or } n > n_{max}$$ 如果没有，返回步骤2。

8.4.1.2 气体传输子网

该案例是对一种气体传输子网开展的研究,该子网由两个并联的管道串联另一个管道组成。每个管道的输入由阀门控制。气体传输子网框图如图 8.2 所示,其中每对阀门和管道视为一个整体(block)。

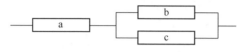

图 8.2 气体传输子网框图

对于管道 a、b、c,每个管道可以分别以最大流速 $[\phi_a, \phi_b, \phi_c] = [8,5,5] \times 10^4 \mathrm{m}^3/\mathrm{d}$ 传输气体。控制系统调节阀门的开度,以保证输入和输出流量之间的平衡。图 8.3 显示了包含所有可能在系统中发生的情景的 ET。如果其中一个并联的管道断开,控制系统立即关闭相应的阀门并将剩余管道的流量增加到最大值,以便补偿减少的流量。本案例中没有考虑修复策略。在不同操作条件下,该系统可能产生图 8.3 中的 8 种情景,其后果有以下 3 种:

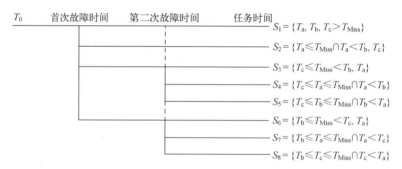

T_a、T_b、T_c——组件 a、b、c 的失效时间;T_{Miss}——任务时间。

图 8.3 可能发生的 8 种情景的事件树

(1)安全:所有管道都正确地运行。
(2)过载:其中一个并联的管道关闭。
(3)破损:系统不提供气体。

根据两个输出变量 Y_1 和 Y_2 对每个情景对应的 ES 进行定义和分类:

(1)当所有组件正确地运行时,在安全条件下($GSC = Y_1$)提供的气体量。
(2)当两个并联的管道中的一个失效,其余管道以其最大流量工作时,在过载条件下提供的气体量($GOC = Y_2$)。

图 8.4 为根据输出变量 GSC 和 GOC 对 ES 进行分类。$GSC_{\max}$ 和 $GOC_{\max}$ 分别表示在安全和过载条件下,在任务时间 $T_{\mathrm{Miss}} = 900\mathrm{d}$ 内可以提供的最大气体量;也就是说,$GSC_{\max} = \phi_a \cdot T_{\mathrm{Miss}}$ 和 $GOC_{\max} = \max(\phi_b, \phi_c) \cdot T_{\mathrm{Miss}}$。然后根据图 8.4 中的准则将

输出分成 6 个 ES。例如，$ES_4 = \left\{ \frac{1}{3}GSC_{max} < GSC \leq \frac{2}{3}GSC_{max} \cap 0 \leq GOC \leq \frac{1}{3}GOC_{max} \right\}$，这意味着系统在 $\left(\frac{1}{3}GSC_{max} < GSC \leq \frac{2}{3}GSC_{max} \right)$ 的安全条件下运行了一段时间，然后，一旦进入过载状态，它就会发生故障 $\left(0 \leq GOC \leq \frac{1}{3}GOC_{max} \right)$。

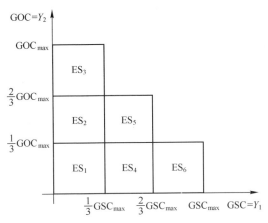

图 8.4　根据输出变量 GSC 和 GOC 对 ES 进行分类

应该注意的是，并非所有情景都可以导致所有 ES。表 8.4（左边的矩阵）表示了由一个给定情景引发的 ES（由 1 表示）和不能引发的 ES（由 0 表示）：表中的每列代表一个 ES，每行代表一个情景。一般来说，这些信息事先不能得到的，对它的检索也是状态空间搜索的目标之一。但是，这里用它来分析本文所提方法的性能。在表 8.4（中间和右侧）中，另外两个矩阵显示了两组不同的气体流速，$[\phi_a, \phi_b, \phi_c] = [8, 3.7, 5] \times 10^4 m^3/d$ 和 $[\phi_a, \phi_b, \phi_c] = [8, 2.2, 6] \times 10^4 m^3/d$ 可引发的 ES。选择这些值是为了分析本文方法在不同参数值下的性能，这意味着引发的 ES 数量会随之变化。

表 8.4　不同流速参数值下的情景与引发的系统终态

情景	$[\phi_a, \phi_b, \phi_c]$																	
	$[8,5,5] \times 10^4 m^3/d$						$[8,3.7,5] \times 10^4 m^3/d$						$[8,2.2,6] \times 10^4 m^3/d$					
	ES_1	ES_2	ES_3	ES_4	ES_5	ES_6	ES_1	ES_2	ES_3	ES_4	ES_5	ES_6	ES_1	ES_2	ES_3	ES_4	ES_5	ES_6
S_1	0	0	0	0	0	1	0	0	0	0	0	1	0	0	0	0	0	1
S_2	1	0	0	1	0	1	1	0	0	1	0	1	1	0	0	1	0	1
S_3	0	0	1	0	1	1	0	1	0	1	1	1	0	1	0	1	1	1
S_4	1	1	1	1	1	1	1	1	1	1	1	1	1	1	1	1	0	1
S_5	1	1	1	1	1	1	1	1	1	1	1	1	1	1	0	1	0	1

续表

情景	$[\phi_a, \phi_b, \phi_c]$																	
	$[8,5,5]\times 10^4 m^3/d$						$[8,3.7,5]\times 10^4 m^3/d$						$[8,2.2,6]\times 10^4 m^3/d$					
	ES_1	ES_2	ES_3	ES_4	ES_5	ES_6	ES_1	ES_2	ES_3	ES_4	ES_5	ES_6	ES_1	ES_2	ES_3	ES_4	ES_5	ES_6
S_6	0	0	1	0	1	1	0	0	1	0	1	1	0	0	1	0	1	1
S_7	1	1	1	1	1	1	1	1	1	1	1	1	1	1	1	1	1	1
S_8	1	1	1	1	1	1	1	1	1	1	1	1	1	1	1	1	1	1

1. 初步搜索

为了评估初步搜索的表现，引入了两个指标：

（1）第一次完整搜索所需的仿真次数（NFE）：对于所有情景来说，应该保证至少访问所有可达的 ES 一次；

（2）第二次完整搜索所需的仿真次数（NSE）：对于所有情景来说，应该保证至少访问所有可达的 ES 两次。

当表 8.4（ES）中的矩阵未知时，NFE 提供了需要对由 (Scenario, ES) = (S, ES) 定义的所有事件进行搜索的仿真次数。相反，一旦表 8.4（ES）中的矩阵因初步搜索开始变成已知时，NSE 就会提供有关如何在不同情景中有效分布仿真次数的信息。我们分析了两种不同的情况：在前者中，分析人员对系统的背景知识了解非常少；而在后者中，他们已经了解系统，并且对收集有关可以引发特定 ES 的情景的信息非常关注。因此，在第一种情况下 $\beta = 0$ 且 $\gamma = 1$，而在第二种情况下 $\beta > 1$。

考虑到先验知识较少的情况，将初步搜索的结果与以下结果进行比较：

（1）粗糙蒙特卡罗仿真方法（MC），即随机选择情景，然后根据与 8.4.1.1 节中提出的相同的均匀抽样准则仿真相关的转移时间；

（2）熵驱动的搜索[33]，其遵循类似于初步搜索的程序，但它采用熵驱动函数，而不是 $I_{\gamma,\beta}(\cdot)$。

对于表 8.4 中的所有气体流速，初步搜索已经进行了 1000 次，并且分别计算了 NFE（左）和 NSE（右）的经验累积密度函数（cdf）。在所有测试的流量配置中，初步搜索实现了比熵驱动搜索更好或至少可比的性能。这可以从图 8.5 和图 8.6 中体现，其中与初步搜索的 cdfs（浅点划线）相对于与熵驱动搜索的 cdf（暗虚线）向左"移位"。另外，初步搜索和熵驱动的搜索在很大程度上都在 NFE 和 NSE 方面超越了 MC 搜索（浅线）。特别是，当搜索算法已经知道可能发生的所有事件 (S, ES) 时，NSE 中差异甚至更大。由于流量配置 $[\phi_a, \phi_b, \phi_c] = [8, 3.7, 5] \times 10^4 m^3/d$ 的结果与图 8.5 相似，因此该流量配置的结果没有展示。最后，应该注意的是，有一种情况下，MC 搜索比其他技术更有效（图 8.6）。这是因为情景中发生的最罕见事件 (S, ES) 会引发多种系统终态。然而，当熵驱动方法被卡住时，初步搜索允许改变参数 γ 以便提高搜索效率。

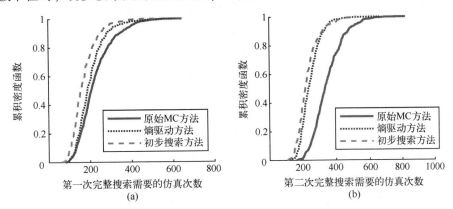

图 8.5　NFE (a) 和 NSE (b) 的经验 cdf（其中，原始 MC 方法、熵驱动方法，以及 $\gamma=1$ 的初步搜索方法，流速参数 $[\phi_a,\phi_b,\phi_c]=[8,5,5]\times 10^4 \mathrm{m}^3/\mathrm{d}$)

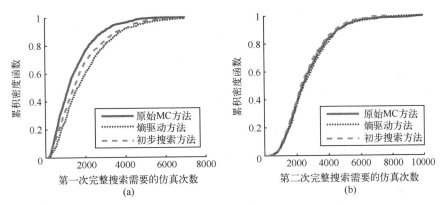

图 8.6　NFE (a) 和 NSE (b) 的经验 cdf（其中，原始 MC 方法、熵驱动方法，$\gamma=1$ 的初步搜索方法，流速参数 $[\phi_a,\phi_b,\phi_c]=[8,2.2,6]\times 10^4 \mathrm{m}^3/\mathrm{d}$)

现在考虑分析人员具有一些先验知识的情况，针对流量配置 $[\phi_a,\phi_b,\phi_c]=[8,2.2,6]\times 10^4 \mathrm{m}^3/\mathrm{d}$，假设分析人员对导致 ES_3 的情景感兴趣。为了评估参数 β 对初步搜索性能的影响，针对不同的 β 取值，即 $\beta=2,4,8$ 和不同的仿真次数 $N_{\mathrm{simul}}=[250,500,1000,2000,4000]$，相对于没有给出偏好（$\beta=1$）的仿真，计算关注情景的仿真次数的平均百分比增量。对 β 和 N_{simul} 的每种组合进行了 1000 次仿真。由于在引发关注的 ES 的所有场景中都观察到了类似的行为，因此在图 8.7 中仅绘制了与场景 S_7 相关的箱式图。β 值越大，百分比增量越大，例如，$\beta=2,4,8$ 分别对应 35%、60%、80%。但是，必须注意的是，如果 β 相对于 N_{simul} 而言太大（例如，$\beta=8$ 和 $N_{\mathrm{simul}}<1000$），则算法性能上存在很大的不确定性。实际上，如果 β 太大，该算法将其搜索工作（其仿真）集中在引发关注的

ES 的第一个场景上，以"防止"该算法发现可导致特定的 ES 的其他场景。特别地，在给定 β 的情况下，引发关注的 ES 的场景的数量会越大，对仿真次数的敏感性越高。

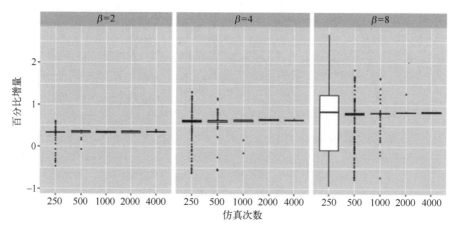

图 8.7 在参数 $\beta=2,4,8$ 和不同仿真次数条件下，情景 S_7 中仿真的百分比增量的箱式图

2. 深度搜索

由参数 $[\phi_a, \phi_b, \phi_c] = [8, 3.6, 5] \times 10^4 \text{m}^3/\text{d}$ 定义的系统经过初步搜索后，观察到情景 S_5 对应的系统输出的变化性很大，如表 8.5 中凸显的内容。因为，我们发现该情景中的一些事件时间序列引发了两种 ES：代表最糟糕终态的 ES_1 和在初步搜索期间只访问了几次的 ES_3。

表 8.5 初步搜索后的 ES 结果（其中，仿真次数为 1000 次，系统参数 $[\phi_a, \phi_b, \phi_c] = [8, 3.6, 5] \times 10^4 \text{m}^3/\text{d}$）

情 景	ES_1	ES_2	ES_3	ES_4	ES_5	ES_6
S_1	0	0	0	0	0	29
S_2	21	0	0	38	0	28
S_3	0	27	10	24	36	47
S_4	46	29	0	41	5	23
S_5	39	50	2	57	7	18
S_6	0	0	23	0	28	36
S_7	38	36	22	36	14	26
S_8	34	39	24	41	12	22

将空间填充参数设置为 0.2，最大仿真次数设置为 5000。在 M-H 算法中用多维高斯分布作为提议的概率分布。用初步搜索获得的瞬态时间向量估计与 ES_1

相关的协方差矩阵。相反，由于只有两个向量可用于 ES_3，因此考虑一个标准差等于两个向量之间的欧几里得距离的对角协方差矩阵。选择的标准差提供了搜索空间的相关信息。图 8.8 展示了初步搜索（左侧）和深度搜索（右侧）后的关注情景 S_5 的转移时间向量。结果证实，深度搜索能够增加引发关注的 ES 的时间序列周围的仿真次数。结果增加了关于导致关注事件的时间序列的认知。例如，为了获得 ES_3，管道 c 应该在最初的 100d 内破裂，而管道 b 应该在第一个管道失效后至少工作 800d。

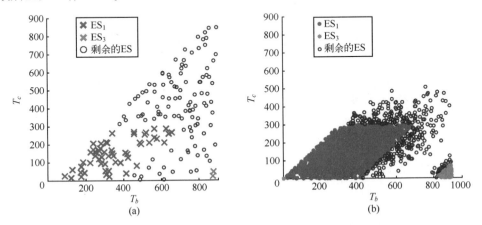

图 8.8　S_5 的初步搜索（a）和同一情景中 ES_1 和 ES_3 的深度搜索（b）

8.4.1.3　讨论

发现并理解事故进展可能会导致的结果，并尽可能避免出现意外情况，这些会为风险评估提供重要的价值。本章提出的自适应仿真框架将事故情景的搜索指向在其结果中表现出最高可变性的情景，从而增加了发现先验之外的意外情景的可能性。该方法能够考虑分析人员关于事故情景的先验知识以及他们关于待寻找的关注结果的偏好，这使得该方法非常灵活。此外，为了在搜索期间满足其他特定目标，可以设计新的驱动函数，例如将仿真引向风险最高的场景。

提出的框架仍然存在一些薄弱环节：

（1）本章假设分析人员已经知道系统可能发生的事故情景，但在涉及大量组件的大型系统中并非总是如此；但已有的一些方法可用来自动生成可能的风险情景[18]。

（2）目前提出的框架结构并非针对并行计算而设计。然而，通过对时间序列进行批次性的选择和仿真，可能会从并行计算的资源中受益。

8.4.2　临界区域识别

8.4.2.1　方法

参考 8.3 节，我们假设系统行为的数学模型可用 $Y=f(X)$ 表示，其输入 $X \in$

$D_X \subset R^M$ 表示给定的系统运行配置,其输出 $Y \in D_Y \subset R$ 反映系统的条件/状态。我们定义 $Y \geq Y_{thres}$ 为"临界"的条件以及其相应的输入配置作为 CR,即 CR = $\{X \in D_X \subset R^M : y = f(x) \geq Y_{thres}\}$。从数学的角度来看,我们正在寻找逆问题 $x = f^{-1}(y)$,$y \geq Y_{thres}$ 的解。然而,这在大多数工程系统中是不可行的,因为 $f(x)$ 是一种数值函数形式,其形式复杂,是一个黑盒并且不可逆。

一种解决方案即基于 DOE 通过数值仿真来探索 I/O 关系,然后通过后处理检索与 CR 有关的信息[36,71]。然而,当模型具有 8.2 节中提到的特征时,这种方法很难实现。

下文将提出一种自适应算法,用于探索数值模型和检索与 CR 有关的信息。由于关注的焦点是 X 的取值范围(取值域),以便在 CR 研究中搜索所有可能的配置,因此不考虑与 X 相关的最终概率分布。为此,在不失一般性的情况下,我们假设所有输入都是标准化的[72],例如 $X \in D_X = [0,1]^M$。同样,标准化可以应用于输出 Y。这有助于设计一个通用的、与问题无关的算法,并且有助于消除输入中可能存在参数取值量级不同带来的相关影响。

本节提出的框架的基本思想是采用如下迭代:

(1)运行若干(也可能少量)次模型仿真;
(2)从可用的仿真结果中检索知识;
(3)针对关注的区域,指导新配置的选择[73]。

该框架的特点是有 4 个主要步骤(图 8.9)。简而言之,第一步,通过基于 PCE 的灵敏度分析降低维数,旨在识别出那些最能影响模型输出的输入,以便将搜索限制在相应的(缩小后的)子空间[53]。第二步旨在训练一个计算成本低廉的元模型,该元模型可以在缩小空间中准确地再现真实模型的响应,要特别注意其区分 CR 和正常条件的能力。比如,克里金(kriging)元模型[58]。第三步基于 MCMC 采用元模型深入搜索缩小后的状态空间,目的是访问然后发现导致临界输出的输入配置[69]。最后一步使用聚类[74]和图形化方法,例如平行坐标图 PCP[75],来检索信息合并对找到的 CR 进行描述。

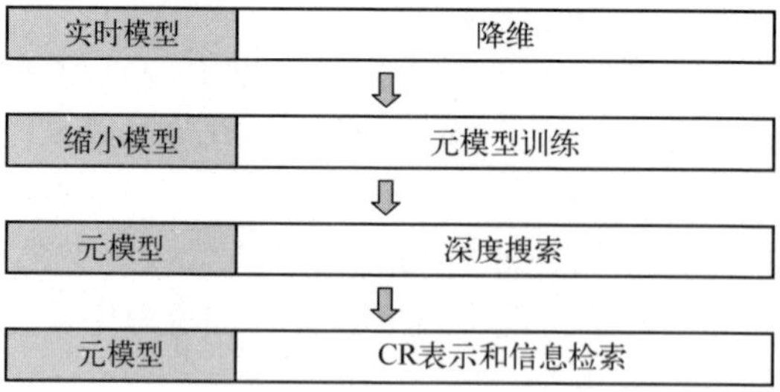

图 8.9 搜索框架的流程图

8.4.2.1.1 降维

一般而言，降维包括了若干用于识别变量的低维子空间的步骤方法，用这些方法可以在该低维子空间中构建一种降维的且简化的，但仍然具有代表性且可理解的系统行为模型[76-77]。从搜索的角度来看，采用更有效的 DOE 可以对必须要搜索的状态空间进行降维。文献中提出了两种主要策略：

（1）特征选择，旨在已有的变量和参数中选择其子集并输入模型[78]。

（2）特征提取，旨在识别一组通过对初始特征集合进行变换得到的具有"新"特征的子集[79]。

然而，降维方法通常依赖大量输入/输出数据集，当系统模型计算成本高时，通常得不到这类数据集。

作为替代方案，可以采用灵敏度分析方法实现与特征选择相同的目标。灵敏度分析根据模型输入对模型输出的影响对输入进行排序[53,80-81]。为此，全局顺序敏感性指标比局部敏感性指标更合适，因为它们可以针对输入的不同配置，衡量输入如何全局地影响模型的输出。具体而言，我们采用总顺序敏感性指标（total order sensitivity index）S_T[82-83]，它基于方差来度量全局敏感性，可以评估由特定输入 i 的变化及该输入与其他输入之间的相互作用下，输出 Y 的总方差的期望百分比：

$$S_{Ti} = \frac{E_{\mathbf{X}_{\sim i}}[V_{\mathbf{X}_i}(Y \mid \mathbf{X}_{\sim i})]}{V(Y)} \quad (8.5)$$

式中：$\mathbf{X}_i$ 为输入向量 $\mathbf{X}$ 的第 i 个分量；$\mathbf{X}_{\sim i}$ 为向量 $\mathbf{X}$ 的其余分量；$S_T \in [0,1]$。S_{Ti} 值若较大则表示第 i 个输入严重影响 Y，因此应保留在以下简称为"简化模型"的模型中。相反，若 S_{Ti} 的值相对小，则表示第 i 个输入不影响 Y，因此可以忽略或设置其为常数。通常，采用阈值 $S_{\text{thres}} = 1/M$ 来区分重要的输入[81]。

尽管 S_T 通常需要大量的 MC 或准蒙特卡罗（QMC）仿真才能准确计算[81]，但 PCE 已经表明可以通过较少的仿真次数实现相同的精度[53]（详见附录 A.8）。出于这个原因，本节采用 PCE 来识别必须保留在简化模型中的输入。所有涉及灵敏性指标的 PCE 近似和相应计算的分析都是使用 Matlab[61]中的 UQLab 工具箱进行的。

8.4.2.1.2 元建模

元模型的主要目的是用成本较低的计算模型再现真实系统模型（计算上价格特别昂贵）的行为。通过从真实简化模型中采用有限数量的 I/O 观测来训练元模型；在此基础上，它能够预测与尚未搜索到的输入配置相关的输出值。由于真实模型被假设为确定性的（相同输入配置的仿真会导致相同的输出），因而我们也要求元模型对输入的训练配置（绝对确定的已知）能够预测其相对应的准确的输出值。在文献众多可用的方法中[84-85]，我们选用克里金模型[58,86]，也就是高斯过程建模（详见附录 A.8）。克里金模型能够对响应函数的局部行为进行建模，并能够区分不同区域内同一模型的准确度水平。

例如，元模型应该准确地区分一个配置是否属于 CR。因此，元模型应该在 CR 邻域内更精细化，而在其余的空间中可以是粗糙的。为了实现这一目标，近来提出了序贯自适应训练策略[87-89]。与采用静态 DOE 来选择输入/输出配置不同，新配置是通过迭代的方式加入训练集中来最小化一类合适的成本函数。本节使用自适应克里金-蒙特卡罗仿真（AK-MCS）[88]。

在 AK-MCS 中，初始克里金模型使用 I/O 观测值的一个小集合进行训练，例如可通过拉丁超立方采样（LHS）方案进行采样得到。然后算法按照以下步骤迭代进行：

(i) 采用 LHS 对输入配置随机抽取一组集合 $\mathcal{X} = (x^{(1)}, x^{(2)}, \cdots, x^{(N_{MCS})})$。

(ii) 使用克里金元模型评估相关响应 $\hat{y} = (\hat{y}_1, \hat{y}_2, \cdots, \hat{y}_{N_{MCS}})$。

(iii) 检查是否已达到收敛标准：如果是，则元模型足够准确；

(iv) 如果不是，根据预先定义的学习函数/准则，选择最佳候选子集 $\mathcal{X}^* \subset \mathcal{X}$，并将其添加到当前 DOE 并评估相应的真实模型的输出 $\mathcal{Y}^*$。

(v) 将 $\{\mathcal{X}^*, \mathcal{Y}^*\}$ 添加到训练集，重新训练新的克里金元模型，然后回到步骤 (i)。

对于步骤 (iv) 中的学习函数，我们引入基于错误分类概念的 U-函数[88]。

$$U(x) = \frac{|Y_{\text{thres}} - \mu_{\hat{Y}}(x)|}{\sigma_{\hat{Y}}(x)} \tag{8.6}$$

实际上，$U(x)$ 表示元模型预测与极限状态 Y_{thres} 的标准偏差的距离。其值越小，预测越接近极限状态，因此将相应的 I/O 观测添加到训练集的可能性越高，因为它减少了关于"接近"极限表面的配置的预测不确定性（在概率意义上）。理论上，每次迭代中仅添加一个最佳候选配置构成了最优 DOE。但是，当使用大量 I/O 配置和/或由于高维而需要估计众多参数时，这会显著增加与元模型训练相关的计算成本。

为了解决这个问题，可以同时向训练集添加更多的 I/O 配置。由于相关函数，邻近的预测点共享相似的预测值和错误分类概率，因此在最佳候选集中可能存在具有相似输入值的配置。然而，针对类似配置，评估真实模型增加了计算成本，却没有将期望的知识量添加到元模型。为此，这里采用聚类技术在评估相应的实际模型输出之前，从最佳候选集中选择最具代表性的配置[90]。近来，Chevalier 等[91]提出了一种最优添加多个观测值到训练集的替代方法。

作为上面的步骤 (iii) 一个停止准则，我们采用修正系数 $\hat{\alpha}_{\text{corr LOO}}$ 的留一法估计[92]：

$$\hat{\alpha}_{\text{corr LOO}} = \frac{1}{N_{\text{Krig}}} \sum_{n=1}^{N_{\text{Krig}}} \frac{\mathbb{1}_{f(x^{(n)}) \geq Y_{\text{thres}}}(\boldsymbol{x}^{(n)})}{P(\hat{Y}_{\text{DOE}/x^{(n)}}(\boldsymbol{x}^{(n)}) \geq Y_{\text{thres}})} \tag{8.7}$$

式中：$\hat{Y}_{\text{DOE}\backslash x^{(n)}}(x^{(n)})$ 是与输入 $x^{(n)}$ 相关的输出预测，它通过采用除 $(x^{(n)}, y_n)$ 之外的所有 I/O 观测值的训练集，基于克里金模型获得。这证明概率判别函数（预测）收敛于真实的判别函数（真实的极限表面）。实际上，$\hat{\alpha}_{\text{corr LOO}}$ 的值接近 1 表示对真实模型的近似令人比较满意，而非常小或非常大的值则表示不准确的近似。必须注意的是，由于估算是基于留一法交叉验证，因此必须提供最少数量的初始 I/O 观测值[92]（如 30）来保证准确估计。另外，可以设置最大迭代次数，以限制对真实模型的调用次数。

为了构建元模型，我们使用 Matlab 中的 UQLab 工具箱[61]。Marelli 和 Sudret[61] 开发了序贯训练算法。

8.4.2.1.3 深度搜索

在深度搜索阶段，目标是利用元模型彻底搜索系统空间，特别是发现可能的意料之外的 CR。为此，设计了一种基于 MCMC M-H 算法的算法。虽然我们希望读者可以参考相应的论文[73]，我们还是在这里列出主要思路。在每个步骤中，迭代算法首先使用聚类技术识别已经发现的 CR 的数量。然后，对发现的 CR 每个分配几条马尔可夫链，以保证每个 CR 都以相同的细致程度进行搜索。实际上，具有低密度仿真次数的 CR 比具有更高密度的 CR 更可能未被搜索，因此将更多马尔可夫链分配给未被探测的区域。对于马尔可夫链访问的每个配置，评估相应的元模型，如果它会导致临界输出，则将其添加到 CR。继续该算法直到所识别的 CR 的数量对于给定的迭代次数保持相等（直到不再识别出新的 CR），或者直到所有 CR 的仿真次数达到一定密度。在任何情况下，都可以设置最大仿真次数以对最大计算量进行控制。

8.4.2.1.4 临界区域表示和信息检索

深度搜索的结果通常是包含属于多个 CR 的大量点的大型数据集。然而，当状态空间维度高于三维时，用于检索有用信息的高维数据可视化技术则显得相当有必要。感兴趣的读者可参考文献［93］对现有技术进行的扩展综述。在下文中，我们将使用两种最著名的方法：散点图矩阵[94]和 PCP[75]，它们有助于检索有关 CR 的补充信息，例如以独特的"可读"的图形形式表示的形状和其他相应的输入值。

8.4.2.1.5 搜索评估

假设表示 CR 中的配置的真实极限函数是已知的，则评估阶段的目标是度量搜索方法可以识别导致临界条件的配置的满意程度。为了便于说明，图 8.10 的左侧部分展示了对二维空间的精确搜索的输出，其中搜索方法（圆圈）选择的配置充分覆盖了真实的 CR（阴影）。相比之下，右侧部分显示了不完整的搜索，其中 CR 的一部分被识别，但未完全覆盖，甚至还有一些 CR 没有被搜索到。

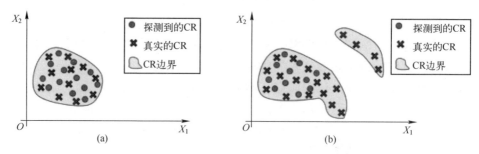

图 8.10 准确 CR 搜索（a）和不完整 CR 搜索（b）的示意图

这里引入定量指标来评估搜索的质量，即基于距离的准则比较提出的方法所访问的临界配置的总体 $\chi_{\text{exp}}^{\text{CR}}$（圆圈）与属于真实 CR 的均匀分布的样本总体 $\chi_{\text{real}}^{\text{CR}}$（叉）。

为此，通过设置局部异常因子（LOF）来比较单个配置与总体之间的关系。将真实 CR 中的每个配置与通过搜索方法获得的临界配置的总体进行比较。为了完整起见，LOF 是一种基于密度的异常值检测方法，能够度量一个样本与其他关注总体的孤立程度[95]。在我们的讨论范畴中，真实的 CR 配置与被搜索的 CR 配置的孤立程度越高，它属于未探测的 CR 的概率就越高。

LOF 的定义依赖点 x 和 o 之间的可达性距离的概念：

$$d_{\text{reach}}(x,o) = \max(d_{\text{kNN}}(o), d(x,o)) \tag{8.8}$$

式中：$d(\cdot,\cdot)$ 为通用距离；$d_{\text{kNN}}(o)$ 为 o 的第 k 个邻近（kNN）的距离。本章采用欧几里得距离，但在高维数情况下，曼哈顿甚至更低阶 L^p 距离更加可取[96]。因而局部可达性距离可以度量配置 x 与其 kNN 的接近程度，将其定义为

$$\text{lrd}_k(x) = \frac{k}{\sum_{o \in \text{kNN}(x)} d_{\text{reach}}(x,o)} \tag{8.9}$$

在这种情况下，配置 x 的 LOF 定义为

$$\text{LOF}(x) = \frac{1}{k} \sum_{o \in \text{kNN}(x)} \frac{\text{lrd}_k(o)}{\text{lrd}_k(x)} \tag{8.10}$$

其中参数 k 必须由分析人员设置（并且与 8.4.2.1.4 节中确定的聚类 K 的数量无关）。

通常，$\text{LOF}(x) \approx 1$ 表示配置 x 由其余配置很好地表示，而 $\text{LOF}(x) \gg 1$ 表示配置 x 是孤立的。为了针对检测临界配置为未搜索到的情况设置参考值，需基于所有的临界配置 $x \in \chi_{\text{exp}}^{\text{CR}}$（$\text{LOF}_{\text{exp}}$）来评估 LOF。同样，$\text{LOF}_{\text{real}}$ 表示对应于配置 $x \in \chi_{\text{real}}^{\text{CR}}$ 的一对全评估的随机变量。如果 $\text{LOF}(x) > \text{LOF}_{\text{exp}}$，则配置 $x \in \chi_{\text{real}}^{\text{CR}}$ 被认为是"未搜索到的"，其中：

$$\overline{\text{LOF}}_{\text{exp}} = \max_{x \in \chi_{\text{exp}}^{\text{CR}}} \text{LOF}(x) \tag{8.11}$$

是对应于搜索的最孤立的配置的 LOF。

以下基于距离的统计可认为是对搜索方法整体性能的综合度量：

(1) 期望 LOF：

$$\mu_{\text{LOF}}^{\text{real}} = E[\text{LOF}_{\text{real}}] \tag{8.12}$$

$\mu_{\text{LOF}}^{\text{real}} \gg 1$ 表示某些 CR 可能未被搜索到。

(2) 未搜索到的临界区域：

$$\text{UCR} = \frac{\#(\text{LOF}_{\text{real}} > \overline{\text{LOF}_{\text{exp}}})}{\#\chi_{\text{real}}^{\text{CR}}} \tag{8.13}$$

是被识别为未搜索到的真实临界配置的数量与 $\chi_{\text{exp}}^{\text{CR}}$ 的基数之间的比例。实际上，它代表了该方法尚未搜索到的 CR 的"比例"。

(3) 未搜索到的极限临界区域：

$$\text{UECR}_{\gamma\%} = \text{UCR}_{\gamma\%} \mid \chi_{\text{real}}^{\text{ECR}} = \frac{\#(\text{LOF}_{\text{real}} > \overline{\text{LOF}_{\text{exp}}} \mid \chi_{\text{real}}^{\text{ECR}})}{\#\chi_{\text{real}}^{\text{ECR}}} \tag{8.14}$$

其中 $\chi_{\text{real}}^{\text{ECR}} \subset \chi_{\text{real}}^{\text{CR}}$ 是导致最"极限"输出的 CR 的子集。特别地，$\gamma \in [0,100]\%$ 是用于表征极限输出的分位数：令 $\gamma = 0.9$，如果其输出大于总体的 90% 的输出，则该临界配置被认为是"极限"的。该指标使得分析人员能了解该方法是否已发现可导致最临界输出的 CR。

(4) 条件期望 LOF：

$$\mu_{\text{LOF|UCR}} = E\left[\frac{\text{LOF}_{\text{real}}}{\overline{\text{LOF}_{\text{exp}}}} \mid \text{LOF}_{\text{real}} > \overline{\text{LOF}_{\text{exp}}}\right] \tag{8.15}$$

这表明未搜索到的临界配置与已搜索到的最孤立的临界配置的平均孤立程度。实际中，$\propto_{\text{LOF|UCR}} \gg 1$ 表示存在与已搜索的 CR 非常孤立的临界配置，从而向分析人员发出存在与已识别的 **CR 断开连接的 CR** 的警告。

8.4.2.2 配电网络

分析配电网络以发现其相关的 CR[97]。该网络如图 8.11 所示，包括 10 条馈电线，将能量从唯一的总电力供应（MS）传输到 8 个需求节点（消费者），其特征在于不同的日负荷剖面。

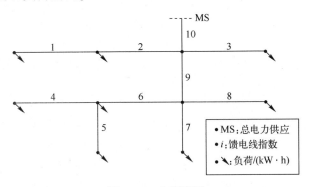

图 8.11 电网配置

负载剖面 L_j 根据不同的消费者类型呈现不同的形状。这些消费者类型包括住宅消费者和办公室人员，其单位电力负荷剖面如图 8.12 所示。具体地，需求节点的每日负载 L_j 由式（8.16）给出：

$$L_j(t) = r_j R(t) + o_j O(t) \tag{8.16}$$

式中：$R(t)$ 和 $O(t)$ 为单位每日负荷；r_j 和 o_j 分别为住宅消费者和办公室人员的平均负荷[98]。表 8.6 给出了本章使用的平均负荷值。平均负荷的不确定性和季节性影响可以很容易地嵌入模型中。然而，由于研究的重点是搜索日常剖面以验证馈电线故障的影响，因此在分析中不考虑它们。

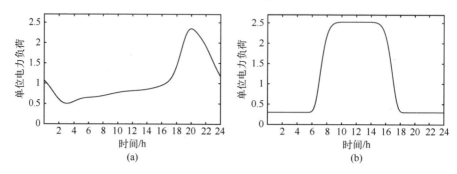

图 8.12 住宅消费者（a）和商业办公室（b）的电力负荷剖面

表 8.6 网络中 10 个节点的平均负荷值   单位：kW

节点	1	2	3	4	5	6	7	8	9	10
r	0	0	0	1	1	5	5	5	0	0
o	5	5	100	0	0	0	0	0	0	0

我们假设每条馈电线在 24h 内会随机地在时间点 $T_i \in [0,24)$，以一定的失效量级 F_i 独立地发生一次失效。当第 i 条馈电线失效时，在与失效量级呈比例的时间内，没有电可以流过它：例如，$F_i = 0.5$ 表示馈电线停止运行 0.5h。如此一来，$X = [T_1, T_2, \cdots, T_{10}, F_1, F_2, \cdots, F_{10}]$ 是模型的 M 维输入向量，并表征了给定的失效配置。

未向消费者提供的电能（ENS）被视为模型的输出，在本案例中定义为

$$\text{ENS}(X) = \int_0^{24} \sum_{i=1}^{10} l_{\text{NSS}(t)}(i) \cdot L_i(t) \, \mathrm{d}t \tag{8.17}$$

式中：$\text{NSS}(t)$ 为在时刻 t 未供电的集合（在时刻 t 未服务的节点的集合）；l 为指示函数，如果 $i \in \text{NSS}(t)$ 则取值为 1，否则取 0。此外，ENS 用于区分临界条件：$\text{ENS}(X) \geq \text{ENS}_{\text{thres}}$ 意味着失效配置 X 是临界的；否则 X 被认为是"正常"的。$\text{ENS}_{\text{thres}}$ 的值设置为 500kW·h，以便将注意力集中在临界事件上。

8.4.2.2.1 降维

我们使用 PCE 进行降维,其中多项式的最大阶数固定为 5,以便降低计算成本并将注意力集中在模型的主要趋势上。通过使用 QMC Sobol 序列获得了 500 个样本点的 DOE,然后基于最小角度回归估计 PCE 的系数[99]。图 8.13 表明输入的总顺序敏感性指标 S_T 之间存在巨大差异:馈电线 3 和 10(T_3, T_{10}, F_3, F_{10})的 S_T 的值大于 0.2,而其他指数值小于 0.05。实际上,馈电线 3 和 10 是唯一的两个会影响给需求最高的消费者(用户 3)提供能量的线路,因此这个结果与事实相符。在这种情况下,简化模型的维数设置为 4,并且 $X^* = (T_3, T_{10}, F_3, F_{10})$,其余输入设置为随机的固定值,因为预想中它们对输出没有影响。

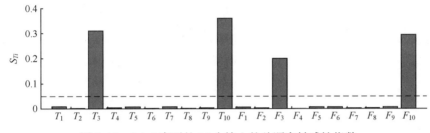

图 8.13 Sobol 序列的 20 个输入的总顺序敏感性指数

8.4.2.2.2 元模型

为了训练元模型,我们采用普通克里金方法:假设趋势是未知的但是不变的,这使得高斯过程完全适应训练数据。采用椭球各向异性相关函数可将不同的输入下响应函数可能存在的不同行为考虑进来:特别地,我们采用 3/2 Matérn 函数[59,100]:

$$\begin{cases} h(x, x'; \theta) = \sqrt{\sum_{m \in M'} \left(\frac{x_m - x'_m}{\theta_m} \right)^2} \\ R\left(h, v = \frac{3}{2}\right) = (1 + h\sqrt{3}) \cdot e^{-h\sqrt{3}} \end{cases} \quad (8.18)$$

式中:v 为形状参数;θ 为尺度参数。

给定简化模型的维数,使用 Sobol' QMC 抽样得到 100 个配置,结合相应的 ENS,可用于元模型的初始化。然后,通过 8.4.2.1.2 节中介绍的迭代 AK-MCS,通过 LHS 对 10000 个配置进行采样,并在每个步骤中评价出 50 个候选配置,并将其添加到 DOE$\{x_{\text{krig}}, y_{\text{krig}}\}$。仅当配置的 U 函数值低于 4 时,其才有资格成为候选配置。实际上,$U(x) > 4$ 表示在概率视图中相应的配置与临界阈值相去很远。将用于训练元模型的 I/O 观察值的最大数量设置为 1000,主要是为了控制最大计算量。图 8.14 展示了用于训练元模型的配置在二维子空间$[T_3, T_{10}]$的投影:图 8.14(a)描述了用于初始化的初始 100 个样本;图 8.14(b)展示了基于 AK-MCS 迭代添加的配置样本。值得注意的是,自适应 DOE 会在输入域的不同部分中分配不同配置样本点（在 CR 中具有显著的、更高的密度）。

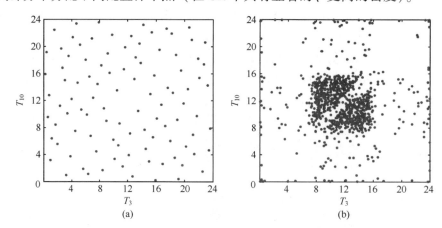

图 8.14　用于训练元模型的 DOE 的投影

8.4.2.2.3　深度搜索

从 DOE 配合克里金方法中，确定了 169 个关键配置。为了深入搜索 CR，设置 5 条马尔可夫链，最大样本数等于 5000，基于 8.4.2.1.3 节中提出的方法进行了 5 次迭代运行。图 8.15 展示了属于 CR 的配置在二维子空间 $[T_3, T_{10}]$ 上的投影。图 8.15（a）是从元模型 DOE 得到的配置，而图 8.15（b）是深度搜索（约 3000 个配置）后获得的配置。值得注意的是，深度搜索可以更好地突出 CR 的边界，因此可以更好地检索它们的形状和特征。这个特点在高维空间中更加明显。为简洁起见，本节仅展示了 CR 配置中的一个投影；但以下一节会给出详细的分析。

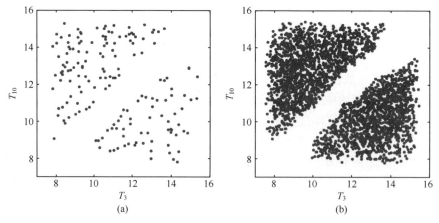

图 8.15　属于 CR 的观测值的二维投影
（a）从元模型的 DOE 获得的投影；（b）深度搜索获得的投影。

8.4.2.2.4 表示和信息检索

将具有不同集群基数（$K=1\sim10$）的 K 均值聚类序列，应用到离散 CR 的临界配置中，对其进行数量的识别。为此可对一些聚类有效性指标进行计算（例如 Hubert 统计、Dunn 指数、Silhouette 指数、Davies 指数和 Bouldin 指数、Calinski 指数和 Harabasz 指数）。然而，由于该分析超出了本书的范围，读者可参考 Arbelaitz 和 Charrad 等[101-102]的出版物，其中详细说明了所用指标的定义和解释。识别出的 2 个集群及其相应的 PCP 详见图 8.16。为清楚起见，表示两个集群的平行坐标的包络（表征集群的值的范围）如图 8.17 所示。通过观察这些范围，还可以了解 CR 的维度。在这种情况下，例如，它们分别约占据 4 个重要输入 T_3、T_{10}、F_3 和 F_{10} 的整个范围的 30%、30%、20%、20%，而这只与整个输入域的约 0.36% 相关。因此 CR 可以通过一天中间（8:00—15:00）发生失效的几个小时且失效的量级超过 0.8 来作为特征进行刻画；也就是说，馈电线至少每 48min 就会发生一次异常。另外，值得注意的是，两个集群在失效时间 T_3 和 T_{10} 的两个轴上表现出不同的行为。

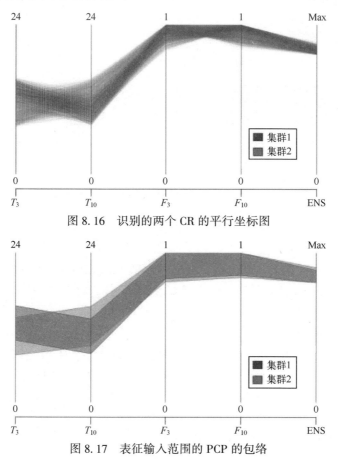

图 8.16 识别的两个 CR 的平行坐标图

图 8.17 表征输入范围的 PCP 的包络

为此，图 8.18 还给出了相应的散点图矩阵，其中 PCP 上识别出的"包络"通过阴影矩形表示在对角线上方的图中。由图 8.18 可知，两个集群是可识别的，并且在 $[T_3, T_{10}]$ 定义的子空间上很好地被分离开了：集群 1 的特征在于馈电线 10 的初始失效，接着是延迟了至少 1h 的馈电线 3 的失效，而集群 2 的特征是一个逆序列，并且失效之间延迟也是至少 1h。实际上，如果两种失效同时发生，则与节点 3 相关联的 ENS 与两种失效中只有一个失效发生的情况相同，因为两个馈电线同时处于修复状态，因此电能给用户 3 的总时间不可能"仅"1h。

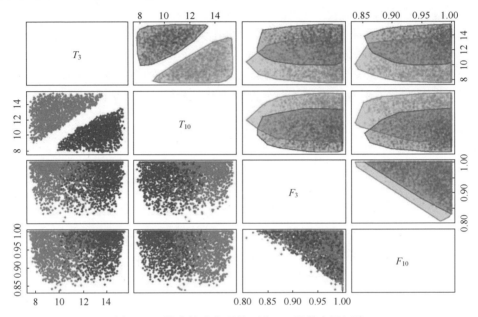

图 8.18 搜索算法发现的两个 CR 的散点图矩阵
（在对角线上方，描绘了所识别的集群的二维凸包络）

关于 $[F_3, F_{10}]$ 定义的子空间，必须注意两个集群之间没有差异。然而，三角形区域表明两个失效量级的总和必须大于等于 1.80，即节点 3 处的消费者得不到服务的时间大于 1h48min。最后，尽管凸的二维投影略微高估了与 CR 相关的区域，但它们提供了一种综合的表示方法，这可以用作 CR 的第一近似值。

8.4.2.2.5 性能评估

为了获得真实 CR 的代表性图像，对模型所有的 20 个输入，我们通过 LHS 抽样得到了大量配置，并且评估出了相应的输出。此外，我们也对简化模型的输出进行了评价并将其作为理想的"目标"，即元模型的表征，其中，简化模型是通过将 20 个输入投影到由 $[T_3, T_{10}, F_3, F_{10}]$ 定义的四维空间后得到的。对于每种搜索策略，在表 8.7 中给出了对昂贵模型和/或廉价模型（元模型）的调用次数。

表 8.7　对计算上廉价和/或昂贵的模型进行调用的次数

计算成本	元模型	缩小模型	实时模型
低	约 200000	0	0
高	1500	100000	100000

在抽样得到的大量配置中，选择导致 ENS 临界值的配置并评估相应的 LOF，以验证元模型发现的 CR 与通过简化模型和实际的模型（见 8.4.2.1.5 节）发现的 CR 的相似程度。表 8.8 给出了相关统计结果。元模型的 CR 用作参考集，因此仅评估 LOF 相应的期望值。通过观察简化模型获得的结果发现所有统计结果的取值都较小：LOF 的平均值非常接近元模型的平均值；尚未搜索到的 CR 的百分比仅为 3%，相关的条件值仍然非常低（为 1.08），这意味着未搜索到的 CR 非常接近元模型识别的 CR 的边界。从这个角度来看，可以表明元模型搜索已经准确地搜索并发现了与简化模型相关的 CR。

表 8.8　不同搜索策略下基于局部异常因子（LOF）的统计数据

度量标准	元模型	缩小模型	实时模型
μ_{LOF}	1.02	1.03	2.66
UCR	—	3%	72%
$UECR_{90\%}$	—	0%	7%
$\mu_{LOF|UCR}$	—	1.08	2.20

另外，对于真实模型，平均 LOF 与元模型相比取值较大，这表明部分 CR 尚未搜索到。这由未被探索到的 CR 的百分比取值可知。但必须注意的是，未搜索到的极端 CR 的百分比非常低，因此元模型搜索已经能够识别导致最临界输出的配置。最后，条件期望值 $\mu_{LOF|UCR}$ 不是很大，这表明未搜索到的 CR 部分很可能接近边界。

为了将结果可视化，我们使用散点图矩阵，其中由元模型搜索识别的 CR 由浅圆描绘，真实模型相关的属于 CR 的配置根据它们 LOF 的值由十字形和正方形表征。特别地，根据 8.4.2.1.5 节，定义 $LOF \leqslant \overline{LOF}_{exp}$ ［参见式（8.11）］的配置为识别到的 CR（十字形），而定义 $\overline{LOF}_{exp} < LOF$ 的配置为未被搜索到的 CR（正方形）。必须注意的是，在以失效时间 $[T_3, T_{10}]$ 为特征的子空间中，基于元模型（MM）和基于真实模型的搜索之间没有显著差异。相反，在失效量级的子空间 $[F_3, F_{10}]$ 存在显著差异：根据真实模型，量级之和为 1.60 左右，则差异就足够大了。这意味着即使节点 3 处的消费者至少不被服务 1h36min，真实模型也会达到临界状态。实际上，需要达到临界阈值的其他 ENS 可能来自在降维步骤中丢失的馈电线的失效。最后，通过查看图 8.19 的最后一列，

可以看出 ENS 的最大值即最关键的值，通过我们的方法（十字形）也可以准确地发现这一点。

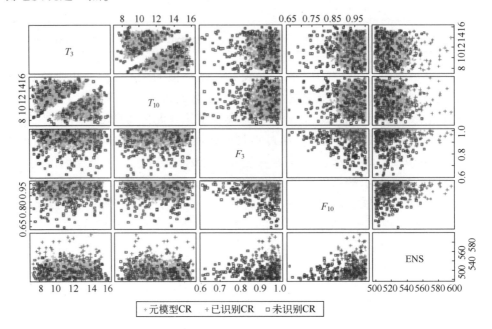

图 8.19 元模型搜索（MM；浅色圈）发现的 CR 的散点图矩阵
（真实模型的 CR 用其他符号表示，即被识别出（十字形），没被识别出（方形））

当丢弃忽略的输入的影响非常小时，即当简化模型可能表征真实模型时，我们还对模型参数进行了灵敏度分析，以便验证所提方法的性能。为此，除了节点 3 之外的所有负荷都减掉了因素 10（相应的值列在表 8.9 中）。尽管负荷减少，为了确保存在一个 CR，将阈值 ENS_{thres} 设定为比初始值低 5% 的 475kW·h。在和最初的案例相同的设置和相同的模型调用次数下，再次开展所有的分析。

表 8.9 网络的 10 个节点的平均负荷值   单位：kW

节点	1	2	3	4	5	6	7	8	9	10
r	0	0	0	0.1	0.1	0.5	0.5	0.5	0	0
0	0.5	0.5	100	0	0	0	0	0	0	0

表 8.10 给出了基于简化模型和真实模型搜索的 LOF 统计结果。所有搜索类型的 LOF 的平均值都非常接近 1，这表明可能所有的 CR 都已经搜索到。这也可以证实，两种模型中未搜索到的 CR 的百分比均为空。由于所有配置都被识别为已搜索，所以 $\mu_{LOF|UCR}$ 没有取值。

表 8.10 不同搜索策略的基于局部异常因子（LOF）的统计结果

度量标准	元模型	缩小模型	实时模型
μ_{LOF}	1.02	1.01	1.07
UCR	—	0	0
$UECR_{90\%}$	—	0	0

图 8.20 表明，基于真实模型的搜索（十字形）发现的所有临界配置位于所提出方法（浅色圈）发现的 CR 的内部或边界处。该结果证明，所提出的方法可以通过有限次调用真实模型识别出 CR；在这种情况下，搜索次数①比基于真实模型的搜索低两个数量级。

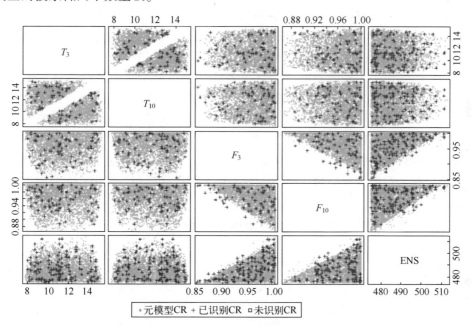

图 8.20 元模型搜索（浅圈）发现的 CR 的散点图矩阵
（用不同的符号描绘真实模型的 CR，被识别出为十字形，没被识别出为方形）

8.4.2.3 讨论

8.4.2 节提出了一种基于仿真的新策略来识别和表征 CR，其中，仿真的原始模型具有计算成本高、维度高和复杂高的特点。

所提方法的主要优点是只需通过有限次数仿真即可搜索和检索信息。此外，该方法具有通用性和模块化特点，即可用于解决各种问题和案例。例如，若数值模型维度不高（或计算成本不高），则可省略降维步骤（或元模型步骤）。

---

① 为了有助于理解，译著做了相应的解释。

最后，由于提出的方法依赖元模型来准确地再现真实模型的行为，因此该方法的性能在某种程度上取决于克里金方法的性能。特别地，随着重要输入空间的维度（简化模型输入空间的维数）增多，克里金方法的性能降低。

8.5 结　　论

本章讨论并研究了通过场景仿真获得系统风险评估知识的可能性。主要思路是通过模型仿真和信息检索来探索系统的行为，特别是针对不期望出现的或不寻常的临界配置形成的 CR 进行探索。当仿真模型维度高、复杂度高，具有黑盒特性且计算成本较高时，对这种搜索提出了挑战。此外，还需要特定的方法对模型进行有限次数（计算成本较高）的调用来获得关注的信息。为此，相关文献中主要采取两种策略：一种是采用并行计算来减少在搜索期间为了获得令人满意的细节程度所需的时间；另一种是采用迭代自适应策略，利用已经运行得到的仿真结果提供的知识，为得到新的"信息量丰富"的仿真结果来选择最佳配置（原则上，应该添加与关注的系统状态有关的更多信息以便用于分析）。

本章介绍了两种方法。一种方法是为了增加时间对关注情景演化的影响的认知，针对不同事故情景相关的不确定性的搜索方法。该方法能够识别出以输出存在多变性为特征的情景，并因此将仿真集中运行在这些情景上。同时，该方法可以嵌入分析人员的先验知识。这使注意力和大部分计算工作集中在对有限数量的事故情景的搜索上。

另一种方法旨在识别和表征导致系统异常的情况，即 CR 的输入和参数的配置。所提的框架利用了如下方法：

(1) 降维技术，用于限制输入空间的维数。
(2) 元建模，用于重现真实模型并降低模型运行的计算成本。
(3) 自适应搜索算法，用于识别和彻底搜索临界区域。
(4) 聚类和高维数据可视化技术，用于检索和可视化仿真中包含的知识。

该框架具有模块化特性和灵活性，可轻松适应不同类型的应用案例。

最后，必须强调的是，可以从仿真中获取的知识取决于模型中可用的知识：模型越详细和越准确，搜索就越具挑战性，同时可以检索到的信息越完整，信息量也越大。

附录 A.8

A.8.1 Metropolis-Hastings 方法

Metropolis-Hastings（M-H）方法是马尔可夫蒙特卡罗（MCMC）方法，用于从非传统概率分布中进行抽样的一种著名方法。MCMC 方法的基本思想是从中生成一条马尔可夫链，其中目标分布 p 是该马尔可夫链的平稳分布[67]。

为了生成马尔可夫链，M-H 算法从提议分布 q 迭代地抽样出候选 T^*，然后根据接受准则对从提议分布中产生的样本做出接收—拒绝的判断[103]。

通常考虑易于抽样的分布作为提议分布。例如，在 8.4.1 节中，我们使用多元高斯分布 $q(T^*|T_n) \sim N(T_n, \Sigma)$，将最后接受的样本 T_n 作为均值，将 Σ 作为协方差矩阵，其系数可以从目标分布中的一组可用样本进行估计，也可以由分析人员设置一个先验函数。一旦开始采样，则候选 T^* 以概率 $\alpha(T_n, T^*) = \min(r(T_n, T^*), 1)$ 被接受（$T_{n+1} = T^*$）或被拒绝（$T_{n+1} = T_n$），其中 r 的定义如下：

$$r(T_n, T^*) = \begin{cases} \dfrac{p(T^*) \cdot q(T_n|T^*)}{p(T_n) \cdot q(T^*|T_n)}, & (p(T_n) \cdot q(T^*|T_n) > 0) \\ 1, & (\text{其他}) \end{cases} \quad (8.19)$$

式中：p 为我们要采样的目标分布。如果提议分布是对称的，即 $q(T_n|T^*) = q(T^*|T_n)$，则式（8.19）可以改写为

$$r(T_n, T^*) = \begin{cases} \dfrac{p(T^*)}{p(T_n)}, & (p(T_n) > 0) \\ 1, & (\text{其他}) \end{cases} \quad (8.20)$$

最后，如果在特定事件的取值域 Ω_l 中，目标是均匀分布，则概率 $\alpha(T_n, T^*)$ 可写为

$$\alpha(T_n, T^*) = \begin{cases} 1, & (T^* \in \Omega_l) \\ 0, & (\text{其他}) \end{cases} \quad (8.21)$$

为了只用少量样本就达到平稳分布，一个关键指标是提议候选与接受候选之间的接受率（AR）：如果 AR 太大（AR>0.9），很可能提出的候选与前者非常接近，这意味着马尔可夫链在生成关注的空间时太慢。相反，如果 AR 很小（AR<0.2），则基于提议分布抽样得到的候选与可接受的候选相差太远，即候选会落入目标分布非常低，甚至在目标域 Ω_l 之外的区域中，这意味着分布是由相同样本的多次重复近似得到的。

A.8.2 基于多项式混沌展开的灵敏度分析

考虑函数 $Y = f(X)$，其中 X 表示随机输入的向量，Y 是相应的输出。通过多

项式混沌展开（PCE）可以分解为[104]

$$Y = f(X_1, X_2, \cdots, X_M) = \sum_{\alpha \in \mathbf{N}^M} y_\alpha \psi_\alpha(X_1, X_2, \cdots, X_M) \qquad (8.22)$$

式中：y_α 为与多元希尔伯特基 $\psi_\alpha(\cdot)$ 相关的系数，与表征输入的多变量分布正交（通常考虑均匀或正态分布）。为了使之有效，应选择希尔伯特空间，使其包含响应函数 Y [105]。如果输入多变量分布是均匀分布，则 $\psi_\alpha(\cdot)$ 是多元勒让德多项式（multivariate Legendre polynomial），其中多元指标 $\alpha = (\alpha_1, \alpha_2, \cdots, \alpha_M)$ 表示与向量 X 的每个分量相关的多项式的阶数。例如，如果 $\alpha = (3, 1, 0, 2)$，则对应的勒让德多项式表示为 X_1 的三阶多项式，X_2 的一阶多项式，X_3 的零阶多项式和 X_4 的二阶多项式。为了保持合理的数值成本，多项式混沌展开可以截断到最大多项式阶数 p，以此来为真实响应函数提供近似值：

$$Y = f(X_1, X_2, \cdots, X_M) \approx \sum_{\alpha \in A^{M,p}} y_\alpha \psi_\alpha(X_1, X_2, \cdots, X_M) \qquad (8.23)$$

其中，$A^{M,p} \subset \mathbf{N}^M$ 是对应于最大阶等于 p 的多项式的多指标子集，即 $A^{M,p} = \{\alpha \subset \mathbf{N}^M, |\alpha| < p\}$ 具有相应的基数 $\#A^{M,p} = \binom{M+p}{p}$。

PCE 最突出的优势在于，一旦得到近似表达式（8.23），则总顺序灵敏度指数可以简单地近似为

$$S_{Ti} \approx \widetilde{S}_{Ti} = \frac{\sum_{u \in U^i} y_u^2}{\sum_{\alpha \in A^{M,p}} y_\alpha^2} \qquad (8.24)$$

其中，$U^i = \{u \in A^{M,p}, u_i \neq 0\}$ 是与第 i 个分量的非零阶勒让德多项式对应的所有多指标的子集；也就是说，多指标的子集代表包含第 i 个分量的多项式[53]。近似的总顺序灵敏度指数 $\widetilde{S}_{Ti}$ 按多项式截尾 p 的程度收敛到实数。实际上，估计 S_T 所需的计算成本仅取决于用 PCE 近似输出函数所需的计算成本。

可以通过投影和回归进行 PCE 系数的估计。尽管投影技术的要求更严格，它也需要明确知道函数 f 的定义[106]，而在处理黑盒函数或复杂的数字代码时，f 通常不可知。为此，我们采用回归方法，特别是结合自适应稀疏 PCE 表征的最小角度回归[107]，该方法可以自动检测显著的 PCE 系数，同时限制了 PC 近似的计算成本。实际上，系数矩阵的稀疏表征允许旨在保留那些具有不可忽略值的系数。为了训练回归模型，通常根据拉丁超立方采样或其他准蒙特卡罗方法对输入配置的 N_{PCE} 进行采样[99,108]。从而，基于评估得到的相应真实模型的输出，可进行回归模型的拟合。近来，有人提出了用于估计 PC 系数的优化 DOE 方法，以便进一步减少计算成本较高的模型的调用次数[109]。

A.8.3 克里金方法

克里金方法是一种随机插值算法，假设模型输出 $Y=f(X)$，$X \in D_X \subset \mathbb{R}^M$ 可以由高斯过程实现，本章中，D_X 是元模型的有效域，M 是输入状态空间的维数[58,86]。实际上，克里金方法是一个线性回归模型，其模型的残差是通过高斯过程相互关联的，而不是独立的：

$$Y=f(X)=N(h(X)^T\beta, \sigma^2 Z(X)) \tag{8.25}$$

式中：$h(X)^T\beta$ 为均值，即趋势，它是一般的线性回归模型［例如，$h(X)$ 可以包含多项式项，它反映了模型的先验知识］；σ^2 为高斯过程的方差，$Z(X)$ 为一个零均值，且单位方差的平稳高斯过程，其相关函数由 $R(x,x';\theta)$ 表示。相关函数通常取决于两个向量 x、x' 的距离：它们越近，其相关性越高。基于高斯过程的假设，模型的每组输出都可以用高斯向量来描述：

$$\begin{bmatrix} \hat{Y}(x) \\ y \end{bmatrix} \sim N_{N_{\text{Krig}}+1}\left(\begin{bmatrix} h(x)^T\beta \\ H\beta \end{bmatrix}; \sigma^2 \begin{bmatrix} 1 & r^T(x) \\ r(x) & R \end{bmatrix}\right) \tag{8.26}$$

假设 $y=(y_1,y_2,\cdots,y_{N_{\text{Krig}}})$ 是与信息矩阵 H 和相关矩阵 R 有关的实验设计（$R_{ij}=R(x^{(i)},x^{(j)},\theta)(i,j=1,2,\cdots,N_{\text{Krig}})$），则给定配置 x 下的输出 $\hat{Y}$ 的预测为

$$\hat{Y}(x) \mid y, \sigma^2, \theta \sim N(\mu_{\hat{Y}}; \sigma^2_{\hat{Y}}) \tag{8.27}$$

其中

$$\mu_{\hat{Y}}(x)=h(x)^T\beta+r(x)^T R^{-1}(y-H\beta) \tag{8.28}$$

$$\sigma^2_{\hat{Y}}(x)=\sigma^2(1-r(x)^T R^{-1} r(x)^T) + (h(x)^T-r(x)^T R^{-1} H)(H^T R^{-1} H)^{-1}(h(x)^T-r(x)^T R^{-1} H)^T \tag{8.29}$$

回归系数由 $\beta=(H^T R^{-1} H)^{-1} H^T R^{-1} y$ 估计。

该公式的主要优点之一是置信区间与每个预测 $\hat{Y}(x)$ 相关。这可以用于评估元模型的准度和精度：置信区间越小，相应配置的模型预测越精确。

参 考 文 献

[1] AVEN T. Foundational issues in risk assessment and risk management [J]. Risk Analysis, 2012a, 32 (10): 1647-1656.

[2] AVEN T. On the critique of Beck's view on risk and risk analysis [J]. Safety science, 2012b, 50 (4): 1043-1048.

[3] AVEN T. Risk assessment and risk management: Review of recent advances on their foundation [J]. European Journal of Operational Research, 2016b, 253 (1): 1-13.

[4] COX JR L A T. Special (virtual) issue of Foundations of Risk Analysis [J]. 2015.

[5] AVEN T. Ignoring scenarios in risk assessments: Understanding the issue and improving current practice [J]. Reliability Engineering & System Safety, 2016a, 145: 215-220.

[6] AVEN T, ZIO E. Foundational issues in risk assessment and risk management [J]. Risk analysis, 2014, 34 (7): 1164-1172.

[7] ZIO E. Some challenges and opportunities in reliability engineering [J]. IEEE Transactions on Reliability, 2016b, 65 (4): 1769-1782.

[8] AVEN T. On the meaning of a black swan in a risk context [J]. Safety science, 2013, 57: 44-51.

[9] FLAGE R, AVEN T. Emerging risk-Conceptual definition and a relation to black swan type of events [J]. Reliability Engineering & System Safety, 2015, 144: 61-67.

[10] TALEB N N. The black swan: The impact of the highly improbable [M]. Random house, 2007.

[11] IGRC. Guidelines for emerging risk governance [R]. International Risk Governance Council, Lausanne, Switzerland, 2015.

[12] AEMO. Third preliminary report-black system event in South Australia on 28 September 2016 [J]. 2016.

[13] MONTERO-MAYORGA J, QUERAL C, GONZALEZ-CADELO J. Effects of delayed RCP trip during SBLOCA in PWR [J]. Annals of Nuclear Energy, 2014, 63: 107-125.

[14] DI MAIO F, SECCHI P, VANTINI S, et al. Fuzzy C-means clustering of signal functional principal components for post-processing dynamic scenarios of a nuclear power plant digital instrumentation and control system [J]. IEEE Transactions on Reliability, 2011, 60 (2): 415-425.

[15] MANDELLI D, SMITH C, RABITI C, et al. Dynamic PRA: an overview of new algorithms to generate, analyze and visualize data [J]. Proceeding of American Nuclear Society, 2013a.

[16] MANDELLI D, YILMAZ A, ALDEMIR T, et al. Scenario clustering and dynamic probabilistic risk assessment [J]. Reliability Engineering & System Safety, 2013b, 115: 146-160.

[17] ALDEMIR T. A survey of dynamic methodologies for probabilistic safety assessment of nuclear power plants [J]. Annals of Nuclear Energy, 2013, 52: 113-124.

[18] LI J, KANG R, MOSLEH A, et al. Simulation-based automatic generation of risk scenarios [J]. Journal of Systems Engineering and Electronics, 2011, 22 (3): 437-444.

[19] SIU N. Risk assessment for dynamic systems: an overview [J]. Reliability Engineering & System Safety, 1994, 43 (1): 43-73.

[20] ZIO E. Integrated deterministic and probabilistic safety assessment: concepts, challenges, research directions [J]. Nuclear Engineering Design, 2014, 280: 413-419.

[21] ČEPIN M, MAVKO B. A dynamic fault tree [J]. Reliability Engineering & System Safety, 2002, 75 (1): 83-91.

[22] COJAZZI G. The DYLAM approach for the dynamic reliability analysis of systems [J]. Reliability Engineering & System Safety, 1996, 52 (3): 279-296.

[23] HAKOBYAN A, ALDEMIR T, DENNING R, et al. Dynamic generation of accident progression event trees [J]. Nuclear Engineering and Design, 2008, 238 (12): 3457-3467.

[24] HSUEH K-S, MOSLEH A. The development and application of the accident dynamic simulator for dynamic probabilistic risk assessment of nuclear power plants [J]. Reliability Engineering & System Safety, 1996, 52 (3): 297-314.

[25] KLOOS M, PESCHKE J. MCDET: A Probabilistic Dynamics Method Combining Monte Carlo Simulation with

the Discrete Dynamic Event Tree Approach [J]. Nuclear science and engineering, 2006, 153 (2): 137-156.

[26] LABEAU P E, SMIDTS C, SWAMINATHAN S. Dynamic reliability: towards an integrated platform for probabilistic risk assessment [J]. Reliability Engineering & System Safety, 2000, 68 (3): 219-254.

[27] DI MAIO F, BARONCHELLI S, ZIO E. A computational framework for prime implicants identification in noncoherent dynamic systems [J]. Risk Analysis, 2015a, 35 (1): 142-156.

[28] DI MAIO F, VAGNOLI M, ZIO E. Risk-based clustering for near misses identification in integrated deterministic and probabilistic safety analysis [J]. Science and Technology of Nuclear Installations, 2015c, 501: 693-891.

[29] GARRETT C, APOSTOLAKIS G. Context in the risk assessment of digital systems [J]. Risk Analysis, 1999, 19 (1): 23-32.

[30] SMIDTS C, DEVOOGHT J. Probabilistic reactor dynamics—II: a Monte Carlo study of a fast reactor transient [J]. Nuclear Science Engineering with Computers, 1992, 111 (3): 241-256.

[31] RUTT B, CATALYUREK U, HAKOBYAN A, et al. Distributed dynamic event tree generation for reliability and risk assessment; proceedings of the 2006 IEEE Challenges of Large Applications in Distributed Environments, F, 2006 [C]. IEEE.

[32] HU Y, GROEN F, MOSLEH A. An entropy-based exploration strategy in dynamic PRA; proceedings of the Probabilistic Safety Assessment and Management, F, 2004 [C]. Springer.

[33] TURATI P, PEDRONI N, ZIO E. An entropy-driven method for exploring extreme and unexpected accident scenarios in the risk assessment of dynamic engineered systems; proceedings of the the 25th ESREL, Safety and Reliability of Complex Engineered Systems, Zurich, Swiss, F, 2015 [C].

[34] FANG K-T, LI R, SUDJIANTO A. Design and modeling for computer experiments [M]. CRC Press, 2005.

[35] KUHNT S, STEINBERG D M. Design and analysis of computer experiments [J]. Advances in Statistical Analysis, 2010, 94 (4): 307-309.

[36] SANTNER T J, WILLIAMS B J, NOTZ W I, et al. The design and analysis of computer experiments [M]. Springer, 2003.

[37] QUERAL C, MENA-ROSELL L, JIMENEZ G, et al. Verification of SAMGs in SBO sequences with Seal LOCA. Multiple damage domains [J]. Annals of Nuclear Energy, 2016, 98: 90-111.

[38] DI MAIO F, BANDINI A, ZIO E, et al. An approach based on support vector machines and a KD Tree search algorithm for identification of the failure domain and safest operating conditions in nuclear systems [J]. Progress in Nuclear Energy, 2016, 88: 297-309.

[39] RELAP5-3D. RELAP5-3D [Z]. Idaho National Laboratory. 2005

[40] BENTLEY J L. Multidimensional binary search trees used for associative searching [J]. Communications of the ACM, 1975, 18 (9): 509-517.

[41] DI MAIO F, BARONCHELLI S, ZIO E. A visual interactive method for prime implicants identification [J]. IEEE Transactions on Reliability, 2015b, 64 (2): 539-549.

[42] DREOSSI T, DANG T, DONZé A, et al. Efficient guiding strategies for testing of temporal properties of hybrid systems; proceedings of the NASA Formal Methods: 7th International Symposium, Pasadena, CA, USA, F, 2015 [C]. Springer International Publishing.

[43] FAINEKOS G E, SANKARANARAYANAN S, UEDA K, et al. Verification of automotive control applications using s-taliro; proceedings of the 2012 American Control Conference (ACC), F, 2012 [C]. IEEE.

[44] NGHIEM T, SANKARANARAYANAN S, FAINEKOS G, et al. Monte-carlo techniques for falsification of temporal properties of non-linear hybrid systems; proceedings of the Proceedings of the 13th ACM international conference on Hybrid systems: computation and control, Stockholm, Sweden, F, 2010 [C].

[45] ZIO E. Challenges in the vulnerability and risk analysis of critical infrastructures [J]. Reliability Engineering & System Safety, 2016a, 152: 137-150.

[46] KERNSTINE JR K H. Design space exploration of stochastic system-of-systems simulations using adaptive sequential experiments [D]. Georgia Institute of Technology, 2012.

[47] EBA. 2016 EU-wide stress test-Methodological notes [Z]. 2016.

[48] EC. Technical summary on the implementation of comprehensive risk and safety assessments of nuclear power plants in the European Union (SWD287) [R], 2013.

[49] SORGE M. Stress-testing financial systems: an overview of current methodologies [R], 2004.

[50] GORISSEN D, COUCKUYT I, DEMEESTER P, et al. A surrogate modeling and adaptive sampling toolbox for computer based design [J]. The Journal of Machine Learning Research, 2010, 11: 2051-2055.

[51] SIMPSON T W, POPLINSKI J, KOCH P N, et al. Metamodels for computer-based engineering design: survey and recommendations [J]. Engineering with computers, 2001, 17 (2): 129-150.

[52] WANG G G, SHAN S. Review of metamodeling techniques in support of engineering design optimization [J]. Journal of Mechanical Design, 2007, 129 (4): 370-380.

[53] SUDRET B. Global sensitivity analysis using polynomial chaos expansions [J]. Reliability Engineering & System Safety, 2008, 93 (7): 964-979.

[54] MYERS R H, MONTGOMERY D C, ANDERSON-COOK C M. Response Surface Methodology: Process and Product Optimization using Designed Experiments [M]. John Wiley & Sons, 2016.

[55] CHENG B, TITTERINGTON D M. Neural networks: A review from a statistical perspective [J]. Statistical science, 1994, 9 (1): 2-30.

[56] HAYKIN S, NETWORK N. Neural Networks: A Comprehensive Foundation, 2nd edn [M]. 2004.

[57] CLARKE S M, GRIEBSCH J H, SIMPSON T W. Analysis of support vector regression for approximation of complex engineering analyses [J]. Journal of Mechanical Design, 2004, 127 (6): 1077-1087.

[58] KLEIJNEN J P. Kriging metamodeling in simulation: A review [J]. European journal of operational research, 2009, 192 (3): 707-716.

[59] RASMUSSEN C, WILLIAMS C K I. Gaussian Processes for Machine Learning [Z]. Cambridge, MA, USA; MIT Press. 2006

[60] ELDRED M S, HOUGH P D, HU, K T. Dakota, a multilevel parallel object-oriented framework for design optimization, parameter estimation, uncertainty quantification, and sensitivity analysis [J]. Version 60 User's Manual, 2014.

[61] MARELLI S, SUDRET B. UQLab: A framework for uncertainty quantification in Matlab [Z]. the International Conference on Vulnerability, Risk Analysis and Management (ICVRAM2014). Liverpool (United Kingdom). 2014: 2554-2563.

[62] PATELLI E, BROGGI M, ANGELIS M D, et al. OpenCossan: An efficient open tool for dealing with epistemic and aleatory uncertainties [M]. Vulnerability, Uncertainty, and Risk: Quantification, Mitigation, and Management. 2014: 2564-2573.

[63] ALFONSI A, RABITI C, MANDELLI D, et al. Raven theory manual [R]. Idaho Falls, ID (United States): Idaho National Lab. (INL), 2016.

[64] BAUDIN M, DUTFOY A, IOOSS B, et al. Open TURNS: An industrial software for uncertainty quantification in simulation [M]. Handbook of Uncertainty Quantification. Springer International Publishing. 2016.

[65] IBáNEZ L, HORTAL J, QUERAL C, et al. Application of the integrated safety assessment methodology to safety margins. Dynamic event trees, damage domains and risk assessment [J]. Reliability Engineering & System Safety, 2016, 147: 170-193.

[66] TURATI P, PEDRONI N, ZIO E. An Adaptive Simulation Framework for the Exploration of Extreme and Unexpected Events in Dynamic Engineered Systems [J]. Risk Analysis, 2016a, 37 (1): 147-159.

[67] ROBERT C P, CASELLA G. Monte Carlo statistical methods, 2nd edn [M]. Springer, 2004.

[68] CHIB S, GREENBERG E. Understanding the metropolis-hastings algorithm [J]. American Statistician, 1995, 49 (4): 327-335.

[69] ANDRIEU C, THOMS J. A tutorial on adaptive MCMC [J]. Statistics and Computing, 2008, 18 (4): 343-373.

[70] ROBERTS G O, ROSENTHAL J S. Examples of adaptive MCMC [J]. Journal of computational graphical statistics, 2009, 18 (2): 349-367.

[71] LEVY S, STEINBERG D M. Computer experiments: a review [J]. Advances in Statistical Analysis, 2010, 94 (4): 311-324.

[72] ROSENBLATT M. Remarks on a multivariate transformation [J]. The Annals of Mathematical Statistics, 1952, 23 (3): 470-472.

[73] TURATI P, PEDRONI N, ZIO E. Simulation-based exploration of high-dimensional system models for identifying unexpected events [J]. Reliability Engineering & System Safety, 2016b, 165: 317-330.

[74] JAIN A K. Data clustering: 50 years beyond K-means [J]. Pattern Recognition Letters, 2010, 31 (8): 651-666.

[75] INSELBERG A. Parallel coordinates [M]. Springer, 2009.

[76] FODOR I K. A survey of dimension reduction techniques [R]. CA (US): Center for Applied Scientific Computing, Lawrence Livermore National Laboratory, 2002.

[77] LIU H, MOTODA H. Feature selection for knowledge discovery and data mining [M]. Springer Science & Business Media, 2012.

[78] GUYON I, ELISSEEFF A. An introduction to variable and feature selection [J]. Journal of Machine Learning Research, 2003, 3: 1157-1182.

[79] GUYON I, ELISSEEFF A. An introduction to feature extraction [M]. Feature Extraction: Foundations and Applications. Springer. 2006.

[80] BORGONOVO E, PLISCHKE E. Sensitivity analysis: a review of recent advances [J]. European Journal of Operational Research, 2016, 248 (3): 869-887.

[81] SALTELLI A, RATTO M, ANDRES T, et al. Global sensitivity analysis: the primer [M]. John Wiley & Sons, 2008.

[82] HOMMA T, SALTELLI A. Importance measures in global sensitivity analysis of nonlinear models [J]. Reliability Engineering & System Safety, 1996, 52 (1): 1-17.

[83] SOBOL I M. Global sensitivity indices for nonlinear mathematical models and their Monte Carlo estimates [J]. Mathematics and Computers in Simulation, 2001, 55 (1-3): 271-280.

[84] JIN R, CHEN W, SIMPSON T W. Comparative studies of metamodelling techniques under multiple modelling

criteria [J]. Structural and multidisciplinary optimization, 2001, 23(1): 1-13.

[85] SHAN S, WANG G G. Survey of modeling and optimization strategies to solve high-dimensional design problems with computationally-expensive black-box functions [J]. Structural multidisciplinary optimization, 2010, 41(2): 219-241.

[86] MATHERON G. Principles of geostatistics [J]. Economic geology, 1963, 58(8): 1246-1266.

[87] BECT J, GINSBOURGER D, LI L, et al. Sequential design of computer experiments for the estimation of a probability of failure [J]. Statistics and Computing, 2012, 22(3): 773-793.

[88] ECHARD B, GAYTON N, LEMAIRE M. AK-MCS: an active learning reliability method combining Kriging and Monte Carlo simulation [J]. Structural Safety, 2011, 33(2): 145-154.

[89] PICHENY V, GINSBOURGER D, ROUSTANT O, et al. Adaptive designs of experiments for accurate approximation of a target region [J]. Journal of Mechanical Design, 2010, 132(7): 071008.

[90] SCHöBI R, SUDRET B, MARELLI S. Rare event estimation using polynomial-chaos kriging [J]. ASCE-ASME Journal of Risk Uncertainty in Engineering Systems, Part A: Civil Engineering, 2016, 3(2): D4016002.

[91] CHEVALIER C, BECT J, GINSBOURGER D, et al. Fast parallel kriging-based stepwise uncertainty reduction with application to the identification of an excursion set [J]. Technometrics, 2014, 56 (4): 455-465.

[92] DUBOURG V, SUDRET B, DEHEEGER F. Metamodel-based importance sampling for structural reliability analysis [J]. Probabilistic Engineering Mechanics, 2013, 33: 47-57.

[93] LIU S, MALJOVEC D, WANG B, et al. Visualizing High-Dimensional Data: Advances in the Past Decade [J]. IEEE Trans Vis Comput Graph, 2015, 23(3): 1249-1268.

[94] HARTIGAN J A. Printer graphics for clustering [J]. Journal of Statistical Computation and Simulation, 1975, 4 (3): 187-213.

[95] BREUNIG M M, KRIEGEL H-P, NG R T, et al. LOF: identifying density-based local outliers; proceedings of the the ACM Sigmod Record, F, 2000 [C].

[96] AGGARWAL C C, HINNEBURG A, KEIM D A. On the surprising behavior of distance metrics in high dimensional space [M]. Springer, 2001.

[97] MENA R, HENNEBEL M, LI Y-F, et al. A risk-based simulation and multi-objective optimization framework for the integration of distributed renewable generation and storage [J]. Renewable Sustainable Energy Reviews, 2014, 37: 778-793.

[98] JARDINI J A, TAHAN C M, GOUVEA M R, et al. Daily load profiles for residential, commercial and industrial low voltage consumers [J]. IEEE Transactions on Power Delivery, 2000, 15 (1): 375-80.

[99] SOBOL' I M, ASOTSKY D, KREININ A, et al. Construction and comparison of high-dimensional Sobol' generators [J]. Wilmott, 2011, 2011 (56): 64-79.

[100] ABRAMOWITZ M, STEGUN I A. Handbook of mathematical functions with formulas, graphs, and mathematical tables [M]. Courier Corporation, 1964.

[101] ARBELAITZ O, GURRUTXAGA I, MUGUERZA J, et al. An extensive comparative study of cluster validity indices [J]. Pattern Recognition, 2013, 46 (1): 243-256.

[102] CHARRAD M, GHAZZALI N, BOITEAU V, et al. NbClust: an R package for determining the relevant number of clusters in a data set [J]. Journal of statistical software, 2014, 61 (1): 1-36.

[103] HASTINGS W K. Monte Carlo sampling methods using Markov chains and their applications [J]. Biometrika, 1970, 57 (1): 97-109.

[104] GHANEM R G, SPANOS P D. Stochastic Finite Elements: A Spectral Approach [M]. Springer, 1991.

[105] SOIZE C, GHANEM R. Physical systems with random uncertainties: chaos representations with arbitrary probability measure [J]. SIAM Journal on Scientific Computing, 2004, 26 (2): 395-410.

[106] LE MAıTRE O P, REAGAN M T, NAJM H N, et al. A stochastic projection method for fluid flow: II. Random process [J]. Journal of Computational Physics, 2002, 181 (1): 9-44.

[107] BLATMAN G, SUDRET B. Adaptive sparse polynomial chaos expansion based on least angle regression [J]. Journal of Computational Physics, 2011, 230 (6): 2345-67.

[108] MCKAY M D, BECKMAN R J, CONOVER W J. Comparison of three methods for selecting values of input variables in the analysis of output from a computer code [J]. Technometrics, 1979, 21 (2): 239-245.

[109] BURNAEV E, PANIN I, SUDRET B. Effective design for sobol indices estimation based on polynomial chaos expansions; proceedings of the Symposium on Conformal and Probabilistic Prediction with Applications, F, 2016 [C]. Springer International Publishing.

第二部分　风险评估与决策

第九章 考虑不确定性的优先投资决策支持方法

Shital Thekdi（美国里士满大学）
Terje Aven（挪威斯塔万格大学）

本章将介绍一种在不确定环境下，通过知识强度（strength of knowledge，SoK）和目标敏感性评估，确定决策支持优先级的方法。目前，在决策过程中，评估不确定性和优先级的思路主要基于概率视角和决策分析，比如证据理论与多目标情景分析相结合。这种思维需要进一步延伸，以反映支持概率分析的 SoK。本章将介绍一种新的优先投资决策支持方法，从决策角度考虑影响最大的不确定性，从而允许考虑系统的 SoK。本章中的多目标优先级设置方法可以利用目标敏感性决策支持对未来不确定性进行评估。该方法将应用在易受到未来经济、环境和政治因素影响的应急管理系统中。

9.1 引 言

投资中的决策和优先级排序方法通常会考虑建模过程中不确定性的影响。不确定性与潜在发生的极端事件或紧急情况有关，例如事故、自然灾害、气候变化和经济循环等。这些往往很难被预测到。以能源基础设施投资决策为例，投资决策可能取决于未来的经济走势、气候变化情况、自然资源的可用量、政治环境以及许多其他未来不确定的因素。常见的处理不确定性的分析和建模方法是基于概率推理，使用随机建模和决策分析方法，如贝叶斯网络、蒙特卡罗仿真、决策树分析和多目标决策。概率主要有两种表示方法：用频率表征变化并作为概率模型的基础，以及表示人们信度的主观概率。上述方法用到了这两种概率，但我们主要关注的是后一种，因为它们表达了分析人员对未来状态和未知量的不确定度。目前的工作是合理地分析这些主观概率以外的我们需要预见的不确定性。这种观点在其他地方也有记载[1]，但关键在于：主观概率取决于背景知识 K，而这种知识的强度有高有低。这导致对知识强度的考量，反映了诸如假设的合理性、可靠的和相关的数据/信息量、专家意见的一致性以及对所涉及现象的理解程度等。SoK 的概率和判断的集合构成了一种表达不确定性更广泛的方式，而不仅仅是概率的分配。

通常，分析人员会给出一些情况下不确定性的描述，但决策者也需要考虑与 K 相关的"风险"[2]。这可能包括与假设的偏差或者对潜在事件（未知的未知和未知的已知）缺乏认知的一些风险。决策者需要了解与 K 相关的"风险"，并对其做出正确的判断。但是，如何做到这一点并无有效直接的方法。

本章的写作目的是解决上述问题。更具体地说，本章将提出一种方法，该方法使用基于概率和 SoK 判断的不确定性评估，确定在投资策略中影响最大的不确定性从而降低风险。我们将不确定性的概念与多目标决策支持相结合，以确定投资的优先级。我们将以一个应急管理系统为例进行分析，但是该方法是通用的，可以应用于所有类型的风险管理系统，如企业风险、工业安全、项目规划、应急管理和基础设施管理等。

本章在相关文献的基础上，介绍了在此类分析中与敏感性和不确定性相关的优化方法和模型。可以使用多种方法对不确定性建模，包括情景分析法[3]、非精确法[4]、敏感性法[5-6]、基于证据理论的可信度评级法[7]，以及其他一些方法[8]。有些优化方法[9-10]在概率中进一步考虑了非精确性，而有的方法则不会对不确定事件赋予概率值，而是聚焦于使得情景具有鲁棒性的优先级[11]。然而，目前这一领域的文献在投资决策问题上，并没有考虑前述的与背景知识 K 相关的风险。

本章还对相关文献中针对考虑风险和不确定性的投资优先级的描述进行了扩展。建立了多目标和风险方法，并在水供给[12-13]、执法[14]、医疗器械选择[15]和应急管理[16]等领域得到应用。通常，这些方法与目标相对重要性的权重和使用的价值函数相关[17-20]。一些特别有挑战性的应用还考虑了性能目标是否达到以及多个相关利益者[21-23]。本章在考虑 SoK 的评估中，通过对性能目标敏感性提供优先级决策支持，扩展了多目标方法的应用。

本章的其余部分内容安排如下：9.2 节介绍了分析的一般设置和建模的概念；9.3 节基于该设置，提出解决上述问题的方法；9.4 节通过一个应急管理投资的案例对这种方法进行说明；9.5 节讨论本章所提方法的意义；9.6 节给出结论和未来可能开展的工作。

9.2 设　　置

本节将介绍用于分析的概念性设置。整个框架的总览详细描述见表 9.1。

表 9.1　包括从结果中得到的决策支持内容的方法输入和输出的总结

输入	分　　析	输出	分　　析
M	k 个风险减缓投资的集合	DS1	对每个目标来说，哪些投资会产生最佳结果

续表

输入	分析	输出	分析
C	潜在投资的 r 个标准的集合	DS2	哪些投资在不同目标下一直有好的结果
V	标准 C 的 r 个测度的集合	DS3	哪些投资一直排在其他（主要的）投资之下
$F(v)$	基于背景知识的 v 的概率分布	DS4	哪些投资在不同目标下，优先级差别最大
SoK	$F(v)$ 的知识判断强度	DS5	哪个目标对优先级来说最重要
S	每项 K 风险减缓投资的知识分数的强度的集合		

我们考虑一个潜在风险减缓投资策略集合 $M=(M_1,M_2,\cdots,M_k)$ 的决策情况，例如 M_1 表示增加安全控制投资，M_2 代表一种利于经济发展的策略。

目标集 $C=(C_1,C_2,\cdots,C_r)$ 用于表示潜在投资策略的性能目标，里面的元素可以反映经济指标（GDP、失业率等）、社会安全（崩溃率、犯罪率等）和社会指标（生活质量、毕业率等）。

投资策略的实际结果用 $V=(V_1,V_2,\cdots,V_r)$ 表示，同时代表目标 C 的度量。如果投资策略对目标 i 没有影响，我们定义 $V_i=0$。V_i 的值越大，投资策略对 C_i 的正面影响越大。

在分析的时候，V 值是未知的。为了评估 V 值以及取值的不确定性，必须使用相关的不确定性度量。如 9.1 节所示，我们将使用概率和 SoK 评定方法。这里的概率是基于知识的（主观的、判断的）概率，按照这样一种标准：例如，如果赋值的概率是 0.1，评估人员将不确定度与在标准随机抽样下从有 10 个球的瓮中取出一个特定球的概率进行比较[24-25]。更一般地，我们可以使用区间概率：对于区间 [0.1，0.2]，解释为事件发生的信度大于 0.1 的瓮的机会（如上所述），并且小于或等于 0.2 的瓮的机会。因为在给定背景知识下，评估人员不愿意给出准确的数字。

如果 V_i 是实数轴上的一个量，其累积分布 $F(v)$ 定义为 $F(v)=P(V\leq v|K)$，其中 K 是概率所基于的背景知识，区间概率 V_i 的分布可以表示为 [FL(v)，FU(v)]，且 FL$(v)\leq F(v)\leq$FU(v)。

接下来，需要有一个能反映知识（SoK）强度的评分系统。一般采用 Flage 和 Aven[26] 以及 Aven[25] 创立的方法。如果下面这些条件中的一个或多个是真，则知识强度很弱：

W1：所做的假设做了非常大的简化。
W2：数据/信息不存在或者非常不可靠/不相关。
W3：专家之间存在强烈的分歧。

W4：涉及的现象很难理解，模型不存在，或已知/相信的模型会给出不好的预测。

另外，如果满足以下所有条件，则认为该知识强度很强：

S1：所做的假设被认为是非常合理的。

S2：具有大量可靠的和相关的数据/信息。

S3：专家之间达成了广泛的共识。

S4：涉及的现象很好理解；所用模型给出的预测可以达到要求的精度。

介于中间的情况，则认为 SoK 是中等水平。若同样采用高强度知识的打分系统，只是当某些条件不满足而给中或弱的分数，则可对上面标准进行简化。例如，若不满足条件 S1~S4 中的一个或两个，则给出中等分数，当不满足三个或四个条件时给出弱等分数。于是，我们定义一个评分系统，反映每项维护投资的 SoK。这可以通过不同的方法实现。下面列出了一个定量方法的例子。

设 $SoK_{i,j}$ 是表示每个目标 i 和维护投资 j 的 SoK 的量化指标，$i=1,2,\cdots,r$；$j=1,2,\cdots,k$。可以根据给定案例选择合适的量化指标，例如，当 SoK 为强时，$SoK_{i,j}=6$；当 SoK 为中等时，$SoK_{i,j}=3$，当 SoK 为弱时，$SoK_{i,j}=1$。然后，第 j 个投资的综合得分可以定义为 $SoK_{i,j}$ 的函数，$j=1,2,\cdots,k$。

评分函数可以使用多种方式去表征。例如，可以使用如下的简化度量方法，其中通过对目标中的各个 SoK 值求和来获得 S_j，即

$$\text{Score}_j = S_j = \sum_{i=1}^{r} \text{SoK}_{i,j} \qquad (9.1)$$

另一种方式是取目标中的最小 SoK，如下所示：

$$\text{Score}_j = S_j = \min_{i \in r} \text{SoK}_{i,j} \qquad (9.2)$$

之后，专家或决策者可以将这些评分转换为每项维护投资的强、中或弱等级。详见 9.3 节。或者通过评估所有目标的 SoK，使用定性直接评估方法确定每项维护投资的 SoK 强、中或弱等级。

9.3 方　　法

9.3.1 方法概述

推荐方法的总体框架如图 9.1 所示。首先，我们引入 9.2 节设置里定义的关键概念：减缓潜在风险投资，$M=(M_1,M_2,\cdots,M_k)$，相关的目标集 $C=(C_1,C_2,\cdots,C_r)$ 和投资的结果 $V=(V_1,V_2,\cdots,V_r)$。为了评估 V 的不确定性，使用概率 P（或概率区间）以及相关的 SoK，并从这些分析中推导 V 的预测值。然后，通过对相关准则定义的目标水平的投资优先级敏感性建模，提供决策支持。最后，基于额外的信息和相关要求，改进过程迭代以得到更精确的优先级设置。接下

来，我们将更详细地解释方法的各部分内容。

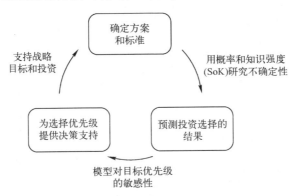

图 9.1　不确定环境下基于知识强度和目标敏感性
分析的投资优先级的总体方法示意图

9.3.2　确定可选方案和目标

假设最开始没有投资方案初始排名，也没有初始偏好的投资方案集合。例如，一个有两种（$k=2$）投资策略的公路投资问题。策略 M_1 代表在公路网中实施一些安全措施，策略 M_2 代表在公路网中部分被选区段实施一些经济增长措施。

为了确定每种投资方案的结果，先制定相关的目标。例如，对于上面的公路投资问题，目标 C_1 表示公路网上的事故率，目标 C_2 表示受投资策略影响的区域的经济增长率。在初始方案阶段可能并不清楚哪种目标是最相关的，因此在迭代过程中还可能加入一些其他目标。

9.3.3　预测投资方案的结果

投资后果 $V=(V_1,V_2,\cdots,V_r)$ 表示对目标 C 的测量。这里假定 V_i 取整数值，值为 0 意味着对于目标 i，投资满足定义的目标值，值取正且越来越大表明对目标的正向影响越来越大，值取负且越来越大小表明对目标的负向影响越来越大。由于未来结果未知，因此用概率和 SoK 值对策略进行分配。表 9.2 是一个针对特定目标如何对投资的潜在结果进行概率赋值的例子。例如，涉及公路网安全投资的投资策略 M_1，对事故率相关的目标 C_1 有正面影响，然而，该策略会导致刚好达到或达不到经济增长目标 C_2。另外，由于投资策略对事故率的影响比较明了，基于专家判断，两种投资策略对目标 C_1 都有强 SoK。然而，投资策略对经济增长率 C_2 的影响尚不清楚，因此，M_1 和 M_2 的投资策略对 C_2 分别为中、弱 SoK。

表 9.2 对特定目标的投资结果的预测示例

投资策略 M_1（强 SoK）			投资策略 M_2（强 SoK）		
V_1	V_1 定义	概率	V_1	V_1 定义	概率
2	明显高于	0.6	2	明显高于	0
1	高于	0.2	1	高于	0
0	达到	0.2	0	达到	0.5
-1	低于	0	-1	低于	0.5
-2	明显低于	0	-2	明显低于	0
投资策略 M_1（中 SoK）			投资策略 M_2（弱 SoK）		
V_2	V_2 定义	概率	V_2	V_2 定义	概率
2	明显高于	0	2	明显高于	0.4
1	高于	0	1	高于	0.3
0	达到	0.5	0	达到	0.1
-1	低于	0.5	-1	低于	0.1
-2	明显低于	0	-2	明显低于	0.1

9.3.4　可选方案的优先级决策支持

由于企业在满足相关目标时具有灵活性，这个步骤需要决策者确定目标的优先级的敏感性。具体方法是将每种投资结果的预测值与目标进行比较。此处，我们避免跨目标汇总，以避免衡量特定目标的相对重要性的权重。图 9.2 提供了一个对事故率目标的投资结果（V_1）预测值的决策支持图。由第 90 百分位数 $v_1(P(V_1 \leq v_1) = 0.90)$，中位数 $v_1(P(V_1 \leq v_1) = 0.50)$，以及第 10 百分位 $v_1(P(V_1 \leq v_1) = 0.10)$ 决定，投资策略 M_1 预计有正面影响。由事故率目标可以判断，其属于强 SoK。而投资策略 M_2 预计产生负面影响，也是一个强 SoK。

然后，我们对 9.2 节中描述的 k 个维护投资进行 SoK 判断。首先，考虑每个目标的 SoK，然后对每项投资做出总体判断。

利用上述方法，需要解决如下决策支持问题：

（1）DS1：哪些投资在不同目标下一直有好的结果？
（2）DS2：哪些投资一直排在其他（主要的）投资之下？
（3）DS3：哪些投资在不同目标下，优先级差别最大？
（4）DS4：哪种投资在每种目标下，结果都是最好的？
（5）DS5：哪个目标对优先级来说最重要？

图 9.2 用于确定优先级如何随目标的变化而变化。例如，如果崩塌率（V_1）的值设置为 0，则可以推断出投资 M_1 大概率满足该目标（第 10 百分位数结果），

而投资 M_2 不太可能满足这个目标（第 90 百分位数结果）。由于两项潜在投资都有强 SoK，因此可以直接比较出。基于单目标 V_1，决策者显然优选投资方案 M_1。

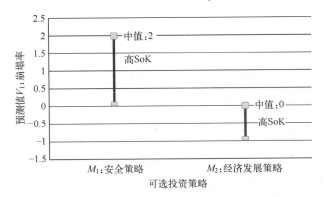

图 9.2　用于预测基于崩塌率目标的维修投资预测后果（V_1 的决策支持图示例）

（灰色框表示中值，其下方的短水平线表示第 90 和第 10 百分位数）

再来考虑投资 M_1 有弱 SoK，而其他保持不变的情况。虽然投资 M_1 优先于投资 M_2，但 M_1 的性能具有较小的确定性，而这一点至关重要，决策者可能需要进一步研究对未来结果的影响。因此，可能需要进一步研究投资 M_1 的影响。相反，如果决策者可以接受降低目标，那么有强 SoK 的投资 M_2 也是可以接受的。

决策者还应考虑投资对目标的敏感性。例如，对于崩塌率目标（V_1）的性能，投资 M_1 在第 10 和第 90 百分位数之间具有相对较大的距离（与 M_2 相比），这意味着该投资的性能变化范围太大。在某些情况下，这种投资可能不是优选的。

此外，考虑每种投资对于多种目标的优先级。如果一种投资是鲁棒的或者对于所有目标的优先级都较强，则决策者会优先选择；相反，如果投资对所有目标的优先级都较弱，则可以从备选方案里删除。

本章的 9.4 节将给出上述方法的应用案例。

9.4　案　　例

9.4.1　案例综述

9.3 节介绍的目标敏感性分析方法的原理，可应用于诸多领域的决策问题上，如交通基础设施、能源、供应链规划等。以美国的国土安全拨款项目为例。2014 年，可用于拨款的资金为 1043346000 美元。这笔拨款通过实现核心能力目标来支持国家的备灾活动。核心能力目标分为预防、保护、缓解、响应和恢复。核心能力目标包括网络安全、威胁和危害识别、关键运输、基础设施系统、环境响应/健康与安全、大众护理服务等（FEMA[27]）。授权的支持任务包括预防恐怖主义行为、保护公民、通过减少灾害影响减轻生命和财产损失、迅速应对事故和从事故中恢复等[28]。

虽然单项拨款不会满足所有核心能力目标，但理想情况下将会满足一部分目标。国土安全部对基于风险的方法论的定义主要考虑以下3个要素：

（1）威胁，或攻击的似然性。

（2）脆弱性，或攻击成功的似然性。

（3）后果，或事件的影响[29]。

如何决策拨款的分配，需基于风险评估和所提出项目的其他因素，如效率、可行性、必要性和长期需求等。

所提项目的规划和评估需要使项目目标与资助的一般标准保持一致。对于最终会被提议拨款的潜在投资项目，其初步可行性规划中需要保证其投资达到预期目标。由于目标不止一个，因此多目标决策支持是必要的。然而，由于一些提出的投资项目以前从未尝试过，也没有进行过研究，因此，不确定程度与投资因是否能达成目标的能力的不同而不同。对这种可能性的分析将在下一节给出。

9.4.2 确定可选方案和目标

基于一项被资助奖励的应急管理活动的私人数据，确定了潜在投资和相关目标。考虑3种（$k=3$）减缓潜在风险的投资。假设最初存在一组没有排名或偏好的投资方案。投资 M_1 为创建用于应急规划的当地地理空间数据系统，投资 M_2 为在整个应急通信社区增加参与度，投资 M_3 为规划和开展社区备灾的研讨会。确定包含3个（$r=3$）目标的目标集，他们是可以通过潜在投资实现的核心能力目标，目标 C_1 为满足局部性的预防目标，目标 C_2 为减轻事故，目标 C_3 为对事故的响应。

9.4.3 预测投资方案的结果

基于上面3个目标，对不同投资方案的后果进行预测。对项目专家的意见进行文档管理对后果和 SoK 分类是有必要的。假设项目负责人定义了 V 的不确定性，如表9.3所示。投资策略 M_1 为 GIS 系统的采购，由于决策者熟悉该产品，有强 SoK。该 GIS 系统有望实现上述所有目标。投资策略 M_2 为增加社区参与度，由于决策者在这方面实际经验有限，只有中或弱 SoK。这种做法可能达到或超出预防和缓解风险的目标，但也可能达不到该目标。投资策略 M_3 为举办与应急管理专业人员的研讨会，也因为经验有限，只有中或弱 SoK。预计该研讨会策略将达到或超过所有目标。

表 9.3　识别的差距、重要事件和因素以及弥补
差距的措施的一些例子

识别的差距	事件和因素（风险来源、威胁等）				措　　施		
招收更多优秀学生	劳动力市场油价波动	被认为对未来职业很有关联和获得高度认可的课程	风险和安全组获得卓越中心	风险管理不是学校的课程，也不是大学的学士课程	作为工业经济学硕士课程的一部分，开设风险管理专业（M_1）	申请为研究小组获取卓越中心	申请为研究小组获取卓越中心
现代教学和交流方法的有限利用	教授了解这些手段和动机	工具的质量很好	有足够可用的教学资源		讲座录音	使用短视频突出每门课程的亮点	

9.4.4　为备选方案的优先级提供决策支持

理想的投资策略的选择需要同时考虑实现所有目标和与预测后果相对应的 SoK 值。再次采用以下评分系统：当 SoK 为强时，$SOK_i = 6$；当 SoK 为中等时，$SOK_i = 3$；当 SoK 为弱时，$SOK_i = 1$。

图 9.3 是基于预防目标的维修投资后果（V_1）的决策支持图。图 9.4 是基于减缓目标的维修投资后果（V_2）的决策支持图。图 9.5 是基于响应目标的维修投资后果（V_3）的决策支持图。

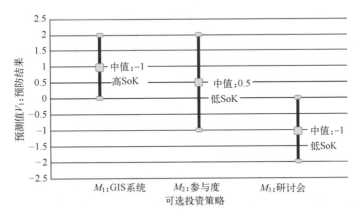

图 9.3　基于预防目标的维修投资后果（V_1）的决策支持图
（灰色框表示中值，其下方的短水平线表示第 90 和第 10 百分位数。）

9.5 节将给出这些决策支持图的内涵讨论。

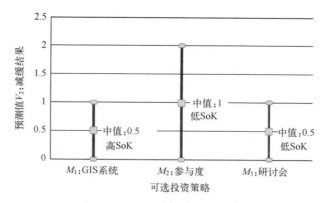

图 9.4 基于减缓目标的维修投资后果（V_2）的决策支持图
（灰色框表示中值，其下方的短水平线表示第 90 和第 10 百分位数。）

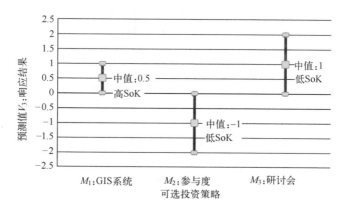

图 9.5 基于响应目标的投资后果（V_3）的决策支持图
（灰色框表示中值，其下方的短水平线表示第 90 和第 10 百分位数。）

9.5 讨 论

9.5.1 案例讨论

根据 9.4 节中给出的决策支持图，可以得出结论。表 9.4 中归纳了最主要的结论。投资 M_1：对于预防目标，GIS 系统有最好的结果；投资 M_2：对于减缓目标是最优的；投资 M_3：对于响应目标是最优的。投资 M_1：对于所有目标，GIS 系统有一致较优的结果。没有潜在投资一直排在其他投资之下的情况，因此没有任何潜在投资明显占据主导地位。投资 M_3：研讨会对于各个目标而言，其投资后果差异比较大。

表 9.4 示例的关键决策支持结论

决策支持问题	投资策略
DS1：哪些投资在不同目标下一直有好的结果？	M_1：GIS 系统
DS2：哪些投资一直排在其他（主要的）投资之下？	无
DS3：哪些投资在不同目标下，优先级差别最大？	M_3：研讨会
DS4：哪种投资在每种目标下，结果都是最好的？	M_1：对于预防目标的 GIS 系统 M_2：对于减缓目标的参与度 M_3：对于响应目标的研讨会
DS5：哪种目标对优先级来说最重要？	V_2：减缓目标

决策支持结果为决策者的评估提供了很大便利。如果决策者重视对所有目标都稳健的投资方案，那么决策支持问题 DS1 的结果将是最有用的。决策支持问题 DS2 中任何方案都不会被进一步考虑。如果想进一步挖掘投资的性能，则采用决策支持问题 DS3 的结果。如果决策者只重视单一目标，则采纳决策支持问题 DS4 的结果就足够了。

此外，显然某些不确定性比其他的不确定性要重要。例如，投资 M_2 的知识：参与度有弱 SoK，并且对于所有目标，第 90 百分位数和第 10 百分位数之间的距离最大。因此，决策者应该考虑如何通过进一步研究来减少与这种投资相关的不确定性，并通过收集到的信息，重复本章的过程。

决策者可能会尝试修改当前的可选方案，以更好地实现目标。例如，扩大投资 M_3 的范围：研讨会的规模可以扩展到以解决风险减缓的主题，因此针对预防目标，有可能增加了与维修投资后果（V_1）相关的投资能力。相反，决策者也可能希望对目标做一些修改，以更符合实际情况。例如，机构的核心原则可能优先选择减缓目标或响应目标，而不重视预防目标。

9.5.2 方法论的讨论

案例研究突出了决策的几个优点。首先，多目标分析中的 SoK 判断允许决策者应用取决于背景知识等级的主观概率。这些知识用于判断基于专家和数据信息的假设是否合理。相应的条件性能（不确定性描述）能使决策者了解潜在投资满足目标的程度，同时基于知识的变化等级识别潜在投资的优先级。

更具体地说，该方法论支持决策但不会给出特定的结果。例如，决策支持问题 DS1 的结论可以找到对于大多数目标表现良好的投资，同时意识到某些选择的知识可能较弱。相比之下，决策支持问题 DS2 的结论可以找出最不受欢迎的投资。使用多决策支持问题表明，没有一个问题优于另一个问题。决策者需要利用个人判断和从决策支持问题中获得的信息得出结论。

一旦决策者充分评估了决策支持的结果，就必须进一步精练结果。可能有必要使用来自决策支持问题 DS5 的结果对模型进行重新构建、删除或添加目标。此外,可能有必要使用所有决策支持问题的结果来修改可选投资方案,以进一步找出对于大多数接受的决策目标都适合的决策方案。

9.6 结　　论

本章介绍了一种考虑了与决策者相关的影响最大的不确定性,确定潜在投资优先级的方法。多目标方法通过同时解决不同的 SoK 值,解决了以往决策支持方法中存在的问题。

对于风险减缓投资和策略来说,这种方法有助于决策者识别具有最大影响的不确定性。与任何决策支持工具一样,此方法的目标是通过设置相关问题(如决策支持问题 DS1～DS4 中所示),允许决策者从其价值观出发选择最合适的策略。

这些结果可以用于其他领域复杂问题的决策支持策略中,也可以用于对优先级高的投资策略进行更加详细的研究和规划,还可以为减少多目标和跨企业的投资中不确定性提供指导。该过程允许重复使用非主导方案与新形成的方案相结合的方法。最后,这些结果有助于修改投资方案,以更好地满足目标性能水平。

参 考 文 献

[1] AVEN T, ZIO E. Some considerations on the treatment of uncertainties in risk assessment for practical decision making [J]. Reliability Engineering & System Safety, 2011, 96 (1): 64-74.

[2] AVEN T. Implications of black swans to the foundations and practice of risk assessment and management [J]. Reliability Engineering & System Safety, 2015, 134: 83-91.

[3] DURBACH I N. Outranking under uncertainty using scenarios [J]. European Journal of Operational Research, 2014, 232 (1): 98-108.

[4] GUILLAUME R, HOUé R, GRABOT B. Robust competence assessment for job assignment [J]. European Journal of Operational Research, 2014, 238 (2): 630-644.

[5] LIESIö J, PUNKKA A. Baseline value specification and sensitivity analysis in multiattribute project portfolio selection [J]. European Journal of Operational Research, 2014, 237 (3): 946-956.

[6] BAUCELLS M, BORGONOVO E. Invariant probabilistic sensitivity analysis [J]. Management Science, 2013, 59 (11): 2536-2549.

[7] NASA. NASA-STD-7009. Standard for models and simulations: [S]. Washington: NASA, 2008:

[8] COX JR L A. Confronting deep uncertainties in risk analysis [J]. Risk Analysis: An International Journal, 2012, 32 (10): 1607-1629.

[9] GOERIGK M, SCHöBEL A. A scenario-based approach for robust linear optimization; proceedings of the International Conference on Theory and Practice of Algorithms in (Computer) Systems, F, 2011 [C]. Springer.

[10] AVEN T, HIRIART Y. Robust optimization in relation to a basic safety investment model with imprecise prob-

abilities [J]. Safety science, 2013, 55: 188-194.

[11] THEKDI S A, LAMBERT J H. Quantification of scenarios and stakeholders influencing priorities for risk mitigation in infrastructure systems [J]. Journal of Management in Engineering, 2014, 30 (1): 32-40.

[12] PINTO F, FIGUEIRA J R, MARQUES R C. A multi-objective approach with soft constraints for water supply and wastewater coverage improvements [J]. European Journal of Operational Research, 2015, 246 (2): 609-618.

[13] SCHOLTEN L, SCHUWIRTH N, REICHERT P, et al. Tackling uncertainty in multi-criteria decision analysis-An application to water supply infrastructure planning [J]. European journal of operational research, 2015, 242 (1): 243-260.

[14] CAMACHO-COLLADOS M, LIBERATORE F, ANGULO J M. A multi-criteria police districting problem for the efficient and effective design of patrol sector [J]. European Journal of Operational Research, 2015, 246 (2): 674-684.

[15] IVLEV I, VACEK J, KNEPPO P. Multi-criteria decision analysis for supporting the selection of medical devices under uncertainty [J]. European Journal of Operational Research, 2015, 247 (1): 216-228.

[16] WILSON D T, HAWE G I, COATES G, et al. A multi-objective combinatorial model of casualty processing in major incident response [J]. European Journal of Operational Research, 2013, 230 (3): 643-655.

[17] MORTON A. Measurement issues in the evaluation of projects in a project portfolio [J]. European Journal of Operational Research, 2015, 245 (3): 789-796.

[18] PODINOVSKI V V. Decision making under uncertainty with unknown utility function and rank-ordered probabilities [J]. European Journal of Operational Research, 2014, 239 (2): 537-541.

[19] SIMON J, KIRKWOOD C W, KELLER L R. Decision analysis with geographically varying outcomes: Preference models and illustrative applications [J]. Operations Research, 2013, 62 (1): 182-194.

[20] SISKOS E, TSOTSOLAS N. Elicitation of criteria importance weights through the Simos method: A robustness concern [J]. European Journal of Operational Research, 2015, 246 (2): 543-553.

[21] BORDLEY R, LICALZI M. Decision analysis using targets instead of utility functions [J]. Decisions in Economics Finance, 2000, 23 (1): 53-74.

[22] GRUSHKA-COCKAYNE Y, REYCK B D, DEGRAEVE Z. An integrated decision-making approach for improving European air traffic management [J]. Management Science, 2008, 54 (8): 1395-1409.

[23] WALLENIUS J, DYER J S, FISHBURN P C, et al. Multiple criteria decision making, multiattribute utility theory: Recent accomplishments and what lies ahead [J]. Management Science, 2008, 54 (7): 1336-1349.

[24] LINDLEY D V. Understanding Uncertainty [M]. John Wiley & Sons, 2006.

[25] AVEN T. Risk, surprises and black swans: Fundamental ideas and concepts in risk assessment and risk management [M]. Routledge, 2014.

[26] FLAGE R, AVEN T. Expressing and communicating uncertainty in relation to quantitative risk analysis [J]. Reliability & Risk Analysis: Theory & Application, 2009, 2 (13): 9-18.

[27] FEMA. Core capabilities [Z]. Federal Emergency Management Agency. 2015b.

[28] FEMA. Homeland security grant program [Z]. Federal Emergency Management Agency. 2015a.

[29] FEMA. Fiscal Year (FY) 2014 Homeland Security Grant Program (HSGP) Frequently Asked Questions (FAQs) [Z]. Federal Emergency Management Agency. 2014.

第十章　结构不确定性下的风险分析

Sven Ove Hansson（瑞典皇家理工学院）

标准决策理论致力于解决我们在明确定义和已被评估过的可选方案中做出选择的问题。但理论中假定我们已经明确需决策的内容、可选的选项以及它们潜在的结果，然而现实生活中往往需要在缺失这些信息的情况下做出决策。这不仅常见于安全管理决策，而且当决策程序开始时，通常还没有设定或不能准确地知道究竟要决策哪些问题，对于所有的问题是只做出单一的决策，或者是否将决策进行细分、应在什么时候做出决策、决策者有哪些选项、成功决策的衡量标准是什么等。总之，决策的结构从一开始就是未定义的，必须作为决策过程的一部分来构建。本章通过将决策分为十个主要组成部分来系统化构建决策的结构。引入概念工具，以便分析和管理决策的每个组成部分。通过仔细研究构建决策结构的不同方法的结果，可以为决策者提供确保决策效率和透明度的知识。

10.1　引　言

Nicolas de Condorcet（1743—1794 年）在对于公共决策阶段的描述中指出了决策划分和构造的重要性。这纳入他在 1793 年起草的法国宪法预备草案中。他将决策划分为三个阶段。在第一阶段，一个人"讨论一般性问题决策依据的准则；另一个人研究问题的不同方面以及不同决策方式的结果"。在这个阶段，意见是多样化的，并不会要求达成共识。在第二阶段，"通过讨论使得问题更加清晰化，意见更接近，以达到更加统一的意见"。在第三阶段，在众多可选方案中，选择一个具体方案[1]。当然这是现代决策理论和其应用变体所关注的过程的一部分。前两个阶段主要关注如何确认决策的结构：待解决的问题，是否存在单一的决策点或多个子决策、哪些选项可供选择等。

作者最近提出将解决这类问题的过程称为决策的构造[2]。这个过程是先开展的，并为一个完整结构的决策问题做铺垫，这是决策理论的常见主题。下文是构建决策的 10 个主要组成部分：

(1) 范围：决策的范围就是其所决定的事项；也就是说决策的范围将涵盖

全部的问题。决策的范围通常受假定为不可更改的（正确与否）决策背景的限制。在决策的过程中可以通过添加或删减问题来改变决策的范围。

（2）细分：对于复杂问题的决策通常会分为多个较小的部分。例如，作为一名学生，你可以决定在考试前剩下的日子里每天学习多少内容；或者，每当你有机会学习时，你可以根据情况决定是否学习，以及学习时长。

（3）代理：一般在决策流程的最初阶段不清楚谁将最终做出决策。例如，公共决策过程可以由政府的决定开始，但最终由议会做出决策，反之亦然。

（4）时机：在大多数正式的决策过程中，决策的时间要么已经提前决定，要么完全在决策过程中抽象出来。在实际实施中，决策者通常会调整时间表，例如通过提前或推迟决策，或做出初步决策以便以后重新考虑。

（5）选项：确定可供选择的选项通常是决策早期阶段的重要组成部分。在某些决策中，该过程的这一部分可以发展成为创造新选项的创新活动。

（6）控制归属：假设代理人对其未来行为的控制程度会对决策的过程及决策结果产生巨大的影响。例如，如果你决定一周去健身房三次，你真的会这样做吗？在你控制执行此决策的假设下，我们可以认为决策与你将来的健身习惯存在确定性关系；相反，如果我们假设你在做出此决策时不能完全控制你未来的行为，那么更合适的做法是按照未来遵从该决策的不同等级分配概率。

（7）框架：如果你说玻璃杯半满或半空，即使这两个短语的含义相同，也仍然会有区别。研究表明，我们的决策会受选项的描述影响。对于给定的决策和选项，如何进行描述称为决策的"框架"。

（8）视野：在评估决策结果时，我们应该考虑存在哪些潜在的后果？我们应该考虑多长远，应该考虑哪些人的利益？例如，政府的决策会多大程度地受到其他国家影响？以及当公司进行决策时，公司对于外部的影响程度是否需要纳入考虑，如对公众、客户或竞争对手的影响？

（9）准则：当确定决策的视野后，仍然需要决定如何评估决策范围所包含的各个方面。即使已经确定应该考虑某种潜在的影响，但仍有待确定其相对于其他也应列入评估的因素的影响有多大。

（10）重组：构建决策主要发生在风险分析人员所谓的决策"预评估"阶段[3-5]，也就是说，首先初步确认和评估需要处理的问题。然而，在这一过程中接下来的阶段，可能会需要重新考虑决策的结构。上述九个部分中的任何一个都可以进行修改。决策过程在促进或阻碍重组的程度上有所不同。

关于术语的一些注释可能有用。首先，范围和视野之间的区别是对决策科学中这些术语的模糊使用的例子。正如这里使用的术语一样，决策的范围是所需要决定的问题的集合，视野是在评估选项和潜在结果时"看到"或考虑的方面的集合。这两个词的这种使用方式在单词的一般用法中得到了支持。根据《牛津英语词典》，范围可以表示为"任何活动实施或有效的领域或区域"或"活动、机会或自由的空间"([r]oom for exercise, opportunity or liberty to act)。同样《牛津英语词典》,给出了视野的含义:"限制一个人的精神认知或感知的东西;一个人的知识、经验或兴趣的范围或限制。"

选择"代理"这个词是因为没有更合适的词汇。代理的含义通常为:"行动或施加权利的能力"(《牛津英语词典》)。这里这个词用来指代做出决策的能力。也许具有这种含义的新词对于语言来说是一种有用的补充,但在此处,"代理"这个词被用来取代其本身的含义。遵循决策科学中的惯例,"框架"一词将用于描述决策的方式。我们将在10.2.7节讨论这个术语的含义。

在目前的实践中,许多风险决策的结构都存在问题。有时,选择的结构效率低下,例如,因为没有包括一些可用的选项。有时决策的结构是有争议的,或者以某种方式存在偏见。因此,风险分析应包括仔细分析其权限范围内与风险相关的决策问题的结构。本章的写作目的是为这种分析提供一些基本的概念和工具。

10.2 构建决策的10个组成部分

以上10个部分可以作为决策结构分析的起点。

10.2.1 范围

在炼油厂发生严重事故之后,管理层与安全人员以及劳工代表举行了简短的会谈。每个人都同意采取"一切"措施避免类似事故再次发生,安全部门承担了准备决策的任务。第二天,安全部门召开员工会议。"我们的任务是什么?"他们问自己。"当然,我们可以提议改变事故中涉及的技术。但是我们能否提出能够降低其他类型事故风险的技术改进措施?我们可以提出一种改进措施以防止此次事故,但我们能否提出一种新的管理结构,工人们在安全相关的问题上进行共同决策,甚至可能在未来几年降低回报率为安全投资腾出空间?"

当确定决策的范围时,我们在两方面之间画一条线,一方面是决策事项,即待决策的全部问题,另一方面是背景条件,即所有其他问题。背景条件通常包括背景决策:那些被视为已经解决而不需要重新考虑的决定。在例子中,安全部门需要知道电站的管理结构是否是决策事项的一个部分,或者将其视为背景条件。几个例子可以说明识别背景决策的风险分析的重要性。

由于岩石坠落的风险很高,在某一特定的地下矿山工作是异常危险的。当工人们抱怨时,他们被告知,自己决定是否接受这项工作,并完全了解其中的危险,并且他们可以通过细心观察来降低风险[6]。

岩石坠落的风险主要取决于对于技术、组织和工作流程的决策。安全专业人士普遍认为,不应将这些决定视作背景决定。相反,这些应该作为工作场所事故讨论的重点。然而,有些人试图将重点转移至个体工人的决策和行动上,以减轻雇主对员工工作条件的责任[7-8]。

全球每年因道路交通造成死亡的人数超过120万人，并有2000万~5000万人遭受非致命伤害[9]）。根据传统的事故分析，造成交通事故的直接原因通常是与驾驶员的行为有关的因素，例如超速驾驶、醉酒驾驶或野蛮驾驶。在公众讨论中，关注的重点主要放在驾驶员个人的决策上，例如决定加速或醉酒驾驶。

关于机动车辆重要的背景决策应该被置于台前，而不是作为背景。例如，大多数机动车辆缺少酒精联锁装置，因此它们可以由醉酒的驾驶员驾驶。此外，它们还缺少自动限速器，因此车辆可以在危险或违法的时速行驶。这些都是平价而可以挽救生命的技术，然而汽车厂商不予安装，监管机构也不做要求。还有其他的措施可以减少交通事故死亡人数，例如在反向的车道之间设置防撞栏。如果一项决策风险分析只关注驾驶员个人的决定，将会错失在交通中拯救生命的最有效方法。

范围的选择在很大程度上是一个政策问题，但是风险分析人员可以确保以合理和透明的方式处理它。特别是，应该公开和仔细审查防止有效降低风险的范围界定。

10.2.2 细化

"我们应该在公司层面制定安全预算。然后，每个电站都可以申请安全投资。通过这种方式，我们可以确保尽可能高效地使用安全资金。"

"不，这是错误的做法。安全投资应与其他投资相结合，不可作为可选的项目处理。每个电站的管理应对该电站安全方面负全部责任。"

"但是，经济困难的电站在安全方面投入的资金将少于其他工厂，这该如何捍卫安全预算？"

当决策的事项很大时，将其划分为可管理的部分可能是有利的，甚至是必要的。细化可以不同的方式进行。例如，国家交通政策的决策可以根据交通方式进行细化，铁路、公路、航空和水上交通进行单独的决策；或者可以根据地理标准细化交通决策，并根据区域和路线组织决策。

风险决策的细分可能会对决策的结果产生重大影响。这一点也许通过我们愿意为减少死亡风险支付多少成本的争议加以佐证。我们为安全埋单的意愿，由挽救生命的边际成本衡量，在政策领域之间存在着很大的差异[10]。一些成本效益分析人员对此并不满意。他们声称应该协调有关风险接受的决定，以使所有政策领域中的"为安全埋单的意愿"得以均衡。Viscusi[11]是这一观点的代表，他提出了我们应该"为不同机构的每个被拯救的生命花费相同的边际成本"。有一个显而易见且具有说服力的论据支持这种方法：对于拯救生命所花费的任何金钱，都将最大限度地挽救生命。

同时也存在反对如此大规模协调风险和安全决策的论据。我们可能有合理的理由为预防不同的死亡案件指定不同的优先等级。在众多文化中，儿童的死亡被人们认为特别悲惨，如果儿童的生命受到威胁，则可以接受更高的事故预防费用。相比于其他案件，我们也愿意付出更多的成本来预防犯罪，尤其是恐怖袭击导致的死亡。考虑到犯罪和恐怖袭击对于无辜受害者生活的影响，这可能合理。

此外，在社会所有领域，风险决策与其他决策错综复杂地相互交织，因此任何考虑实行均匀地拯救生命成本的做法都会遇到阻碍。很难看出我们如何协调所有决策的风险，同时保留对于决策的其他组成部分不协调的和分散的决策结构。试图制定大型统一决策议程称为"超级天理学"[12]。众所周知，由于这些问题需要收集和整理大量的信息，大规模优化往往变得低效。

如何细化决策没有简便的方法。通常，不同的考虑因素指向不同的方向，然后细化的选择将取决于我们如何权衡这些考虑因素。以下注意事项或参数类型可以当作检查表。

（1）信息处理参数。

① 信息访问参数：应该由能获得决策所需信息的人做出决定。

② 复杂程度参数：对信息收集和处理的要求应保持在实用性范围内。这通常有利于将大型决策细分为更利于管理的部分。

（2）程序参数。

① 组织参数：决策结构应与组织结构相协调。

② 能力参数：通常更倾向于将决策事项的每个部分分配给完全理解该部分的人。

③ 影响参数：在决策过程中通常需要将受到决策影响的人包含在内，这种方式也是必不可少的。当决策的不同部分对不同人群产生影响时，影响参数会相应地支持细化决策。

④ 多数与共识参数：通常希望尽可能得到多数赞成的决策。在许多情况下，如果将多个问题组合成一个能让各方接受的更大的组合，则可以更容易地达成共识。在其他情况下，可以通过细化决策实现部分共识，以便无争议的部分可以得到广泛认同。

（3）结果相关参数。

这些是指与决策结果相关的属性。即使决策存在争议，结果中可能有一些期望的特征是可以得到普遍认可的，然后可以对该决定进行细化，从而进一步实现这些特征。例如，如果预算用于单一决策，则相比于对决策每个部分进行独立的决策，单一决策的预算平衡更容易实现。

10.2.3 代理

"我可以报告说，B场馆的工人们都接受明年推出新型电动压力机所带来更高的噪声。我已单独和每个人都谈过了，他们都同意了。"

"您是否告诉他们如果我们购买了带有多个防震减震器的其他类型的压力机，噪声水平会降低约10dB？"

"没有。首席执行官已经排除了这一选择，因此我认为不宜提及它。"

如上所述，这里使用的术语"代理"是因为没有更好的词来表示作为决策者的属性。任命决策者通常不是风险分析人员的职责。但是，风险分析人员可以指出这类事情中潜在的问题。

一般而言，一个人参与决策的方式主要有两种：基于专家身份和基于利害关系（后一个词指的是受决定影响与其有利害关系的特征）。第10.2.2节中提及了细化决策的好处，而其中的细化方法涉及的参与人就满足上面一种或两种方式。决策的构建应包括针对是否缺少了某些必要的专业知识，以及是否将与该决定有关的人员排除在流程之外的具体的考量。

在与风险相关的决策中，人们对风险暴露的描述至关重要。他们参与的形式是一个无法在此处理的大问题[13]。但是，区分同意（consent）和参与（participation）是很重要的。"同意"是指某人同意其他人提出的建议。一个人同意一个决策并不一定意味着她参与了备选项的讨论和比较的整个决策过程。

"同意"（知情）的概念源于医学伦理，但它越来越多地应用于更广泛的领域。不幸的是，当在其他地方使用时，它在原始环境中使用的局限性经常被忽略[14]。在临床医学中，知情同意意味着除非患者被告知利弊且已同意，否则不能对患者实施医疗程序[15]。根据医学伦理学的标准观点，同意是干预合法性的必要但不充分条件。无论患者是否同意，对于患者健康弊大于利的治疗都是不道德的[16]。

在此背景下，必须提出两项重要的警告，以反对将"同意"这个词用于判断风险暴露。首先，一个人同意一项风险的事实并不一定能免除那些让他承担风险的人的责任[6]；其次，同意风险暴露与完全参与决策过程不同。参与决策不能被受影响群体（即那些认为自身认知似乎已经到位的人）"表示"同意而取代[17]。对于风险分析人员来说，事先找出谁能合法地参与决策过程应该是一项重要的任务。

10.2.4 时机

"因为核废料是有害的，我们不确定提出的核废料地下储存库能否在很长一段时间内防止核废料的泄漏。核废料应该推迟处理，直到我们确定有安全的处理方法。"

"你是否意识到现在保存所有核废料的临时储存设施所涉及的风险?虽然提出的长期存储解决方案可能并不完美,但它比临时存储的安全程度领先许多个数量级。你能否真的承担推迟决策所导致的在未来许多年内核废物被临时存放在地上的责任?"

我们做出决策的时机会对结果产生重大影响。核废料实例说明,在我们等待决策时,决策旨在解决的问题可能会加剧。这是风险和安全以及环境问题的常见情况。同一个例子说明知识状态可以在决策延迟期间发生变化。新知识可以获取,旧知识可能会过时。此外,新的选项可供选择,过去的选项可能会丢失("错过了机会之窗")。在需要谈判或组建联盟的决策中,时间的流逝会增加或减少其他人进入协议的意愿。

决策的时机是指对决策或其不同组成部分进行决策的时间点。决策的时间策略(temporal strategy)是一种针对决策时机的计划安排。许多决策都没有时间策略;它们的时机是临时确定的而不是事先选择的。可以说,更多的决策应该有时间策略。

我们可以区分四种主要的时间策略:

第一种时间策略是终止,意即必须做出明确的决定。这意味着决策会以最快速度生效,通常也是一种优势。另外,终止的缺点在于,做出明确的决策之前,没有机会更仔细地研究问题或从经验中学习。

第二种时间策略是延期。也就是说,将决策推迟到以后的某个时间点。延期有很多变型。我们可以根据两个主要方面对它们进行细分。一个方面的区别是主动和被动延期。主动延期的特点是为了推迟决策做准备,例如信息收集、调查意即努力制定更好的选择。在被动延期中,没有这样的准备。属于"观望"策略。

另一个方面的区别是计划和非计划之间的不同。计划性延期包括需要做出决策的时间点。非计划性延期没有这样的固定时间点,这意味着必须在稍后的某个时间点采取新的举措,以便恢复决策过程。上述两个方面的区别相互交叉,会产生四种类型的延期:主动计划性、主动非计划性、被动计划性和被动非计划性。如果延期的决策很重要,则主动计划类决策就是最合适的。

第三种时间策略是半终止。这意味着选择(并执行)了一个可用选项,同时也为以后的重新评估和重新考虑做了准备。当然,半终止要求原始初期的决定是可逆的。就像延期一样,半终止可以是计划性的,也可以是非计划性的,具体取决于是否为后来的决策设置了日期,以取代第一个临时决定。延期履行(moratorium)就是一种有意思的计划性半终止形式,在延期履行期间不会使用新技术。当延期履行期结束时,再决定是否允许使用该技术,以及在这种情况下是否对其使用施加某种条件[18]。非计划性的半终止以各种形式的自然资源适应性管理为代表,其中管理决策是临时的,但只有采取具体措施时才会发生改变[19]。

第四种时间策略是序贯决策。这意味着不同时间点对决策的不同部分分别进行顺序决策，序贯决策通常是为了适应这些部分之间的差异，例如不同的紧急程度和需要获取更多信息。

Hansson[20]首次引入了这种时间策略类型，但其策略仅包含上述四种时间策略中的前三个。Hirsch-Hadorn[19]增加了第四类序贯决策。计划性和非计划性延期与半终止之间的区别则是新的补充。

时间策略的选择通常取决于若干个须相互权衡考虑的因素。以下问题列表可用作此类因素的清单：

(1) 所有可用的替代方案都有严重的缺陷吗？如果是，那么意味着不能终止。

(2) 寻找新的替代方案是否会花费巨大？如果是，则意味着支持终止。

(3) 是否存在与决策相关的大量不确定性，以及是否存在减少这些不确定性的机会？如果是，则意味着不能终止。

(4) 决策的各个部分之间是否存在差异，使其中一些部分的不确定性比其他部分更大？如果是，则意味着支持序贯决策。

(5) 需要解决的问题是否会随着时间的推移而加剧？如果是，则意味着不能延期。

(6) 可逆性方案中最好的方案是否明显比所有方案中最好的方案差？如果是，则意味着支持半终止。

(7) 是否会存在较大的风险，即决策者对于责任承担和明智决策的能力和倾向是否会发生恶化？如果是，则意味着不能延期和顺序决策。

10.2.5 选项

"有两种方法可以减少零件清洁车间的溶剂挥发问题。我们可以运用局部排气通风和为工人们提供呼吸器两种方法。呼吸器成本更低，但可能妨碍到工人们的工作。我希望您从效果和成本两方面评估这两种备选方案。"

"好的，我会这样做。但是，您是否允许我研究其他替代方案，例如使用危害较小的溶剂或者采用完全不同的清洁工艺？"

在风险分析和决策科学的其他分支中，通常假设可用选项是确定的且被完整定义的。实际情况往往并非如此。风险分析人员应该为潜在选项给出自己的清单，并且注意不要假设最初给定的选项列表是完整的，这至少有两个重要原因。

第一个原因是与风险相关的决策通常以排除与风险降低无关的选项的方式进行构建。这当然是对的。降低风险的选项价格可能过于昂贵，或者有其他缺点，使其被排除在认真考虑的范围之外。但是，这种排除应该具有可靠的理由，并且应该是透明的。"替代原则"的定义则是其一个有趣的例子。替代原则是化学品控制的一个原则,其定义是"从特别关注的化学品到更安全的化学品或非化学替代品的过渡"[21]。一些研究人员强调,替代可以包括使用危害较小的化学品,也可以使用一些不需要化学品的更安全的过程[22-23]。但是,在欧洲化学工业委员会(CEFIC)的政策声明中,该原则定义如下:替代是将一种物质替换为另一种物质,目的是降低风险[24]。

根据这一定义,应用替代原则的结果将始终包括使用某些化学品。这种对替代决策的备选项集的约束过于明显以至于无须刻意指出。很难相信 CEFIC 会选择"定义避开"化学品的安全使用,并以此作为解决不安全和非化学工作过程中问题的手段。

更一般地说,安全问题的最佳解决方案普遍都需要对工作流程进行相当彻底的改变。例如,来看一个加工企业,它使用从外部供应商处购买的爆炸性反应物。它可以采取各种措施来降低爆炸的风险或程度,例如防爆储存设施和消除点火源。然而,通常更好的方法是改变加工过程中不需要这类物质;或者如果不可能的话,则局部少量地生产这种物质,并不断地把它转移到反应中。当试图在要考虑的选项列表中引入如此深远的变化时,安全专业人员经常遇到阻力[25-26],而通过附加安全装置之类的较小修改往往更容易接受。风险分析人员需一项显而易见的任务,即确保涉及技术和工作流程的重大变更。

风险分析人员应该在给定的选项列表中寻找补充的另一个主要原因,即安全问题的最佳解决方案可能还没有被发现。通过指出需要解决的问题,风险分析人员可能为新的创新解决方案提出了新的需求。有大量证据表明,环境、健康与安全监管(如果基于经济激励措施得到适当设计、实施和补充)会带来彻底的技术革新,从而显著减少有毒化学品的暴露在大自然和工作环境中,以及消费品中[27]。有充分的理由相信,即使没有法规支持,市场需求也会产生同样的影响。

10.2.6 控制归属

"我刚刚发现你已经订购了一条新的生产线,将在两年内安装完毕。但是在新的生产线中,你似乎并没有将减少有毒化学物质吸入所需的设备考虑在内。"

"别担心。我和你一样关心工人的健康,这部分投资将在 18 个月后完成。"

"当然,我不怀疑你的好意。但是,你能确保将来无论我们的财务状况如何,你都将在 18 个月后将这部分设备补充完整吗?"

在决策分析中通常假设决策者可以完全控制自己的行为。也就是说,决策与行动之间没有间隔。如果你决定做某事,那么你就会如决定的那样去做。当决策需要在稍后的某个/些时间点实施时,这一假设显得特别重要。传统的方法假设我们总能做出一个决定来约束自己未来的行动；换句话说，我们完全控制着在未来的各种情况下自己将要采取的行动。

但是经验表明生活并没那么简单。我们会问自己这样的问题：

(1) 我能打开一盒巧克力然后只拿走其中的一块巧克力吗？

(2) 如果我和朋友一起去酒吧，我能及时回家并清醒地完成明早应该交付的工作吗？

(3) 如果我决定从现在开始每周去两次健身房，那我是否应该购买 12 个月的健身房会员呢？还是应该每次去的时候缴费呢？如果我执行我定下的计划，那按次缴费会花费更多，如若不然，则按次缴费会极大地减少我的花费。

这些例子中，决策似乎都取决于你是否认为自己能够完全控制自己未来的决定。处理这类情况的一种方法是将控制程度视为经验问题。弄清一个人改变主意或因意志薄弱而屈服的可能性有多大，至少在原则上是可行的。在某些情况下，这种经验方法可能相当合适。例如，对于某些类型的诱惑我们几乎是总能抵制的，而其他一些诱惑几乎会征服我们。但也有一些情况是我们的决心可以产生很大影响的。例如，如果我下定决心要去健身房，那么我整年去健身房的可能性将会增加。购买 12 个月的健身房会员资格可以成为说服自己将计划坚持到底的因素中的一部分。这不仅关乎发现真实的自己的一部分，也关乎认真下定决心并坚持努力下去。

在这个例子中，两种简化方法都没有捕捉到情况的复杂性。我是否会遵循我的意图在某种程度上是一个经验问题，我可以用同样的方法对待关于其他人的相应经验问题。与此同时，在某种程度上，我可以纯粹用意志力来控制一些事情，当然我不能以此来对待其他人的决定。从决策论的角度来看，这是一个非常复杂的情况：一方面，我可以将自己未来的决定视为与我现在做出的决策完全分开的事件，就像我对待别人的决定一样；另一方面，我可以将自己未来的决定视为现在就可以简单解决的事情，因此对我而言现在和未来没有任何区别。换句话说，我们有手段来处理一个人无法控制和完全控制未来决定的这两种极端的情况。但是，对于中间情况，我们却缺乏适当的手段。这是不幸的，因为中间情况绝非罕见。

安全行业有一个传统，即选择无控制端点（no-control endpoint）。也就是说，假设决策者无法确定遵循风险规避决策。这也就是为什么我们更青睐无法切断手指的机器，操作员坚决不会让自己的手指靠近危险区域。经验证明了这种方法。尽管可能存在例外的情况，但对于风险分析师而言，与控制范围内无控制点紧密相连的策略通常是一个好策略。

10.2.7 框架

"我不喜欢你描述我们新区域发展计划的方式。你说'尽管采取了预料之中的环境保护措施，但预计仍有五种独特的昆虫将会灭绝'。我完全不喜欢这句话。"

"有什么问题吗，难道不是这样吗？"

"当然是这样的情况，但我不喜欢你这样的表述方式。"

"那你想让我怎样写？"

"嗯，你可以写，由于我们采取了广泛的环境保护措施，该地区总共约 250 种特有的昆虫物种中预计有 98%会存活下来。"

格雷戈里贝特森（Gregory Bateson）在 20 世纪 50 年代就在社会科学中使用了"框架"这个术语，并且在 20 世纪 70 年代被欧文·戈夫曼（Ervin Goffman）采用。二人都使用了这个词的广义含义，以覆盖个体用于解释世界及与自身经历相关的各种概念和想法[28]。在 20 世纪 80 年代早期，Tversky 和 Kahneman[29]将"框架"一词引入决策科学中。他们还讨论了构建一个全新的、更聚焦的，即关于在不实际改变决策的情况下重新描述决策。现在有一系列深刻的经验证据表明，人类决策者深受这些重新描述的影响。最著名的例子是亚洲疾病问题（Asian disease problem）。这是一个假设决策问题，必须在应对严重疾病暴发的两种方法中做出选择。潜在的结果可以用正面或负面的方式表示（通过某种方法存活的人数或被疾病杀死的人数）。尽管正面和负面的描述所指向的风险完全相同，但实验对象在决策中倾向于将其区别对待[29]。该实验是框架效应的范例，并在多种不同的设置下被重复了多次。

Kühberger[30]区分了框架的"严格"和"宽松"。严格意义上的框架是指"对前景的语义操纵，其中完全相同的情况被简单地重新描述"，如亚洲疾病的例子。宽松意义上的框架是"将框架作为一种内部事件来对待，即这种内部事件不仅可以通过语义操作引发，还可以由情景的其他背景特征和个体因素引发，只要从经济学的角度来看决策问题是等同的"。目前关于框架的讨论主要由特沃斯基（Tversky）和卡尼曼（Kahneman）提出的方法主导，因此严格意义上的框架要比宽松意义上的框架常见得多。然而，应该指出的是，"框架"这一术语还有第三种意义，甚至比 Kühberger 的"宽松意义"更加宽松。这种"更宽松"的意义包括这样的情况：一个决策问题的不同框架从经济学的角度来看甚至可以是不等同的。例如，它们可能在决策范围和用于评估决策结果的标准上大大不同[31]。

如 10.1 节所述，我将遵循决策科学中的常规做法，并使用在 Tversky 和 Kahneman 的开创性工作之后得到的有限意义上的"框架"一词；实质上就是 Kühberger 提出的"严格"的意义。人们可能会争论说"框架"一词具有误导性，因为它暗示的是决策的背景，而不是决策的描述方式。但是，这种用法现已经很成熟了。尝试改变一个既定但令人困惑的术语往往会比消除产生更多的困惑。

关于框架效应（严格意义上）的研究和讨论在很大程度上受到争议的推动，即根据决策框架的不同而做出不同的决定是否不合理。Kenneth Arrow[32]在这些讨论中对有争议问题提出了准确陈述，其形式是要求决策者的行为满足假设的外延性。这意味着对一个决策问题各种描述，虽其互不相同但逻辑上是等价的，则决策应该是相同的。

一些作者指出，外延性是一个相当强的标准。决策的两种描述在逻辑上是等同的，但它们传达的信息仍然不同。例如，"95%接种疫苗的人受到充分保护"的声明可能会给人一种疫苗覆盖率令人满意的隐性含义。而"5%接种疫苗的人没有得到充分保护"的声明则可能会给人留下相反的印象。在这类和其他许多情况下，逻辑等价描述中的某一个会提供一些与决策输出是否可被接收的信息。尽管标准决策理论并未使用这些信息，但仍有一些决策将其考虑在内。两个典型的例子是采用充分性标准和避免遗憾标准的决策规则。根据充分性规则，最重要的是结果足够好（可以接受）。高于最低水平的改进被赋予较低优先级。避免遗憾的规则将重点放在一个人得到的结果的价值和如果他做出另一个选择，他最多能得到的价值之间的差异上。因此，使用属于这两类规则之一的理性决策者应该被看作违反外延性。

另外，如果一个决策的两种描述不仅在逻辑上是等价的，其传递的信息也是相同的，那么有理由认为一个理性决策者会以相同的方式对它们做出反应[33]。Till Grüne-Yanoff[34]将这个弱化版本的外延性命名为不变性。它比外延性更合理，但也更难以精确定义。通常，找出两种描述在逻辑上是否等价要比确定它们在逻辑上暗示什么要容易得多。

拥有既得利益的利益相关者经常搜索支持他们信息的（严格意义上的和宽松意义上的）框架。例如，寻求接受有害活动或产品的行业寻找有利于公众接受的框架，而环保主义者则青睐具有相反效果的框架。风险专业人员经常受托去搜索符合既定目标的框架。这种做法具有潜在的操纵性，因此从职业道德的角度来看这可能是值得怀疑的。一种争议较少的方法是向决策者（包括公众）提供替代框架，这样他们就可以在充分意识到框架效应的情况下做出自己的决定[35]。通过这种方式，有关框架效果的知识可以用来增强公众力量，而不是作为一种手段来推动他们朝着别人选择的方向移动。

10.2.8 视野

欧盟成员国提出了一项减少二氧化碳排放的提案。一项详细的分析表明，执行该提案将对该国产生消极的经济后果，因为与不减少其排放的其他欧洲国家相比，预期会造成竞争劣势。对于该国政府来说，这是反对采取上述提案有关措施的有效论据。然而，对于欧盟委员会而言并非如此，因为减排在其他欧洲国家具有重要利益（出自文献[37]第168页）。

决策范围是指我们在评估决策选项和决策结果时要考虑的因素的全集。显然，这不能包括所有内容。我们必须将决策者的工作量保持在合理的水平。由于决策范围可能受限于多方面，因此必须设置很多变量来对其进行界定。其中有三类变量是十分重要的，分别是基于可信性（plausibility-based）、基于时间（temporal）和基于责任（responsibility-based）的限制变量：

基于可信性的限制：理想情况下，我们应该考虑每个决策选项的所有潜在后果。但实际上，我们只会考虑那些我们认为可信的合理的。对难以置信（据称）的潜在事件缺乏关注，有时会造成可怕的后果。例如，至少最不幸的是，福岛第一核电站的设计者没有把罕见的、非常大的海啸纳入他们的决策范围。但必须承认，通常很难在需要纳入分析的潜在事件与可以排除的事件之间划定界限。原则上，所有决策选择都可能产生我们无法预见的严重后果。就像任何新药都可能具有全新类型的严重副作用。任何新的工业产品都可能会被消费者以设计团队无法预见的危险方式使用。我们通常不太关注这种可能性，但有时技术的反对者会将它们纳入讨论。一方面，我们需要将一些相当不可能的潜在事件纳入考虑；另一方面，我们又不能将它们全部包括在内。对于风险分析的结果来说，我们选择将其中的哪一项包括进来，其重要性不亚于我们选择在最终分析中详细调查哪些内容。请参阅文献［36］，了解如何系统化这一选择。

基于时间的限制：对风险分析结果的未来进行界定，既有好的一面，也有坏的一面。对遥远未来发生的事情缺乏关注是一个糟糕的理由。但对某一特定时间点之后可能发生的事情缺乏信息可能是一个很好的理由。然而，我们希望考虑的各种后果，会因我们能对其未来关注多久而不同。我们现在所做的事情可能会在未来数百年后产生社会后果，但在许多情况下，我们无法对这些后果进行有意义的评估，因此我们可能不得不将它们排除在外。相反，由于许多自然现象的可预测性更强，因此可以在相当长的时间尺度上评估许多环境后果。这会是对决策的不同方面应用不同时间限制的原因。

基于责任的限制：决策者倾向于将他们的关注限制在他们所负责的或能够负责的那些决策方面。通常可以相当精确地确定法律责任的界限，但道德责任的界限往往不那么明确。例如，公司对其雇员的工作条件负责，但是对其分包商及其员工的工作条件负责到什么程度呢？当本地居民受到公司活动的负面影响时，公司也要承担责任。承担责任的范围有多大呢？一家公司是否应该为其活动对于竞争对手及其雇员的影响负责呢？关于政府的责任也可以提出类似的问题。政府应该把重点放在对国家有利的事情上，但它也被认为要对该国环境排放的海外影响负责。有人试图让发达国家的经济和贸易政策对发展中国家的影响负责，但通常收效甚微。显然，国家对决策的看法是合理的，全球、区域和地方的看法也是合理的。政府在多大程度上担心自己的决策对其他国家的影响，或者企业在多大程度上考虑对公司外部的影响，这些本质上都是道德问题。风险分析师的任务并不是为这些问题指定一个或另一个答案，但风险分析师可以帮助确保以一种透明和合理的方式来进行界定。

10.2.9 准则

"你提出的健康人体的实验将会使受试者处于不可接受的风险中。根据你的估算，该药物有50%的可能性会引起严重的自身免疫反应。"

"是的，但如果没有这些副作用，那么我们几乎可以肯定这将成为针对几种儿童癌症的有效药物。你怎么能承担起阻止一项药物试验的责任呢？这项试验极有可能为我们提供治疗这些疾病的有效方法。"

"那你怎么能承担起牺牲这些受试者的责任呢？你们把他们当作为他人利益做贡献的手段，而不是他们自己。"

决策范围界定了评估决策选项和决策结果时考虑的各个方面。但这不够，我们还需要有评估标准。在这种情况下必须解决的两个主要问题是多价值问题和多人问题。

10.2.9.1 多价值问题

大多数与风险相关的决策会涉及几种类型的价值，这些价值无法相互衡量。同一个决定可能会对死亡、各种疾病、各种环境退化、货币损失等风险产生影响。在评估选项时，我们必须将这些价值组合起来或相互权衡。在成本效益分析中，其是通过将所有其他价值转换为货币价值来完成的。这意味着，例如，一个人的生命的损失被赋予了货币价值。这种"生命价值"是成本效益分析的标准，但也受到了严厉的批评。从直觉上讲，给一个人的生命赋予金钱的价值是令人反感的。但是，可以通过技术手段捍卫生命的价值，以确保我们的救治行动能够挽救尽可能多的生命。

重要的是，无论有没有成本效益分析，生命和金钱之间的不可通约性（incommensurability）都只是我们必须处理的许多不可通约性之一。死亡、疾病和环境破坏不容易相互比较。有多少青少年糖尿病病例对应于一例死亡，或者人类的痛苦或死亡数量对应于羚羊物种的灭绝，这类问题都没有明确的答案。然而，这种"不可能"的比较是社会决策的重要组成部分，尤其是在风险管理方面。即使我们将金钱因素从分析中移除，基本的困难仍然存在[37]。

对于多价值的问题没有简单的解决方案。理性的人可能在他们分配的相对价值方面有所不同，例如，人类健康、经济繁荣和环境保护。风险分析的任务不是促进一种特定的相对价值分配，而是阐明这些分配之间的选择可能对风险管理决策产生的影响。

10.2.9.2 多人问题

风险分析往往涉及许多人的利益，这些人或消极或积极地受到不同程度的影响。处理这个问题的标准方法是以功利主义的道德哲学为基础的。在古典功利主义中，期权的价值等于它对所有相关个人的价值的和。这些价值如何在人们之间分配没有区别；只有总和很重要。这种方法基于集体主义权衡原则，根据该原则，只要某一项选择它产生的所有单个成本的总和超过了它产生的所有个别利益的总和，那它就是可以接受的。但是，这不是衡量成本和收益的唯一方式。另一种可能性是对每个受影响的人进行单独衡量，并且要求每个受试者都保持正向的平衡。根据个人主义权衡原则，只要影响每个人的成本超过同一个人的利益，那么选择是可以接受的。个人主义权衡原则在医学和研究伦理方面具有悠久的传统[38]。如果对人类进行的实验会给受试者带来严重的风险，那么（根据研究伦理学中的广泛共识）这种风险不能被其他人的优势所抵消，例如预计将从研究中受益的未来患者。在这种情况下，一个人的损失不能被其他人的利益抵消。

事不关己（not in my backyard，NIMBY）态度导致的冲突与集体主义和个人主义之间的权衡差异有很大关系。反对建造有潜在危险工厂的当地居民倾向于从个人主义者的角度看问题："我所受到的损失比我得到的利益要多。"推动新工厂建设的风险管理人员则是从集体主义者的观点进行权衡："这个工厂的总体优势超过了它的劣势。"这里的基本问题是，在什么情况下，一个人在道德上要求接受他承受的损失，以便他人谋取利益[6]。这是一个风险分析无法解决的价值问题。但是，风险分析师可以根据两种类型的权重进行分析，并促进其阐明这一问题，以便决策者可以在他们的讨论中同时考虑这两种权重。

10.2.10 重组

"我认为将所有关于化学品安全的决策都委托给当地管理层是一个很大的错误。这看起来似乎是一个好主意，因为他们知道化学品的暴露条件。但最近的事故报告显示，其中一些公司无法将这些信息与毒性数据结合起来，从而做出合理的风险评估。我们现在该怎么办？"

"也许我们应该取消委托，让中央安全部门重新接管？"

"但是我们已经尝试过这个解决方案，然而它也有自己的问题。也许我们可以找到一些方法让它们取长补短？"

我们构建决策的方式总是取决于我们在构建决策时的优先级和知识状态。当我们了解更多时，我们经常会发现采用不同方式来构建问题的原因。也许决策问题必须扩展到我们从一开始就没有包含的问题，也许我们已经找到了我们想要包括的额外的选项、后果或评估标准，也许我们已经发展出一种全新的方式来思考决策问题及其与我们需要解决的其他问题的关系。但是，一旦确定了决策的结构，我们就有可能忽视其他可替代结构的风险。为了避免这种情况发生，我们需要确保定期重新考虑风险决策，其中包括对其结构的系统性讨论。

10.3 讨 论

"纳迪亚是否已向安全会议提交了文件?"

"我不知道。我想你可以在网站上查找,或者直接问她。"

"你会亲自参加会议吗?"

"我不知道,我还没有决定。"

这段对话说明"不知道"可能意味着两种情况。在第一种情况下,它指的是缺乏信息,可以通过查明事实来纠正这些信息;在第二种情况下,它指的是犹豫不决,可以通过下定决心来解决。术语"不确定性"具有相同的模糊性。它既可以指我们尚未发现的东西,也可以指我们尚未决定的东西。在例子中,应答者可能既不确定纳迪亚是否已提交文件也不确定他本人是否会参加会议。

风险分析高度聚焦于事实知识以及当我们缺乏事实知识时可以做些什么。但风险分析中也存在一些重要的问题,必须通过决策而不是事实调查来解决。上面讨论的大多数结构问题都属于这类问题。重要的是要认识到风险分析不仅基于事实,还基于风险决策所选择的结构。这些选择通常不是很透明,有时只涉及我们一直在做的,或者遵循决策者的指示或期望的事情。但它们对决策的影响很大,因此需要仔细讨论,并以公开透明的方式进行。

图 10.1 简要介绍了处理风险决策过程中缺乏知识的主要方法。它描述的过程实际上非常复杂,尤其是难以确定决策者控制的范围,如 10.2.6 节所述。

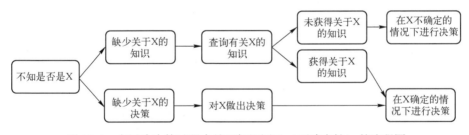

图 10.1 在风险决策过程中处理知识匮乏(不确定性)的流程图

10.4 结 论

本章对决策的概要说明表明,决策问题的结构可能对决策结果产生决定性影响。因此,对替代结构的探索应该是风险分析中一个不言而喻的组成部分。可以采用精确的方式调查决策问题的结构,而这正是风险分析师应进行的一项工作。因此,不应该不经充分考虑就接受传统风险决策的结构方式。

参 考 文 献

[1] CONDORCET N D. Plan de Constitution, presenté a la convention nationale les 15 et 16 Février 1793 [J]. Oeuvres, 1793, 12: 333-415.

[2] HANSSON S O. Scopes, Options, and Horizons-Key Issues in Decision Structuring [M]. Ethical Theory Moral Practice, 2017.

[3] IKEDA S. Managing technological and environmental risks in Japan [J]. Risk Analysis, 1986, 6 (4): 389-401.

[4] BARNTHOUSE L W, STAHL R G, JR. Quantifying natural resource injuries and ecological service reductions: challenges and opportunities [J]. Environmental Management, 2002, 30 (1): 1-12.

[5] RENN O. White Paper on Risk Governance—Towards an integrative approach. White paper No. 1 [Z]. International Risk Governance Council. 2005.

[6] HANSSON S. The ethics of risk: Ethical analysis in an uncertain world [M]. Palgrave Macmillan, 2013.

[7] MACHAN T, EZORSKY G. Human Rights, Workers' Rights, and the "Right" to Occupational Safety [M]. State University of New York Press, 1987.

[8] SPURGIN E W. Occupational safety and paternalism: Machan revisited [J]. Journal of Business Ethics, 2006, 63 (2): 155-173.

[9] WHO. Global status report on road safety 2013: supporting a decade of action: summary [R]: World Health Organization, 2013.

[10] RAMSBERG J A, SJöBERG L. The cost-effectiveness of lifesaving interventions in Sweden [J]. Risk Analysis, 1997, 17 (4): 467-478.

[11] VISCUSI W K. Risk equity [J]. The Journal of Legal Studies, 2000, 29 (S2): 843-871.

[12] HORNSTEIN D T. Lessons from Federal Pesticide Regulation on the paradigms and politics of environmental law reform [J]. Yale Journal on Regulation, 1993, 10: 369-446.

[13] HANSSON S O, OUGHTON D. Public participation—Potential and pitfalls [M]. Elsevier Science, 2013.

[14] HANSSON S O. Informed consent out of context [J]. Journal of Business Ethics, 2006, 63 (2): 149-154.

[15] FADEN R R, BEAUCHAMP T L. A history and theory of informed consent [M]. New York: Oxford University Press, 1986.

[16] WMA. World Medical Association Declaration of Helsinki: ethical principles for medical research involving human subjects [J]. Jama, 2013, 310 (20): 2191-2194.

[17] SIMMONS A J. Consent and fairness in planning land use [J]. Business Professional Ethics Journal, 1987, 6 (2): 5-20.

[18] HANSSON S O. How to be cautious but open to learning: Time to update biotechnology and GMO legislation [J]. Risk Analysis, 2016b, 36 (8): 1513-1517.

[19] HIRSCH HADORN G. Temporal Strategies for Decision-making [M]. Springer, 2016.

[20] HANSSON S O. Decision making under great uncertainty [J]. Philosophy of the social sciences, 1996, 26 (3): 369-386.

[21] AUER C. US experience in applying "Informed Substitution" as a component in risk reduction and alternatives analyses; proceedings of the Chemicals, Health, and the Environment Conference, Ottawa, Ontario, Ontario, Canada, F, 2006 [C].

[22] OOSTERHUIS F. Substitution of hazardous chemicals: A case study in the framework of the project' Assessing

innovation dynamics induced by environment policy'[R]. Vrije Universiteit, Amsterdam, 2006.

[23] HANSSON S O, MOLANDER L, RUDEN C. The substitution principle [J]. Regul Toxicol Pharmacol, 2011, 59 (3): 454-460.

[24] CEFIC. CEFIC paper on substitution and authorisation under REACH [Z]. 2005

[25] KLETZ T A. Inherently safer design: the growth of an idea [J]. Process Safety Progress, 2004, 15: 5-8.

[26] HANSSON S O. Promoting inherent safety [J]. Process Safety Environmental Protection, 2010, 88 (3): 168-172.

[27] ASHFORD N A, HALL R P. The importance of regulation-induced innovation for sustainable development [J]. Sustainability, 2011, 3 (1): 270-292.

[28] DENZIN N K, KELLER C M. Frame analysis reconsidered [J]. Contemporary Sociology, 1981, 10: 52-60.

[29] TVERSKY A, KAHNEMAN D. The framing of decisions and the psychology of choice [J]. science, 1981, 211 (4481): 453-458.

[30] KüHBERGER A. The influence of framing on risky decisions: A meta-analysis [J]. Organizational Behavior Human Decision Processes, 1998, 75 (1): 23-55.

[31] BUIJS A E. Public support for river restoration. A mixed-method study into local residents' support for and framing of river management and ecological restoration in the Dutch floodplains [J]. Journal of Environmental management, 2009, 90 (8): 2680-2689.

[32] ARROW K J. Risk perception in psychology and economics [J]. Economic Inquiry, 1982, 20: 1-9.

[33] SHER S, MCKENZIE C R. Information leakage from logically equivalent frames [J]. Cognition, 2006, 101 (3): 467-494.

[34] GRüNE-YANOFF T. Framing [M]. Springer, 2016.

[35] GRüNE-YANOFF T, HERTWIG R. Nudge versus boost: How coherent are policy and theory? [J]. Minds Machines, 2016, 26 (1): 149-183.

[36] HANSSON S O. Evaluating the uncertainties [M]. Springer, 2016a.

[37] HANSSON S O. Philosophical problems in cost-benefit analysis [J]. Economics Philosophy, 2007, 23 (2): 163-183.

[38] HANSSON S O. Weighing risks and benefits [J]. Topoi, 2004, 23: 145-152.

第三部分 案例应用

第十一章　海上油气装置从设计到运行的风险评估实用方法

Vegard L. Tuft, Beate R. Wagnild, Olga M. Slyngstad（挪威 Safetec Nordic AS 公司）

在许多面临重大事故风险的行业中，定量风险分析（QRA）是一种强有力的决策支持工具。例如，QRA 是挪威大陆架石油和天然气设施设计中的一部分。这些 QRA 通常是庞大的且综合的，而且有时会因为提供结果不及时、价格昂贵并且没有充分考虑输入参数的不确定性和可能的偏差而受到批评。风险分析师所面临的一个特殊挑战是在对最终设计结果了解有限的情况下，在早期设计阶段提供事故载荷的大小。除非在早期设计阶段中设计发生重大变化，否则在最终建成阶段，事故载荷大小应该同早期设计阶段的结果相似。在这方面，风险分析师必须告知决策者偏离预期设计可能会对风险结果造成什么样的影响。

为了在正确的时间为决策提供依据，我们提出了一种执行和呈现设计输入的实用方法。这类工作通常包括一系列假设及其他前提，因此，鉴于所处的前提来看风险评估的结果是十分重要的；换句话说，就是了解前提是如何影响风险评估结果的。并通过案例说明了如何在设计阶段早期建立火灾和爆炸载荷大小的关系，以及如何评估输入参数的不确定性。信息以适合作为决策输入的方式进行传递，并强调知识维度。早期阶段的结果以一种成本高效和灵活的方法，为整个设计阶段的进一步评估和更新奠定了基础。该方法可能最终输出 QRA，或者输出一系列细分的研究。该方法的输出取决于政府法规和决策者的需求。同时，该方法还有助于在安装的操作阶段，将设计阶段的重要结果用于屏障管理。

11.1　引　　言

定量风险分析是一种强大的决策支持工具，通常应用于许多暴露于重大事故风险的行业；应用实例见文献［1-2］。QRA 通常是一种强大且综合的分析方法，通常用于为设计提供输入、记录风险等级是否可接受，并确定最佳费效且有效降低风险的措施。例如，挪威大陆架（NCS）海上石油和天然气设施设计阶段的 QRA。理想情况下，QRA 的结果和内容应积极用于在安装的操作阶段中控制重大事故的风险。

QRA 作为石油和天然气行业决策支持工具的地位最近受到了挑战。其中一个挑战是，参与日常决策的人员可能无法随时获得 QRA 产生的信息。造成这一现象有如下几个原因。进行风险分析可能非常耗时，并且在需要做出决策时可能无法获得定量的风险结果。而总体的结果可能过于"高水平"，不能反映所需的细节水平，或者结果可能以一种强理论化和方法密集的方式呈现。许多作者还强调更多地关注不确定性以及解决问题所依据的知识强度；具体实例参见文献［3］。而当风险分析师在对设计了解十分有限的情况下，就在设计早期阶段提供评估结果时，这一点显得尤其重要。风险分析师必须对设计中的潜在缺陷和风险结果的变化进行全面的评估。

此外，人们经常指责石油和天然气设施的 QRA 费用过于高，尤其是在油价较低的时候。执行全面 QRA 的花费是根据其有效性衡量的。更重要的是，在后期的详细工程设计段甚至是建造阶段中由风险变化导致的设计修改，可能比在设计阶段早期引入措施（例如在概念阶段的规格说明）的成本要高得多。因此，如果设计在设计阶段没有显著的改变，则 QRA 的结果也不应该改变。综上所述，应尽早进行潜在的缺陷和变化的评估。

本章将介绍根据风险分析师和工程师在分析过程中的交流，来执行和提供设计输入的实用方法。该方法解决了上面提到的这些问题：

（1）早期评估的结果必须根据相似装置的竣工模型进行校准。
（2）必须研究设计参数变化的影响。
（3）研究本身的成本和结果交付的时间方面必须具有灵活性。
（4）必须以合适的方式向决策输入信息。

使用与火灾和爆炸负载相关的案例呈现如何为设计提供早期输入。要在传统的定量风险结果准备就绪之前建立输入。因此，在这个阶段，没有结果与传统的定量风险验收标准（如 1E-4 标准）进行比较。挪威设施条例[4]中确立了 1E-4 标准，作为主要安全功能的最大可接受年度减损频率。

本章所提出的方法具有成本效益和灵活性，其原因如下：
（1）可以在早期阶段建立对工程的期望输入；
（2）解决了输入参数的不确定性和偏差；
（3）如果需要，可以增加其复杂程度。

早期结果为整个设计阶段的进一步评估和更新奠定了基础。执行这些更新可能并不耗时，并且可以将 QRA 完整昂贵的更新需求最小化。该方法可能最终输出 QRA，或者输出一系列细分的研究。该过程的结果取决于政府法规和决策者的需求。

许多作者强调了根据所做假设查看结果以及了解假设如何影响风险评估的重要性[5-7]。调查不确定性和偏差的影响是该方法的本质，本章将展示如何呈现分析结果的几个案例。然而，随着研究的复杂性和详细程度的增加，可能需要更全面地说明其对结果的影响。当研究包含大量假设和其他前提时,提供一个易于理解的前提概述是一项挑战。本章将介绍一种称为"前提图"(map of premises,MoP)的方法:

(1) 给出风险分析/评估中的前提概述;
(2) 给出给定决策的相关前提的概述;
(3) 评估相关前提蕴含的不确定性和知识;
(4) 在可管理的水平下,给出评估结果,以支持决策过程。

通过使用来自案例的 QRA 的结果来说明"前提图"的使用方法。

本章的其余部分内容安排如下:11.2 节介绍案例;11.3 节介绍如何执行传统 QRA 会得到何种典型的 QRA 结果;11.4 节介绍替代的实用方法;11.5 节介绍如何将结果从设计阶段扩展到屏障管理,以便在运营阶段跟进风险;11.5 节描述 MoP 的建立方法;11.6 节讨论方法的优缺点。

11.2 案　　例

海上石油和天然气开采装置的形式、大小、形状和复杂程度各不相同。本章使用案例的开采设施包含住所、井口和生产平台,如图 11.1 所示。这是 NCS 以及世界其他地区的常见设计模式。该设施包括五个主要区域:公共生活区域、井口区域、主要加工区域和气体压缩模块。而加工区域包括具有第一级和第二级分离器的基本加工系统、测试分离器、石油输出泵、1 个气体输出顶冒口和 1 个石油输出顶冒口。生产线和注气导管以及井口位于井口区域,而三级气体压缩系统位于加工区域顶部的气体压缩模块中。钻井和井操作由图 11.1 中未包括的自升式钻井平台执行。

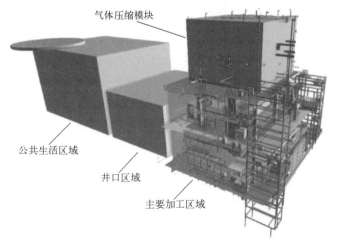

图 11.1　海上石油和天然气平台上部的简化示例

11.3 传统方法

石油和天然气开采装置的 QRA 是一项综合研究。它能模拟在安装过程中所有可能导致死亡的事件，例如直升机事故、船舶碰撞、由加工系统泄漏和井喷引起的火灾和爆炸，以及由公共基础设施泄漏所导致的火灾和爆炸等。这些对于提供完整的安装风险图都是必要的。QRA 在安装周期的多个阶段持续进行，从概念到前端以及详细施工、竣工，再到运营阶段。从早期设计阶段的相对高级别信息开始，QRA 演变为在整个工程和竣工阶段提供更加精细和详细的风险信息，反映出已有信息的详细程度水平不断提高。

QRA 的常见流程如图 11.2 所示。该图的底部显示了 QRA 是在工程期间的多个阶段持续进行的。该图的最上部分详述了其中一个阶段的 QRA 过程。QRA 通常从启动开始，然后是全面的分析阶段、交付报告草稿、听取决策者意见，最后将分析更新到最终报告。如图 11.2 所示，分析阶段的结果不一定与工程项目的决策里程碑一致。此外，总风险分析可能包括详细程度高于当前工程阶段所需的或是根本不需要的研究。如图 11.2 所示，该过程非常广泛，涵盖了所有潜在的、初始化的和偶然的事件。在为运行中的设施建立总体定量风险图时，这一点很重要，但在设计过程中，很多危害并不相关。除风险结果外，法规和标准在安装设计中也发挥着重要作用。

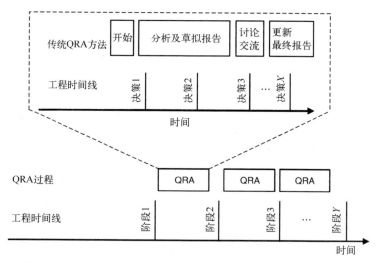

图 11.2 传统 QRA 的时间表与工程项目的时间表比较（从概念到详细施工和竣工，经历了各个阶段。在每个阶段都执行 QRA，并且做出若干工程决策）

QRA 在设计阶段的主要目的通常是对事故负载大小进行确立；这些负载必须是设计能够承受的最小载荷。例如，负载可以是墙壁、结构和设备能够承受的火灾持续时间和爆炸超压。将设备承受的事故负载作为输入对设计进行选择。图11.3和图11.4显示了示例中QRA的输出：火灾持续时间和爆炸压力的概率分布。图11.3中的不同示例表示超过0min、超过5min等的火灾的年发生频率；也就是说，火灾的累积频率持续Xmin或更长时间。通常，为池火（poor fires）建立一个图表，并为气火（gas fires）建立一个图表。

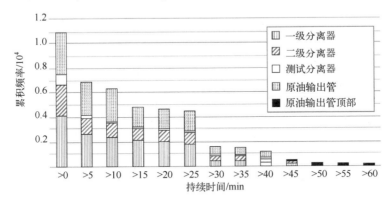

图11.3 示例中加工区域的持续时间频率图（池火持续超过X分钟的累积频率）

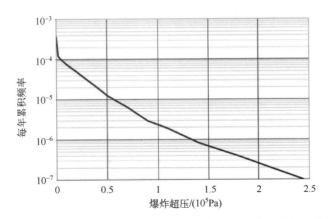

图11.4 示例中加工区域的压力-频率图（超压高于$X\times10^5$Pa的爆炸的累积频率）

图11.4是爆炸载荷的示例图。压力-频率图显示了对特定的爆炸屏障产生超过$X\times10^5$Pa或更高压力的爆炸年度频率。

可以选择对应于1×10^{-4}、5×10^{-5}的年频率或低于1×10^{-4}的任何其他值的火灾持续时间或爆炸超压作为设计的事故负载。如果选择5×10^{-5}作为设计基础，则结构元件和墙壁必须能够分别承受15min的池火和2×10^4Pa的爆炸超压，分别如图11.3和图11.4所示。

这些是详细风险分析的结果。由于在早期设计阶段并不清楚所有的细节，可以基于通用数据进行频率分析，即行业平均值和研究时可用的知识。需要了解的相关问题如下：

(1) 如果在工程项目期间对设计进行了更改，这将如何影响装置承受的火灾持续时间或爆炸压力呢？

(2) 如果设备或者某个区域的侧壁数量或通风量发生变化，应该怎么办？

(3) 如果更换法兰盘的类型和数量怎么办？

11.4 替代方法

Tuft 等[8]给出了对输入进行设计的实用方法，如图 11.5 所示。该方法包括以下步骤：

(1) 针对当前方案的主要问题进行布局审查和危险识别，并筛选需要进行的分析。根据类似设计的经验确定初步事故载荷。

(2) 对步骤 1 中选择的基本问题进行简化分析，例如火灾持续时间和爆炸超压研究。建立基础案例并进行相关的敏感性分析。

(3) 如果需要，进行详细分析，包括如补充火灾模拟、气体扩散模拟、结构响应分析或火灾概率分析和爆炸分析。

(4) 如果需要，完成 QRA。QRA 应考虑步骤 1～步骤 3 中的结果，更详细地针对已发现问题的部分进行分析，并聚焦于 QRA 或更专业的研究为决策者提供输入的方面。

最终目标是使风险分析过程与工程项目保持一致。本章介绍了此过程的重要开始：上述步骤 1 和步骤 2。图 11.5 所示的过程还包括对步骤 2 中重要前提和结果的持续审查。必须以简化对未来设计变更的评估的方式呈现前提和结果。对相关前提和结果的审查可以继续进入运营阶段，作为运营中屏障管理的一部分。目标是决策者评估、设计或操作是否在早期设计阶段所建立的边界条件内。随着研究变得更加详细和复杂，必须对参数及其敏感性和对结果的影响进行全面的展现。为此，本章还将介绍一种在 QRA 中建立参数概览的方法。

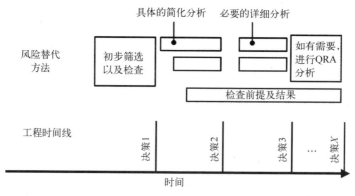

图 11.5 适用于工程项目的风险分析过程的包含时间表和范围的实用方法

11.4.1 第一步：布局审查

当风险分析的目的是为设计提供输入时，必须在可能影响设计的早期阶段启动风险分析。在项目早期阶段，只有主要设备和粗略布局可用，风险分析的基础通常是危险识别和布局审查。此阶段包括为确定关键问题而对设计进行的早期评估，例如：

(1) 哪些火灾场景可能会暴露逃生路线；
(2) 哪些火灾情景可能会暴露撤离手段；
(3) 库存量大而可能导致产生大量气体或维持持久火灾的区域；
(4) 通风受限而导致小型可燃气体云可能引发高爆炸压力的区域。

影响火灾和爆炸事故负荷的因素主要有：通风（天气覆层的数量，光栅等）、设备的位置、设备密度、石油/天然气的组成和运行条件、潜在的库存体积和模块尺寸等。随后，可以使用竣工结果进行比较，将预期的安装设计与早期项目、相似安装等进行比较。在此评估过程中，部分参与者具有在相关的事故负载下的长期工程和设计经验，并且有能力理解这些负载的复杂性是至关重要的。

步骤 1 的另一个目的是确定在步骤 2 中执行哪些分析；也就是说，何处需要更多知识。例如，如果设计较可用的竣工模型偏离太多或者不能验证第一次估算。

11.4.2 第二步：简化分析

本节给出了一种火灾和爆炸分析的简便方法。前者基于相对简单的泄漏持续时间计算，而后者基于安装过程的计算机 3D 模型的模拟。即使工程人员尚未建立安装过程的计算机模型，也可以进行步骤 2。如果存在具有类似设计的现成安装过程，并且如果该安装过程的竣工模型可用，则可以在该模型的基础上执行步骤 2。在这一步骤中，评估偏离所选模型的可能性以及这些偏差的影响尤其重要。

11.4.2.1 火灾事故负荷

火灾事故负荷的简化输入包括估算潜在泄漏和火灾持续时间，其步骤如下：

(1) 建立案例基线值（base case）。根据当前主要工艺设备的知识，选择一种或两种代表性设备，例如具有长持续时间和许多潜在泄漏点的分离器。这种典型设备对传统的基于频率的火灾事故负荷的估算贡献很大，如图 11.3 所示。如果需要，也可以选择气体压缩阶段作为代表性设备。估算库存、工作温度和压力等参数取值作为泄漏持续时间模型的输入。

(2) 假设检测、隔离和排放成功。其原因在于这 3 种安全系统不能按预期发挥作用的情况，对传统的基于频率的火灾事故负荷估计没有显著贡献。

(3) 计算泄漏持续时间：从泄漏开始到泄漏达到特定截止率（例如 2kg/s 作为设备被动防火规范的输入；另一种截止率可能与评估暴露防火墙和承重结构相关）的时间。这是案例基线值的持续时间。

(4) 保持除一个之外的所有输入参数不变，估计这个参数可能变化的实际范围，并计算泄漏持续时间的相应变化。实际上，这是给定输入参数的均匀概率分布。对所有相关输入参数重复此过程。将结果绘制在图表中，如图 11.6 所示。图 11.6 中的水平线表示案例基线值下，两种不同泄漏孔尺寸的泄漏持续时间。正方形和圆形表示，当一个参数变化而其他参数保持案例基线值时，泄漏持续时间是如何变化的。

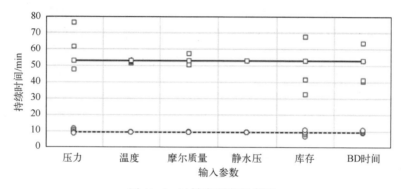

图 11.6 灵敏度研究示意图

(5) 在不对案例基线值中的某些参数限制为具体取值的情况下，针对不同输入参数取值的各种组合计算泄漏持续时间。采用数据透视表、直方图、散点图等表征结果，并确定产生比基线值更长持续时间的输入参数组合。水平轴和垂直轴分别代表参数值和相应的泄漏持续时间的散点图，是一种用来说明输入参数的影响的简单方式。示例直方图如图 11.7 所示，散点图如图 11.8 所示。

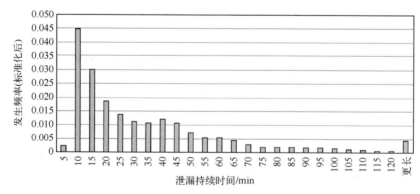

图 11.7 显示 230000 个输入参数值和泄漏孔尺寸组合的潜在泄漏持续时间的直方图
（未将某些参数值限制为基础值）

(6) 评估岸堤和光栅等对火灾规模和持续时间的影响。

如图 11.6 所示，当一个参数变化而其他参数固定在基本情况值时，不同的输入参数影响泄漏持续时间。水平线表示中间（最上面的线）和大（虚线）泄漏的基础外壳的泄漏持续时间。方形标记表示中等泄漏孔尺寸的持续时间计算。圆圈表示大泄漏孔尺寸的持续时间计算。

图 11.6 表征的是案例中来自第一级分离器漏油的潜在持续时间。针对两种典型的泄漏孔尺寸（中等和大）进行了计算。截止率设定为 2kg/s。有一些实际的输入参数值导致泄漏持续时间比基本情况长，特别是对于中等大小的泄漏。

为了识别不利的参数组合，我们计算了 230000 个实际输入参数值和泄漏孔尺寸组合下的泄漏持续时间，结果如图 11.7 所示。该图是泄漏持续时间计算的直方图，显示大约 85% 的泄漏持续时间短于 60min。但也有一些参数组合会导致持续时间长达 200min。注意，直方图没有考虑每次泄漏发生的概率，也没有考虑每次泄漏的点火概率。

图 11.8 是散点图，显示图 11.7 中的泄漏持续时间随着排放时间的变化而变化。通过将排放时间限制为 15min，泄漏持续时间可限制为 120min。图 11.9 显示了当排放时间限制在 15min 时，泄漏持续时间如何随着分离器中的油量变化而变化。通过将分离器中的油量限制为例如 55m³，最大泄漏持续时间可以减少到 100min。

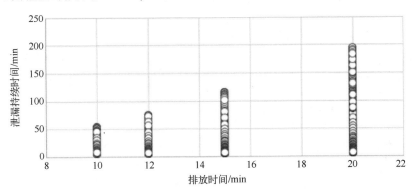

图 11.8　显示排放时间变化时的潜在泄漏持续时间的散点图

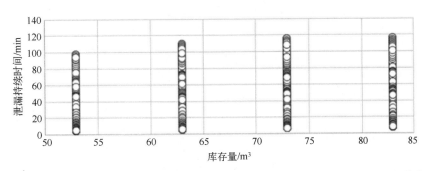

图 11.9　显示库存变化时的潜在泄漏持续时间以及将排放时间限制为 15min 的散点图

在案例中，可以对所有加工设备重复该过程，以便研究所选择的泄漏条件与其他泄漏条件的比较以及它是否具有代表性、保守性等。

火灾事故负荷是热辐射和火灾持续时间的组合。如果设计没有另外规定，则通常应用 NORSOK S-001[9] 中规定的热辐射水平。在本案例中，在加工区域中存在镀层板和光栅的组合。堤坝不会显著影响水池的扩散，泄漏持续时间会显著影响火灾持续时间。但是，不考虑排水系统且光栅会影响水池大小以及哪些模块暴露在火灾中。下一步（步骤 3）通常用于界定火灾情况的规模、开展火灾模拟并对结构元件和设备确定更详细的热负荷。

11.4.2.2 爆炸事故负荷

爆炸的复杂性使我们很难在没有任何分析的基础上轻松提出设计事故载荷。爆炸风险取决于多个参数，如：

(1) 泄漏情况（泄漏持续时间和释放的气体量）。
(2) 气体成分。
(3) 限制（围栏和通风条件）。
(4) 模块内的气体累积（气体分布）。
(5) 点火位置。
(6) 拥堵/设备密度。
(7) 布局配置/几何。

基于可用的几何模型建立了爆炸模拟的基线。几何结构和设备密度是影响爆炸风险的重要因素。一项关键任务是根据已竣工的相似几何结构，应用人造拥堵来表示真实的设备密度。为确保不低估爆炸风险，模型应在很大程度上考虑侧壁的作用。

建立几何模型后，可以执行以下步骤：

(1) 运行爆炸模拟。可燃气体云可能在一个区域内的任何地方积聚，可燃气体云的大小取决于泄漏情况和通风条件。应该针对大量不同的气体云尺寸进行核查以确定趋势。点火也可以在区域中的任何位置进行，例如，电气设备可以是潜在的点火源。带有旋转设备的区域，如泵和压缩机，也代表了额外的潜在点火源。点火可以发生在气体云中的不同位置，如边缘/角落处或在气体云内，这取决于点火气体的点火源的类型。基于上述考虑，以及 NORSOK Z-013[10] 或其他相关标准中的建议，建立一组可燃气体云尺寸和点火点，适用于所有气团的中心点火和边缘/角落点火。由于针对了大量点火位置以及中心和边缘/角落点火，因此认为该区域中的爆炸风险被充分覆盖。

(2) 建立爆炸超压矩阵，以表征面向特定屏障的最大爆炸超压，如图 11.10 所示的案例。该矩阵显示了不同的云尺寸和点火点的预期爆炸载荷，并指出是否存在任何特别有问题的云尺寸或点火位置。

(3) 建立代表性的爆炸载荷。讨论屏障（墙壁、甲板或设备）可承受的真实爆炸载荷，并在图 11.10 中的矩阵中用颜色编码表明这一点。图中的白色背景表示工程师知道结构可承受的爆炸压力，而深灰色背景上的白色文字（图 11.12）表示结构无法承受的爆炸压力。中灰色背景意味着结构能否承受的压力水平。

气体云尺寸 /%	点火位置					
	1	2	3	4	5	6
5	0	0.06	0	0.08	0.06	0.04
15	0.06	0.16	0.08	0.29	0.17	0.14
30	0.14	0.21	0.12	0.26	0.43	0.26

图 11.10　针对案例基本情况的不同点火位置组合
（气体云位置）和云尺寸（尺寸以模块的体积百分比给出）的最大爆炸超压的矩阵

（4）提供其他结果（可选）。创建直方图或爆炸超压的累积分布，如图 11.11 所示。预计许多模拟会产生高爆炸压力，并且结果不是其发生概率的加权。因此，需要一种平衡的而不是过于保守的表述。一种方法是在直方图中采用三种不同的云尺寸进行区分，如图 11.11 所示。

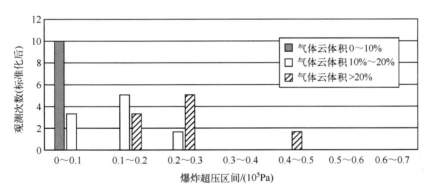

图 11.11　在给定压力区间内产生爆炸超压的模拟次数［直方图区分了不同的气体云尺寸，模块的 0~10%、10%~30% 和 30%~100%（体积分数）］

（5）对气体扩散进行仿真（可选）：上述步骤中的讨论可以通过有限数量的气体扩散仿真来支持，以表示该区域可能产生的气体云。如果可以对结构容量进行粗略评估，则表明在无须增加结构设计/容量的情况下，典型的最大气体云尺寸是否可接受。

（6）对不同设备密度的爆炸进行模拟：由于设备密度（拥塞）是最关键的输入参数之一，因此应对其他设备密度设置执行相同的模拟，例如一组密度增加，另一组密度减小。结果表明确保具有代表性的设备密度的关键性。图 11.12 显示了图 11.10 中随着设备密度的增加而重复的仿真结果。

气体云尺寸/%	点火位置					
	1	2	3	4	5	6
5	0	0.07	0.01	0.10	0.08	0.06
15	0.06	0.16	0.10	0.33	0.24	0.17
30	0.15	0.22	0.12	0.33	0.64	0.32

图 11.12 针对不同点火位置组合（气体云位置）和增加拥塞的敏感性的云尺寸（尺寸以模块的体积分数给出）的最大爆炸超压的矩阵

图 11.10 显示了加工区域的基本案例结果。与结构抵抗爆炸的能力相比，爆炸压力通常较低。然而，对图 11.10 所示的气体云进行点火，尤其是在位置 4 和 5 点火可能产生相对高的爆炸压力。该地区的设备密度是基于挪威大陆架上类似海上设施的典型值计算的。图 11.12 显示了设备密度（人造拥堵）增加时爆炸压力的变化。现在，如果气体云足够大，气体云到达并在位置 5 点燃会产生结构无法承受的爆炸压力。这可能是由于设备靠近着火点的位置不好，因此应该对主设备布局进行更多的灵活调整。

可以在短时间内识别潜在的爆炸超压，而研究设计对设备密度变化的敏感性可以作为该方法的一部分。结果可能表明需要进一步核查布局布置的设计并改进。关键区域或不利的布局安排的确认也是分析的重要结果。

值得注意的是，本研究的结果可以很容易地"升级"为步骤 3 中的概率分析，包括频率评估以及通风和扩散仿真。爆炸结果将表明如果要执行有限数量的气体扩散仿真，应优先考虑哪种气体扩散仿真。

11.5 设计、运营和屏障管理的评估输入

11.5.1 持续性评估

简化方法中的计算依赖一组输入参数。由于已经将这些参数变化的影响作为该方法的固有部分进行了研究，因此可以在整个设计阶段以及操作期间基于早期阶段的结果连续评估设计中的一些变化。这就要求研究进一步简化评估和更新的方法。对输入参数、其他前提、评估和计算结果的概述必须以一种易于理解的方式介绍。本章后面提到的用于屏障管理的系统可用于此目的。如果在已研究的区间内更改参数，则在数据透视表、散点图等中显示的参数和相应的事故负载应进行更新。

11.5.2 复杂分析中不确定性的评估和传播

当参数数量有限时，图 11.6~图 11.12 中的输入参数和计算概述很容易理

解。当有更复杂的分析甚至是完整的 QRA 时，需要进行顶层概述。一般认为应该从顶层概述"向下钻取"到分析提供的细节。

Tuft 等[11]提出了前提图（MoP），作为涵盖 QRA 基础的顶层概述的示例。建立前提图的步骤如下所述。这里的"前提"一词包括方法、历史数据、风险分析的其他基础和假设。总之，针对每个前提执行下面描述的步骤，以评估结果中的不确定性。步骤 A 和步骤 B 意味着该方法适用于评估特定决策或结果，而不是评估 QRA 结果的总体不确定性。此处的前提图应用于对图 11.3 中所示的火灾事故载荷大小的度量。

A. 汇总前提并评估相关性。哪个前提影响结果和结论？例如，哪些前提与火灾年度频率和火灾持续时间的计算有关？

B. 评估并给出假设值和前提对结果（敏感性）的影响偏差。相关前提在多大程度上影响火灾持续时间和/或火灾频率？

C. 评估并给出知识强度（SoK）。可能在多大程度上偏离假设和前提？是否需要更多地了解所涉及的参数？

典型的 QRA 覆盖了由事件树构建的一系列场景，并且可包括数百个前提。事件树表示事件的可能顺序，从事故发生到可能的结果。在碳氢化合物泄漏的情况下，事件树从泄漏发生开始，涵盖泄漏可能发生的方式，以及泄漏的可能后果。我们需要一个系统，对事件树中使用的所有相关前提进行分组和汇总，并以易于理解的方式呈现结果。在此描述的方法中，前提被分组表示为事件树中的节点。图 11.13 显示了一个简化的原理图，它总结了典型事件树中包含哪些节点，并粗略地按照可能出现的顺序将其展示出来。

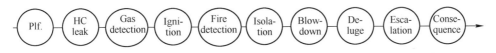

图 11.13　碳氢化合物泄漏的事件链示意图

图 11.13 中的圆圈（节点）是：

（1）HC leak：初始泄漏的年频率。

（2）Gas detection：检测碳氢化合物泄漏的概率。

（3）Ignition：立刻或延迟点火的概率。

（4）Fire detection：发现火灾的概率。

（5）Isolation：隔离阀关闭的概率。

（6）Blowdown：成功排放的概率。

（7）Deluge：洪水发生的概率。

（8）Escalation：火灾或爆炸升级到含有碳氢化合物的其他设备，并成为比最初的火灾/爆炸更大的事件的概率。

（9）Consequence：损害主要安全功能和/或人员的可能性。

此外，必须在图中引入节点"Plf"，以表示平台的设计或操作中未被事件树中的节点完全覆盖的前提。

该方法的步骤 A 是确定哪个前提与哪个节点相关联（图 11.13 中的哪个圆）。表 11.1 是与每个节点相关的前提示例，为简单起见，表 11.1 仅示出了 QRA 的所有前提的选择。但通常应包括所有前提。其中一些前提也可能与事件链的若干部分相关。在这种情况下，由于在确定事故载荷大小时不应记录洪水和消防用水的影响，并且在评估火灾持续时间时，人员和设备的损害标准不相干，因此"洪水"和"后果"这些项目被认为是无关紧要的。而其他含烃设备的升级不是此持续时间评估的一部分。

表 11.1　QRA 前提示例

序号	关联节点	前提名称	前提内容
P1	Consequence	光栅的位置和数量	在生产区域中夹层上接近防火墙的光栅
P2	Plf./Escalation	工艺设备的分段	（紧急关闭阀门清单）
P3	HC leak/Escalation	碳氢化合物段的状况（腐蚀等）	新设备，无腐蚀
P4	HC leak	该区域的设备数量和类型	（该区域的设备说明、阀门数量、法兰等）
P5	HC leak	每种设备泄漏的可能性	根据英国健康与安全局数据库
P6	Plf./Gas detection/ Ignition/Escalation/ Consequence	生产设备清单	$73m^3$ 的第一级分离器……
P7	HC leak/Gas detection/Ignition	生产设备的运行条件（压力、温度）	第一级分离器 5MPa，80℃……
P8	HC leak	根据泄漏率对泄漏进行分类	小泄漏：0.1～2kg/s，中等泄漏：2～10kg/s，大泄漏：>10kg/s
P9	Ignition	立即点火的概率	对于大泄漏 0.01
P10	Fire detection	火灾探测器的可靠性	0.98
P11	Fire detection	火灾探测器的响应时间	5s
P12	Fire detection	火灾探测器的脆弱性	如果一个探测器由于火灾本身而失效，则其他探测器仍运行
P13	Isolation	紧急关闭阀的可靠性	0.99
P14	Isolation	紧急关闭阀的脆弱性	可以抵抗喷射火焰 30min
P15	Isolation	关闭紧急关闭阀门的时间	每关闭 1in 需要 2s
P16	Blowdown	排污阀的可靠性	0.99……
P17	Plf./Blowdown	排污系统的能力	参考 API 512
P18	Blowdown	排污系统脆弱性	可以抵抗喷射火焰 30min……
P19	Blowdown	排污阀开启时间	每 1 英尺需要 2s
P20	Deluge	喷淋系统的可靠性	0.99

续表

序号	关联节点	前提名称	前提内容
P21	Deluge	喷淋系统脆弱性	可以抵抗喷射火焰30min……
P22	Deluge/Escalation/Consequence	喷淋系统流量	10(L/min)/m²
P23	Escalation	含碳氢化合物的设备的耐火性	350kW/m² 持续15min
P24	Consequence	人员死亡标准	由于火灾造成的25kW/m²会造成直接死亡……
P25	Consequence	承重结构等的损害标准	承受喷射火焰30min

为了更容易找到相关的前提，通常将这些前提分为以下三类：

(1) 分析类（与QRA中使用的方法有关的前提）；

(2) 操作类（与日常操作和平台状况有关）；

(3) 设计类。

可能还有其他合适的类别。而在最终概述中应该包含分类，如图11.14所示。

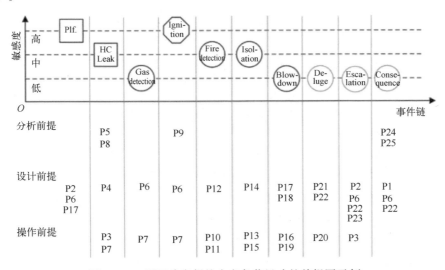

图11.14 用于确定偶然火灾负荷尺寸的前提图示例

这里需要一种用于评估敏感性（即当前提改变时，结果或结论如何变化）的方法。尽管这里适用于具体的例子，我们还是采用了Flage和Aven[12]提出并由Aven和Pedersen[13]阐明的方法。该方法的细节超出了本章范围。感兴趣的读者可以参考上述论文。

根据特定的标准，灵敏度可以分为低、中和高三种。标准因分析而异，取决于要做出的决定以及假设和前提的实际变化。为便于说明，灵敏度标准在此定义为假定值变化10%时，火灾持续时间的相应变化。低灵敏度变化小于5min、中等灵敏度变化为 5~15min、而高灵敏度变化大于 15min。所有相关前提都是根据这一标准来进行定性评价或定量敏感性分析的。然而，一些前提从本质上就不是定量的，例如工艺设备是否被分割两个较小的分段或是一个较大的分段。在这种情况下，将考虑前提的"现实"变化而非 10% 的变化。

与节点"Plf"相关的前提 P2 是上述后一标准适用的前提的示例。在示例情况下，分段中的实际变化使一个分段可以分成两个分段。这可能会对分段量产生很大影响，从而对火灾持续时间产生巨大影响，即灵敏度很高。当通过 P2 建立分段时，P6（库存）是分段中碳氢化合物的假定量，其会出现变化，因为不同的分离器制造商可能具有不同尺寸的分离器。P6 是定量标准适用的前提。案例中，10% 的变化将对火灾持续时间产生中等影响，即中等灵敏度。由于至少有一个具有高灵敏度的相关前提，因此节点"Plf"的整体灵敏度被设置为"高"。

加工泄漏频率增加 10%（节点"HC leak"），与加工设备的状况（P3）、区域内的生产设备数量（P4）以及每种设备的泄漏概率有关（P5），可以导致尺寸火灾持续时间增加 5~15min，这属于中等灵敏度类别。其他前提被认为具有低灵敏度。由于至少有一个前提具有中等灵敏度，因此"HC leak"的总体灵敏度被定义为中等。如果与节点相关联的前提没有高灵敏度，但至少具有一个中等灵敏度，则节点的整体灵敏度是"中等"。

结果的不确定性评估中的一部分是评估假设值和判断的背景知识，并考虑前提出现偏差的可能性。这也称分析中的知识强度（SoK）评估。这里采用 Flage 和 Aven[12] 提出并由 Aven 和 Pedersen[13] 阐明的评估 SoK 的方法。同样，此方法的细节超出了本章的范围。这里采用了其使用的一个概念，感兴趣的读者可以参考上述论文或文献［14］以获得更多细节和讨论，以及本书的第一章。

根据某些标准，SoK 可以分为弱、中或强。在 Flag 和 Aven[12] 的研究中，如果以下一个或多个条件成立，则将知识定义为弱：

（1）所做的假设代表做了较大的简化。
（2）数据/信息不存在或非常不可靠/不相关。
（3）专家之间存在强烈的分歧。
（4）对所涉及的现象知之甚少，模型不存在或已知/相信会给出较差的预测结果。

如果满足以下所有条件（只要它们相关），则定义该知识为强：

① 所做的假设被认为是非常合理的。
② 有大量可靠的和相关的数据/信息可用。
③ 专家之间达成了广泛的共识。
④ 涉及的现象很好理解，已知使用的模型可以提供所需精度的预测。

中间情况则被归类为具有中等强度的知识。

同样，标准可能取决于要做出的决策，并且对不同的分析各不相同。在这个示例中，引入另一个标准也是切实可行的：由于不确定性通常与是否安装某种类型的设备或系统或是否执行某项活动有关，因此强 SoK 定义为"它已经决定安装系统/设备或执行活动"。中等 SoK 定义为"已决定安装设备或执行活动，但确切的设计或配置尚未确定，可能会发生微小变化"。弱 SoK 则定义为"尚未决定安装设备或执行活动"，或"已决定安装设备或执行活动，但其配置或程度可能会有重大变化"。然后根据这些标准来评估与每个前提相关的知识。

在示例情况的平台设计中，因为正在考虑两种可选配置具有不同的设备数量和体积，所以生产系统的最终设计尚未确定。据评估，根据上述标准，设计可能会发生一些重大变化，并且 SoK 很弱。这与前提 P2 和 P4 有关。当与节点相关联的至少一个前提具有弱 SoK 时，该节点的整体 SoK 也被定义为弱；如果与节点相关联的前提都没有弱 SoK，但至少有一个前提是中等 SoK，则节点的整体 SoK 是"中等"，否则节点的 SoK 很强。因此，"Plf"和"HC leak"都被设置为"弱"。

灵敏度和知识的总体评估可以总结在前提图中，如图 11.14 所示。这标识了不同前提所属的节点和类别，以及每个节点的整体灵敏度和知识。y 轴表示节点的灵敏度。弱、中、强 SoK 分别由方形、倒角矩形和圆形节点表示。每个前提的灵敏度和 SoK 也可以通过如文本颜色或前提图中的下画线来表示。当然，这个前提图需要通过对评估的描述来进行补充。

为确定设计事故负载，应采取措施处理弱和中等 SoK 节点，这些节点对结果（高灵敏度）也有很大影响，例如"HC leak"。设计事故负载规格应有足够的余量，但不要太保守。

该前提图提供了哪些前提与事件链中的哪些节点相关的概述。因此决策者可以更详细地了解事件链中的关键部分，查看哪些前提相关，并查看这些前提是否可能影响事件链中的其他部分。另一种方法则是让每个节点代表屏障功能而不是事件树中的节点，使用前提图作为屏障管理中的工具。这一方法将在下面讨论。

11.5.3 屏障管理

屏障管理是监控、验证和评估能够阻止或减轻安装中重大事故风险的屏障的过程。该过程确保不断进行关于屏障退化的评估，并且在必要时启动修改和改进。

"屏障"通常被定义为任何"单独或共同用于减少特定错误、危险或事故发生的可能性，或限制其危害/缺点的技术、操作和组织要素"。这是挪威石油安全局[15]的定义。

QRA 经常用作屏障管理过程中的输入，以识别在装置的每个区域中可能发生的主要事故危险，并且在一定程度上识别可用的屏障。PSA 指出"行业必须确保风险评估和屏障管理之间的关系明确"[15]。该过程中的一个必要步骤是确定必要的屏障功能和要素，同时将风险评估与这些功能和要素联系起来。

屏障网格是一个区域内可能发生的不同重大事故危害的图形概览，包括预防和减轻危害的事件顺序和屏障功能。图 11.15 的最上面部分显示了碳氢化合物泄漏的屏障网格的示例。网格说明了屏障功能（具有白色背景的框）实现时与屏障功能无法实现时（灰色框）可能出现情况之间的依赖关系。讨论屏障功能、网格和管理的细节超出了本章的范围。参考文献［15-16］以及该介绍主题的其他文献。

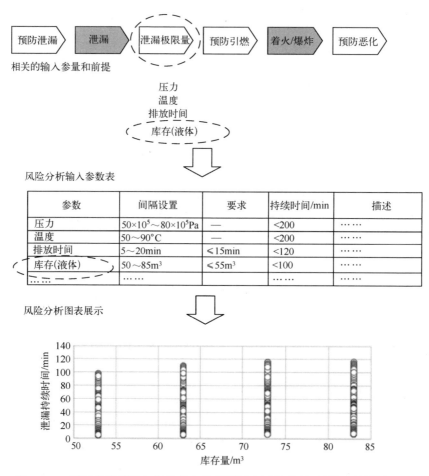

图 11.15　通过参数概述如何将信息从顶层屏障网格传送到低级别计算的图示

网格是呈现事件序列的另一种方式，与 QRA 事件树略有不同。表 11.2 显示了屏障功能与 QRA 事件链之间的关系。

表 11.2 屏障功能与 QRA 事件链之间的关系

屏障作用	QRA 事件链（事件树）构成节点								
	HC 泄漏	气体检测	点火源	明火监测	隔离	排气	喷淋	扩散	后果
防止泄漏	X								
限制泄漏的程度		X		X	X	X			
防止点火			X						
防止事态扩大				X	X	X	X	X	
防止逃生和撤离期间的死亡事故									X

注：X 代表事件/约束节点所起到的屏障作用。

图 11.15 中，火灾分析中的参数列在了其相关的屏障功能下面。这是风险相关参数到屏障管理的映射。参数可以链接到风险分析的输入参数表，也可以链接到显示此参数变化影响的图表。泄漏持续时间的输入参数属于"泄漏程度限制"屏障功能。

11.6 讨 论

简化分析的基本原则是在设计过程的早期讨论和交流前提和偏离这些前提的影响。此后，在设计过程的各个阶段，基于这些早期结果而不是更新完整的 QRA，来评估前提的变化。

提出的方法：

（1）因为它不需要广泛开发新方法，故目前可以应用，但它依赖当前的 QRA 的方法。

（2）能预示设计阶段早期的潜在火灾持续时间和爆炸压力。

（3）与频率无关，这意味着如果引入更多潜在的泄漏点，则火灾规范仍然有效；该规范不是基于在给定频率下发生的火灾，而是基于设施应能承受的潜在火灾持续时间的明智决定：最坏情况或其他方案。

（4）与传统的事故负荷概率评估相比，其前提条件更少。

（5）了解输入参数的关键性，如排污时间和设备密度。

（6）可以轻松扩展，以涵盖隔离和排污失败的火灾情况。

（7）表示典型的最大气体云尺寸可以使爆炸载荷高于设计。

（8）表示不利的点火位置。

（9）表示气体检测系统应该多快响应；如果小型气体云使爆炸载荷接近预期容量，则需要快速可靠的检测系统以确保快速检测到碳氢化合物泄漏。

（10）表明生产设备是否需要较小的空间，因为小空间产生的气体云较小。

（11）识别不利的布局安排。

（12）当项目阶段具备详细输入时，可以很容易地将其用作项目阶段后期的概率分析的一部分。

为改善决策的基础，泄漏持续时间分析中可以包括更多的生产设备。这不需要额外的计算时间。但对于大型设施，要消化的信息量可能非常大。这要求信息以易于遵循的方式呈现。

所提出的爆炸分析方法的主要问题是对该地区天然气聚集的认知减少。由于简化方法不是基于气体扩散仿真，因此无法确定气体聚集的潜在可能性和典型停滞区的信息。因此，应开展气体扩散仿真以支持爆炸压力的计算。概率分析可以有助于理解爆炸的复杂性，同时考虑初始释放如何发展以及点火时压力增加。

与传统的 QRA 不同，简化方法不关注总体风险图，在早期阶段没有确定概率或频率，也可以选择在 QRA 中具有计算概率较低的事故载荷大小；相反，负载大小的选择是基于场景的。图 11.3 显示，基于概率的方法发现的火灾持续时间为 15~35min，具体取决于选择 5×10^{-5} 还是选择 1×10^{-5} 作为火灾频率的取值。简化方法中的计算表明，中等大小的泄漏可能具有更长的火灾持续时间，这不是通过选择 35min 作为被动防火规范而得到的。另外，这些泄漏的点火概率小于 QRA 中的大泄漏。执行风险分析的一方必须充分了解不同的风险诱因以及不同事故情景的影响。

QRA 经常将风险结果表示为致命事故率或单一的主要安全功能损害频率。这可能会导致读者相信结果是建立在比实际更强的知识基础上的。通过将结果作为一个状态空间而非单一的答案呈现，其中的结果会随设计中不同选择的变化而变化，这样读者会知道答案并不是非常确定的。然而，对不确定程度的度量和分析中所作假设的影响仍然同样重要。

前提图（MoP）是 QRA 中表征前提汇总的一种方法，但为 QRA 中的每个结果或每个决定建立一个前提图并不切实可行，尽管有可能。克服这一挑战的一种解决方法是开发一个灵敏度自动评价流程，即将输入参数调整到某个值然后自动计算灵敏度结果，而这是可行的；另一种方法是为设施建立一个简化的前提图，显示所有前提的 SoK，但不显示敏感性。从而可知，弱或中等 SoK 的节点将隶属于完整的前提图，如本章所述。

应对分析中的所有前提都进行评估，包括在 MoP 中，即使是被认为"显而易见"的前提（通常也不认为是重要的），或由于其他原因而缺失或遗漏在典型前提清单中的前提。找到这些前提可能需要审查 QRA 中使用的方法和工具，以及设计和操作场。因此，前提图可能会变得更大并且不那么容易理解，但这同样可以通过前提图的方式来展现。

该前提图还可用于定性风险分析、情景评估等。在某些情况下，无论是定量分析还是定性分析，找到适当的灵敏度和 SoK 标准具有挑战性，并且取决于要做出的决定和分析的类型。

通过在早期设计阶段定义屏障功能，风险分析和运营中的屏障管理之间可能存在更紧密的整合。这样，通过调整结果的呈现方式，从一开始就能确保前提和评估在对屏障管理的风险分析中的相关性。屏障网格风险分析的操作前提，即使这些前提得不到满足，但依然可使我们对屏障管理进行评估并采取措施。例如，假设某区域有一个给定的通风水平。如果集装箱的存放导致通风受阻，或者添加了设备、脚手架或动态墙（weather walls），那么该地区的通风可能不如风险分析中假定得那么好。通风不足可能会影响一系列事件中的几个屏障功能，例如"防止着火"（由于气体扩散变化）和"防止升级"（由于爆炸压力增加）。这些屏障功能中的屏障元件，例如防爆墙，如果超出设计前提，可能无法应付爆炸压力。在这种情况下，操作者必须评估是否引入补偿措施或决定不进行某些活动（例如热作业）。

11.7 结　　论

人们经常指责石油和天然气设施的 QRA 费用过于高，尤其是在油价较低的时候。执行全面 QRA 的花费与其有效性呈正相关关系。更重要的是，在后期的详细工程设计段甚至是建造阶段中由于风险结果变化而导致的设计更改，可能比在设计阶段早期引入措施（例如在概念规格说明阶段）的成本要高得多。风险分析师必须对设计中的潜在缺陷和风险结果的变化进行合理的评估。

本章介绍了一种为设计提供输入的实用方法，例如火灾和爆炸事故负载。这种方法的目的是在各个项目决策里程碑上准备好基本输入，并根据工程项目的要求提高分析的详细程度。

简化的火灾和爆炸研究是专业的且相对规模较小的研究，可以在短时间内完成。灵敏度研究提供了哪些参数影响火灾持续时间和爆炸超压的知识。这些早期阶段的结果是评估设计更改的基础，也是运营阶段屏障管理的输入。

该方法主要研究了调整设计参数的物理效应。场景或事故负载发生的概率没有量化。这是一个挑战，因为传统方法和相关决策通常基于"1E-4 标准"。该标准由挪威政府法规给定，例如《设施条例》[4]。如果简化研究不能产生传统的QRA，则必须建立风险验收标准和可接受的事故负荷的新定义。

本章还给出了一种在 QRA 中提供前提概述的方法，包括前提的局限性和对结果的潜在影响。该方法已应用于火灾事故载荷大小确定的案例中。这一章提出了如何将前提、关联性、敏感性和知识强度归纳为一个表示为"前提图"的示意图。此图与 QRA 中开展的事件树分析密切相关。这种方法的总体目标是改进QRA 结果和前提的传递方式。

致谢：有许多人直接或间接地参与了本章所综述的工作，他们的贡献得到了极大的认可，他们包括 Trine Holde、Arve Olaf Torgauten、Therese Moen van Roosmalen、Zhongxi Chao、Torleif Veen、Jan Dahlsveen 和 Ranveig Niemi 来自挪威 Safetec Nordic，MaleneSandøy 和 Henning Myrheim 来自挪威康菲石油公司，Terje Aven 来自斯塔万格大学。这项工作作为 Petromaks 2 计划的一部分由康菲石油公司和挪威研究理事会资助（拨款号：228335/E30）。我们非常感谢资助方。

参 考 文 献

[1] ZIO E. An introduction to the basics of reliability and risk analysis [M]. Singapore：World Scientific Publishing, 2007.
[2] VOSE D. Risk analysis：a quantitative guide (3rd edn) [M]. John Wiley & Sons, 2008.
[3] FLAGE R, AVEN T, ZIO E, et al. Concerns, challenges, and directions of development for the issue of representing uncertainty in risk assessment [J]. Risk Analysis, 2014, 34 (7)：1196-1207.
[4] PSA. The Facilities Regulations [J]. 2015.
[5] BEARD A N. Risk assessment assumptions [J]. Civil Engineering Environmental Systems, 2004, 21 (1)：19-31.
[6] PATE-CORNELL M E. Conditional uncertainty analysis and implications for decision making：the case of WIPP [J]. Risk Anal, 1999, 19 (5)：995-1002.
[7] AVEN T. The risk concept—historical and recent development trends [J]. Reliability Engineering & System Safety, 2012, 99：33-44.
[8] TUFT V, WIGGEN O, TORGAUTEN A, et al. Risk assessments as input to decision making during design of oil and gas installations [Z]. Proc of the 26th European Safety and Reliability Conference (ESREL). Glasgow；Balkema. 2016.
[9] SN. S-001 Technical Safety：[S]. 2008.
[10] SN. NORSOK-Z-013-Risk and emergency preparedness assessment：[S]. 2010.
[11] TUFT V, WAGNHILD B, PEDERSEN L, et al. Uncertainty and strength of knowledge in QRAs；proceedings of the Proc of the 25th European Safety and Reliability Conference (ESREL), Zurich, F 7-10 October 2015, 2015 [C]. Balkema.
[12] FLAGE R, AVEN T. Expressing and communicating uncertainty in relation to quantitative risk analysis [J]. Reliability and Risk Analysis：Theory and Applications, 2009, 2 (13)：9-18.
[13] AVEN T, PEDERSEN L M. On how to understand and present the uncertainties in production assurance analyses, with a case study related to a subsea production system [J]. Reliability Engineering & System Safety, 2014, 124：165-170.
[14] AVEN T. Risk, surprises and black swans：Fundamental ideas and concepts in risk assessment and risk management [M]. Routledge Press, 2014.
[15] PSA. Principles for barrier management in the petroleum industry [J]. 2013.
[16] BLIX E, NYHEIM O, VAN ROOSMALEN T, et al. Barriers-from safety studies to safety management [Z]. roc of the 25th European Safety and Reliability Conference (ESREL). Zurich；Leiden：Balkema. 2015.

第十二章 挪威油气行业风险趋势的半定量评估方法

Eirik Bjorheim Abrahamsen（挪威斯塔万格大学）
Jon Tømmerås Selvik（挪威斯塔万格大学）
Bjørnar Heide（挪威石油安全管理局）
Jan Erik Vinnem（挪威科技大学）

本章对挪威石油安全管理局目前用来表示挪威石油工业风险水平和探测风险趋势的方法进行了回顾和讨论。该方法提出了对风险的思考，对制定决策也十分重要。然而，当该方法用于决策时，常被认为信息不够充足。主要的分析问题是该方法没有系统地描述和处理结论中的知识和鲁棒性问题，如可用相关信息的数量。为了在风险水平和趋势的信息量方面，提高制定决策的能力，本章提出了相应的鲁棒性和知识量的评价方法。从而得到一种更加一致和透明的方法。相关案例将用来说明该方法的要点。

12.1 引 言

1999 年，挪威石油监管局［即今挪威石油安全管理局（Petroleum Safety Authority Norway，PSA）］启动了一个重大项目：RNNP 项目。"RNNP" 是挪威语中 "石油活动风险水平趋势" 的缩写。该项目的目标是帮助制定一个实际的、得到广泛认同的关于健康、安全和环境（health, safety and environment，HSE）工作的开展规划，以支持政府和业界对改善近海油气业务的 HSE 水平所做出的努力，如 Vinnem 等[1]所述。该项目后来扩展到 PSA 监管的陆上油气业务，如 Heide 等[2]所述。RNNP 项目目前仍在执行，并形成了 PSA 项目年度报告[3-4]。

该项目强调了直接对未来事故风险测量的问题。当在有限时间内对挪威油气行业进行观察时，突发事件的数量好像过于少，以至于我们无法基于此对现状及今后趋势做出判断。而为了应对这一挑战，Vinnem 等[1]认为，对指标、偶然事件和安全屏障的性能测试结果进行观察，并把这些与我们所知发生的物理现象（例如泄漏、气体逸散、着火、火灾）及对油气行业的一般认知联系起来，是一个有用的举措。基于这些想法，人们建立了一个风险趋势监测框架。

有研究者进一步指出，有很多方法可以用相关指标表示风险水平。为获得相关信息，我们采用了"三角测量框架"（triangulation framework）的办法，因为有研究者认为这种框架可以产生关于风险水平和趋势的有效信息。Vinnem 等[1]提出的"三角测量框架"包括以下三个特征：

（1）科学方法的三角测量。
（2）指标的三角测量。
（3）利益相关者观点的三角测量。

科学方法的三角测量是指通过将统计学、社会科学和风险分析等多个学科的方法结合起来，并利用这些方法提供全面的风险说明。与仅依靠单一学科的方法相比，这种方法可以获得更值得信赖的结果。该框架可以从一系列定性和定量的信息源中获取以下信息：人员访谈、调查、审计、检查、调查、风险分析，以及被记录事件和屏障性能测试的数据。

关于指标的设置，每个指标都是三角测量的，以便获得更完整的风险级别概述。例如，可以在不同的事件、设施或公司类别中对指标进行汇总和单独查看。此外，指标可以对暴露、生产、活动水平和类别进行标准化，还可以根据风险分析中的各种风险重要性度量进行加权。

此外，应该邀请具有较丰富的安全性知识和行业知识的专家对数据进行评估，以确保结果的准确性。在这个过程中，邀请所有利益相关者分享他们的观点，称为"利益相关者观点的三角测量"。

RNNP 项目还开发了一种有助于检测趋势的定量方法[5]，其结果取决于前一阶段的相关可靠数据，这里的前一阶段指的是可以用来描述人们所感兴趣的未来阶段的时期：例如，一个一年或五年的时间段。在该方法中，根据每个指标在前一阶段的平均水平，可计算未来一段时间的 90% 置信度的预测区间。有关这些指标的更多信息，参见文献 [1-2]。

如果一个指标下一周期的观测值落在预测区间内，则结果表明未检测到该指标的统计趋势；如果观测值高于计算的预测区间，则检测到"负"的统计趋势；而如果观测值低于预测区间，则检测到为"正"的统计趋势。

从 Kvaløy 和 Aven[5] 提出的定量趋势检测方法得到的结果，为"利益相关者观点的三角测量"提供了一个重要输入。因此，对定量趋势检测方法和分析中潜在的局限性进行适当的描述和处理也是十分重要的。正是从这里开始，我们将讨论应用该方法进行一般决策和风险管理的合理性。

我们发现，定量趋势检测方法既不能反映趋势检测方法与假设前提相关，即趋势检测法是有条件的（背景信息）；也不能反映结论对样本总体数据的稳健程度。

为提供更多信息，应建立包括背景知识评估和鲁棒性评估在内的方法。为实现这一目的，可以应用一个简单的 3×3 矩阵，一个维度是知识强度，另一个维度是鲁棒性。

本章其余部分内容安排如下：12.2 节对当前趋势预测方法进行简短综述；12.3 节指出此方法的一些难点问题；12.4 节提出评估挪威油气工业风险趋势的方法，这种方法称为"半定量"方法；12.5 节用例子说明所提方法的实际意义；12.6 节得出了一些结论。

12.2 趋势预测方法综述

在本节中，我们用案例说明 RNNP 项目中所采用的检测趋势的技术。应当注意，除了趋势检测方法之外这个项目还有很多其他重要的内容，但是这里没有进行综述。关于项目的更多信息，参见文献 [1, 3-4]。

在本节中，我们将重点关注具体的技术安全屏障要素：压力安全阀（PSV）。本案例使用了来自安全屏障测试的数据集，因为在 RNNP 项目中安全屏障数据比事件数据更难解释。表 12.1 列出了 2009—2013 年陆上核电站 PSV 故障数和测试数。由于陆上核电站之间的巨大差异，人们认为分析每个核电站的性能数据比对所有核电站的数据进行汇总更有用。根据这些数据，人们能确定在 2014 年检测一个趋势会有多大的偏差：有统计学意义的变化。

表 12.1　2009—2013 年陆上核电站 PSV 故障数和测试数

年份/i	2009	2010	2011	2012	2013
PSV 测试数 n_i	733	572	680	759	702
记录失效数 x_i	8	5	4	9	7

按照建议的趋势检测方法，其主要指标为失效分数（failure fraction，FF）。该指标计算公式为失效数量 x 与相应的试验次数的比[6]：

$$FF = x/n \qquad (12.1)$$

我们首先通过使用 2009—2013 年观测值的平均值来预测 2014 年的失效概率，因为评估这些数据与预测下一年类似情况相关。为了评估第二年 PSV 失效概率的不确定性，使用在 n 次测试中有 Y 次失效且失效概率为 q 的二项分布，如文献 [2, 5, 7] 所述。尽管测试是不独立的，但是只要之前测试的次数至少是 n 的两倍，那么二项分布可以被认为是不确定性的合理描述[7]。

因此，基于 2014 年开展的大概 700 个测试，2014 年 q 的 90% 预测区间为 [0.0043, 0.014]。关于预测区间的更多细节，请参阅文献 [1, 5]。

预测区间用于总结 2014 年的趋势。如果 2014 年观测到的失效概率在计算的预测区间内，则参考定量趋势检测方法没有发现任何趋势；如果 2014 年的指标值低于计算的预测区间，则检测到正趋势；如果指标值较高，则检测到负趋势。

为了 12.3 节的讨论，我们假设在 2014 年 700 个测试中有 9 个失效。

12.3 当前趋势预测方法的讨论

如 12.2 节所述，目前挪威油气行业用来表示风险水平和探测风险趋势的方法在直觉上是很有吸引力的。但正如 12.1 节中提到的，可能会有一些影响结果的限制或方法上的挑战。除此之外，在 RNNP 项目 2013 年度报告中，PSA[4] 指出（参见文献 [3]）：

(1) 典型行业屏障测试性能往往不能满足要求；

(2) 为了证明屏障性能符合要求，有必要建立更加全面的测试体系，特别是对陆上核电站。

在 12.3.1 节和 12.3.2 节中，我们将集中讨论方法上的挑战。

12.3.1 方法挑战：背景知识

目前，挪威油气行业用来探测风险趋势的方法中并没有系统地考虑背景知识这一方面。这方面的缺乏意味着，例如，概率（作为测量的不确定性或可信度的程度）既无法反映知识强度，也不能反映概率分析过程设定的假设有可能掩盖不确定性的重要方面。

正如文献 [8] 中讨论的那样，仅仅研究不确定性的一部分是不够的，因为可能会发生与评估分析师或专家知识相关的意外。

特别是对背景知识（知识强度）的评估，应该反映出可用于计算预测区间的数据数量。由于只关注到前一阶段的平均失效分数 FF，因此这类信息并没有通过现有方法结果得到传递。

另一个非常重要的方面是数据的相关性。在某些情况下，我们有大量可用的相关数据，而在其他情况下，可用数据却并不相关。如 12.1 节所述，现有方法不一定提供可靠的数据。例如，关于数据相关性的知识很重要，因为它会对在决策中如何使用趋势结果产生影响。

12.3.2 方法挑战：鲁棒性

鲁棒性是现有方法中没有系统考虑的另一个问题。鲁棒性分析能够表现在样本总体数据的微小变化下，结果的稳定和一致程度。除其他因素外，鲁棒性取决于对重要条件和假设的灵敏度，以及改变结论所需的条件。在目前的趋势检测方法中，这种信息没有被系统地反映。

为了在检测趋势时获得有关鲁棒性合适的信息，需要更详细地考虑不同的方面。我们还将在 12.4 节和 12.5 节中讨论这些内容，现在我们将给出与鲁棒性相关方面的概述。

第十二章　挪威油气行业风险趋势的半定量评估方法

从 12.2 节的例子来看，我们没有发现趋势，因为 2014 年观测到的 FF 在计算的 90%置信预测区间内。此外，现有方法没有提供有关结论对观察到的 FF 变化有多敏感的信息。通过简单的鲁棒性分析，我们发现失效数量要比 2014 年观测到的失效数量高出 11%以上，才能得出存在"负"趋势。这意味着，只要增加一个失效试验，结论就会变为"负"趋势。要确定存在"正"趋势，失效数量需要比观察到的少 67%。这些数字表明，我们倾向于得出这样一个结论：这里存在一个"负"趋势和一个"正"趋势。从图 12.1 中也可以得到同样的信息，因为 2014 年观测到的 FF 相较于预测区间的下灰色区域更接近上灰色区域。然而，图中没有给出关于如何改变结论的任何具体信息。

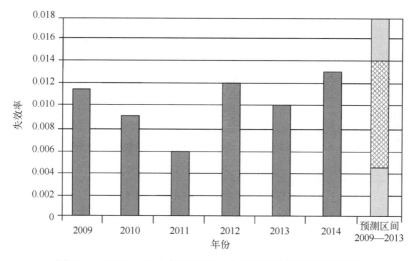

图 12.1　2009—2014 年观测到的失效率及计算的预测区间

此外，来自一小部分数据的极值可能会掩盖另外一些有趣的情况。例如，经验表明，来自大量设备的平均屏障测试数据（如 12.2 节中的示例）可能导致我们对整个核电站或核电站的部分得到"歪曲"或"主导"结论。测试数据可能来自核电站的不同部分的某年和来年。因此，相关的鲁棒性分析可以在不使用含最极端数据的工厂数据的情况下进行分析。在 Heide 和 Vinnem[9]先前的研究中更详细地阐述了这一点。

现有方法计算平均值时不考虑历史数据中观测到的变化及观测年份的数量，只需：

（1）完成收集来自前一个时期的可靠的相关数据的基本需求，数据应当很好地描述我们所感兴趣的未来时期的情况。

（2）假设使用的概率分布是合理的，虽然这并不总是如此。例如，通过专注于较短或较长一段时间，人们可能"操纵" FF 值，并产生不同的（可能更好的）结论。

由于观测值的年际偏差较大，目前的方法一般不考虑鲁棒性。因此，在实际环境中，采用更正式的流程评估鲁棒性是十分有用的。

12.4 风险趋势预测的半定量方法

本节介绍了挪威油气行业风险趋势预测的方法。与12.1节所述的"旧"方法相比，新方法进行了调整，以便更好地涵盖前几节所述的分析问题。虽然12.2节中描述的趋势分析方法主要是定量的，但"新"的、扩展的方法包括了数量和质量两方面的因素。确定趋势的方法是按照以下5个步骤展开的，如图12.2所示。

图12.2显示了半定量方法步骤的执行顺序。扩展方法的总体结构受到文献[10-12]的启发。对扩展方法中每个步骤的详述如下。

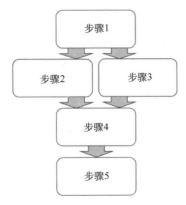

图 12.2　半定量方法步骤的执行顺序

步骤1：风险趋势的评估和可视化。正如现有方法一样，对趋势的评估及可视化，应用了12.2节中描述的分析方法，在本节中不再进一步解释。

步骤2：背景知识的评估。对于背景知识的评估，主要目标是明确不同方面知识的合理性，如研究分析中所做的假设。我们建议将知识强度分为强、中、弱三类。为了确保分类过程的一致性，需要一个指导方针。表12.2展示了指导方针，这些指导方针基于文献[13-14]中定义的条件，也可参见文献[8]（第103页）。

表 12.2　知识强度分类指南

知识强度	分类指南
强	满足下列条件时： • 做出的假设被视为非常合理。 • 有大量可用的和可靠的相关数据/信息。 • 相关专家参与评估。 • 专家有广泛共识。 • 所涉及的现象能很好地理解；所使用的模型已知，可给出所需准确度下的预测
中	满足下列条件的一个或多个： • 过度简化假设。 • 数据/信息是不存在的或非常不可靠或无关紧要的。 • 评估小组中缺乏相关的专业知识。 • 专家（或评估小组内）存在强烈分歧。 • 对所涉及的现象知之甚少；模型不存在的或已知的但被认为给出了糟糕的预测
弱	介于两者之间的案例被归类为具有中等强度的知识

步骤 3：鲁棒性评估。 正如知识强度的分类，我们建议使用三种鲁棒性分类：强、中、弱。为了确保分类过程的一致性，需要一个指导方针。我们定义的三种鲁棒性如下：

（1）强鲁棒性：在趋势分析中，指示值需要发生很大的改变才能改变结论；也就是说，灵敏度很低。如果一个单次故障的贡献足以改变结论，那么鲁棒性并不显著。

（2）弱鲁棒性：在趋势分析中，指示值相对较小的改变就能改变结论；也就是说，有很高的灵敏度。实质上，如果指标值的任何变化都会导致不同的结论，那么鲁棒性是弱的。

（3）中鲁棒性：条件介于强弱鲁棒性之间。

步骤 4：结合上面的步骤 1~3：映射和呈现结果。 第 1 步的结果仍然如图 12.1 所示，其中条形图表示当前趋势预测方法的结果。此外，为了补充这些结果，步骤 2 和步骤 3 的结果可通过将知识强度评估和鲁棒性评估结合成一个矩阵来可视化，如图 12.3 所示。该图所示是一个简化的 3×3 矩阵，一个轴表示知识强度，另一个轴表示鲁棒性。

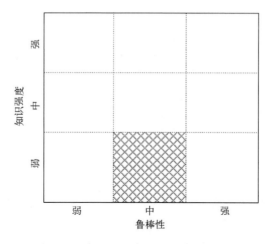

图 12.3 步骤 2 和步骤 3 的结果可视化

步骤 5：讨论和结论。 第 4 步中结果的表征必须与分析的目标和如何使用结果有关。对各种解释性的展示结果的讨论必不可少。例如，如果存在弱鲁棒性，那么讨论应覆盖会对结论产生的各种影响。

我们还建议把主要假设，特别是敏感的假设，包含在对结果的讨论中。在得出任何结论之前，还应该讨论与数据质量有关的问题，包括可用数据的数量；也应对数据观测的时间区间以及数据总量作为讨论的一部分。在狭义的机械论方法中，人们可能会聚焦在上年观测到的 FF 的 90% 置信预测区间上，如 12.2 节所述。然而，如果一个人在不同的时期进行观察，则结论也会有相应改变。较大的时间区间通常会使分析对数据中的波动不那么敏感。这就是在一定程度上应用涵盖更广泛视角的"三角测量方法"很重要的原因。结论不应该仅仅基于一个指标值，也许可以在如何理解和使用知识强度和鲁棒性的不同组合方面提出一些指导方针以帮助做出决策。然而这可能降低灵活性，因为这在一定程度上限制了分析师的讨论。一种首选的替代方案是只展现步骤 4 中产生的输出，并添加适合决策者的相关讨论。然后，决策者可以将这些结果作为决策过程的众多输入之一，就像"三角测量法"那样。另外，如果我们提出一些指导方针，它可能提供更深刻的见解。首先，当鲁棒性是"弱"时，我们不应该用指标推测明确的趋势结论，除非知识强度是"强"。当鲁棒性是"中"时，可以应用相同的方法，但这需要根据实际情况进行确定；有时候，知识强度为"中"就足够了。如果鲁棒性是"强"，只要知识强度比"弱"强，我们就可以得出关于趋势的结论。

12.5　案例：扩展方法的应用

为了说明扩展方法的实际意义，我们回到 12.2 节中给出的 PSV 案例，其中基于 FF 指标对 PSV 进行了风险趋势分析。有关扩展方法应用的每个步骤的具体信息如下。

12.5.1　步骤 1：风险趋势的评估和可视化

此步骤中的主要活动是选择适当的性能指标，例如我们用于 PSV 案例的 FF 指标。作为 RNNP 项目中的一个关键绩效指标，FF 被认为与该案例高度相关。选择指标应该反映这样一个事实，即应该有足够的数据来应用到风险趋势方法中，这是利用数据计算 FF 需满足的标准。一般来说，应该选择多个风险表现指标。为简单起见，下面我们只关注一个指标。

屏障测试指标 PSV 的趋势评估同在 12.2 节中所述的现有方法，因此本节将不做进一步解释。在本节中，唯一需要额外考虑的是在案例中谁是决策者。决策者可能是：

(1) 在 PSA 的人员，决定下一年的重点监督活动。
(2) 工厂运营商管理者，决定下一年 PSV 维护的资源分配。

12.5.2　步骤 2 和步骤 3：背景知识的评估和鲁棒性评估

在 PSV 案例中，FF 指标一般认为很容易理解，但通常要求有相当大的可用的可靠数据集。然而在解读这一指标时，其潜在假设可能并不那么合理。如前所述，测试数据可能来自核电站的不同部分，PSV 可能不是在类似的情况下运行的：一个 PSV 可能用于一个天然气段，另一个可能用于石油段，而这通常与更高的失效率相关。正如 PSA[4] 中所述，为了使 PSV（屏障元素）按照法规的要求得到控制,需要更全面的测试体系。

此外,如表 12.1 所总结的,所执行的测试不包括其他要求,如功能性、脆弱性。关于"有多少测试结果接近测试压力验收标准"的信息。我们可以想象,PSV 通过了几项测试,但是如果换了不同的操作人员,那么这些测试就可能不通过。类似地,如果进行测试需要很长时间,这可能表明测试压力验收标准一开始便不满足,但后来检查为"OK"。此外,人们可能会发现,进行测试的动机并不一致,比如在测试前或报告重测(第一次测试为不通过)之前存在操纵 PSV 的情况。总结这些问题的知识并将其传达给那些对 PSV 风险趋势做出决定的人会很重要。

更积极的一面是,尽管不同操作人员之间对 PSV 的测试与其他屏障元素相比,没有标准化的失效标准,但 PSV 通常有相当标准的测试间隔。这意味着,当我们进入细节来比较不同操作者的测试时,可能会发现相当大的差异。而当我们需要从趋势分析中得出结论时,应考虑与这些问题相关的知识。

如果要对 FF 进行计算,则需要做出一些假设,尤其是基于收集到的数据进行计算时,其中许多假设都是必需的。例如,对"哪些人员未严格按照操作规程执行测试,从而可能导致与之相关的测试结果具有更高的不确定性"这一事件进行判断,这在实践中是一项不可管理的任务。

基于以上信息,我们评估知识强度为弱。其他核电站可能具有更均匀的 PSV 样本总体,这意味着在某些情况下,背景知识会比这个例子更好。

关于鲁棒性的评估,通过使用 12.4 节中介绍的鲁棒性拟议标准,可以得出鲁棒性指标高的结论。如前所述,2014 年再发生一次测试失效就会超过预测区间。然而,我们同时也应该考虑所观察到的变化和有相当大的可用数据集的事实。此外,失效的数量有很多取值(4,5,6,7,8)并不意味着结论有改变。因为结论只会在极端值 3(或更少)和 10(或更多)的情况下发生变化,因此我们得出结论,在这种情况下,鲁棒性不是"弱"的。给鲁棒性分配一个"中"的得分更加合适。

12.5.3　步骤 4:映射和呈现结果

PSV 的 FF 分析结果的可视化如图 12.1 和图 12.3 所示。趋势分析方法得到的结果如图 12.1 所示,而步骤 2 和步骤 3 的结果在图 12.3 所示的矩阵中给出。

图 12.4 产生的结果如在个别评估中使用的分类都附有解释指南,以便清楚地阅读和理解。

12.5.4　步骤 5:讨论和结论

接下来,对图 12.1 和图 12.3 中总结的分析结果进行记录和报告。它们适用于不同的目的,例如,决策的目的。趋势分析结果也应该以一种比传统方法提供更广泛的风险趋势图的方式进行传达。例如，决策人员应该了解结果，以及趋势分析、背景知识评估鲁棒性评估的所有相关信息；参见 12.4 节中的讨论。虽然报告可能产生清晰的趋势图，但决策者的任务是得出适合研究应用的结论，也可能是决策者参与分析和评价趋势的过程。在许多情况下，那些被授权做出决定的人也对这个过程做出贡献并拥有所有权，这一点被认为是关键的成功因素。然而，我们认为决策者有责任确保对分析结果的适当使用，并评估分析的质量是否可接受。综上所述，决策者可以是如电站运营商管理者或 PSA 管理者这样的人。

例如，决策者应该对为分析所选择的指标进行评估，并评价这些指标是否合适。从某种意义上说，这使该方法具有一定的灵活性，因为会有通过"指标的三角测量"进行调整的余地。例如，针对陆上核电站，由于核电站之间的巨大差异，没有使用一套通用的事故加权指标。正如我们已经说明的，表达风险趋势是具有挑战性的。因此，为事故指标制定一些特定用于核电站的权重可能是有用的。当确定近海核电站权值时（12.1 节），它们采用了许多不同设施的数据。因此，确定陆上权值的工作量可能不会比近海权值大很多，而且这种方法与所描述的扩展方法相结合，可能有助于形成更有用的风险图。另外，开展 RNNP 项目的主要目的是更好地在行业层面而不是在核电站层面提出降低风险的新措施。由于陆上工厂差别很大，因此单个的权重可能不能帮助实现这一目标，也不能用于分析。对于 PSA 决策者，采取不同权重是最合适的选择。

其中一个主要问题是，决策不应该是一个机械化过程。这是通过采用 Vinnem 等[1]所描述的"三角测量框架"实现的。因此，上述结果仅提供了全部风险图景的一部分；决策者（PSA 或核电站管理者）也能够将所有需要进一步澄清或调查的具体问题反馈给分析团队，如所使用的假设。

12.6 结　　论

本章提出了一种半定量的方法来评估和预测挪威油气行业的风险趋势。提出的方法是基于 Vinnem 等[1]所述的框架和 Kvaløy 和 Aven[5]所述的风险趋势方法。虽然该方法与基于 RNNP 项目使用的传统方法近似，但在额外的评估方法上存在主要差异。主要的不同之处在于，在提出的方法中，反映背景知识和鲁棒性问题的评估被明确地纳入其中。这样新方法能够比传统方法更好地指导与风险趋势相关的决策。

尽管提议的方法与挪威油气行业密切相关，但它绝不仅限于该行业。基本原则应适用于其他行业的趋势分析。主要（优于旧方法）的一点是该方法获取鲁棒性和更广泛的不确定性描述，并在其中充分考虑了背景知识问题。

致谢： 作者感谢 Alireza Gelyani 在论文《一种表达风险水平和预测挪威石油行业风险趋势的改进方法》中的贡献[15]，该论文是本章工作的起点。

本章的工作作为 Petromaks 2 项目的一部分（授予编号：228335/E30）由挪威研究委员会资助。衷心感谢这些支持。

参 考 文 献

[1] VINNEM J E, AVEN T, HUSEBø T, et al. Major hazard risk indicators for monitoring of trends in the Norwegian offshore petroleum sector [J]. Reliability Engineering & System Safety, 2006, 91 (7): 778-791.

[2] HEIDE KNUDSEN B, VINNEM J, AVEN T. Methods to monitor risk for onshore petroleum plants; proceedings of the European Safety and Reliability Conference (ESREL), Stavanger, Norway, F, 2007 [C].

[3] PSA. RNNP 2015 summary report [R]. 2016.

[4] PSA. Trends in risk level summary report 2013 [R], 2014.

[5] KVALøY J T, AVEN T. An alternative approach to trend analysis in accident data [J]. Reliability Engineering & System Safety, 2005, 90 (1): 75-82.

[6] SELVIK J, ABRAHAMSEN E. A review of safety valve reliability using failure fraction information [Z]. Safety Reliability of Complex Engineered Systems: Proceedings of the ESREL 2015 Conference. CRC Press - Taylor & Francis Group. 2015.

[7] RøED W, AVEN T. Bayesian approaches for detecting significant deterioration [J]. Reliability Engineering & System Safety, 2009, 94 (2): 604-610.

[8] AVEN T. Risk, surprises and black swans: Fundamental ideas and concepts in risk assessment and risk management [M]. Routledge Taylor and Francis Group, 2014.

[9] HEIDE B, VINNEM J. Trends in major hazard risks for the Norwegian offshore petroleum industry [D]. University of Stavanger, 2008.

[10] WIENCKE H S, AVEN T. A framework for selection of methodology for risk and vulnerability assessments of infrastructures depending on information and communication technology [Z]. Proceedings of the ESREL 2006 Conference. Estoril, Portugal. 2006.

[11] ABRAHAMSEN E B, PETTERSEN K, AVEN T, et al. A framework for selection of strategy for management of security measures [J]. Journal of risk research, 2015, 20 (3): 404-417.

[12] ABRAHAMSEN E, SELVIK J. A framework for selection of inspection intervals for well barriers; proceedings of the safety, reliability and risk analysis-beyond the horizon: Proceedings of the European Safety and Reliability Conference, ESREL, Amsterdam, Netherlands, F, 2013 [C]. CRC Press.

[13] FLAGE R, AVEN T. Expressing and communicating uncertainty in relation to quantitative risk analysis [J]. Reliability and Risk Analysis: Theory & Applications, 2009, 2 (3): 9-18.

[14] SELVIK J T, AVEN T. A framework for reliability and risk centered maintenance [J]. Reliability engineering & system safety, 2011, 96 (2): 324-331.

[15] ABRAHAMSEN E, HEIDE B, VINNEM J, et al. An improved method to express risk level and detect trends in risks in the Norwegian petroleum industry [D]. University of Stavanger, 2014.

第十三章 风险信息监管机构的知识工程：挑战和建议

Nathan Siu，Kevin Coyne（美国核管理委员会）

美国核管理委员会作为一个风险知情机构，越来越多地使用多学科、多领域和专业技术信息支持监管决策。正在开发的知识工程可以帮助机构工作人员在越来越多的、广泛的、深入的信息库中，识别、访问和吸收相关信息。为了改善工作人员日常使用的工具，应考虑在两类活动来实现进一步的发展，即改善数据库基础设施和现有搜索工具的短期活动，以及研发从文件中提取信息的改进技术的长期活动。

13.1 引　言

1999年12月27日晚，暴风造成法国Le Blayais核电站2号和4号机组的场外掉电（LOOP）[1-4]。不久之后，涨潮、风暴潮和风浪的综合作用导致了防护堤塌陷和洪水泛滥。洪水通过未密封的电缆和管道进入了许多厂房，并导致1号机组的重要厂用水泵站的一系列故障以及1号和2号机组的低压安全注射泵（LHSI）和安全壳喷淋泵的停机。洪水还造成了树木倒塌和道路堵塞，从而使人们在数小时内无法进入该地区。该事件被国际原子能机构（IAEA）的国际核与放射事件等级标准（INES）列为"事件"（incident）（二级）。

Le Blayais事件表明超越设计基础的外部洪水的潜在风险意义。此外，该事件涉及多个并发危险，影响多个机组，使核电站操作员响应变得复杂，并阻碍了人员进入现场。现在这些特征被人们广泛认为是导致2011年3月福岛第一核工厂反应堆事故的重要因素，同时也是对现有的概率风险评估方法（PRA）、模型、工具和数据[5]的挑战。然而，无论是Le Blayais事件、2004年Madras核电站因海啸引发的洪水[6]，还是2009年Cruas工厂因洪水导致服务用水堵塞[7]，都没有引起广大PRA团体的关注。福岛核事故以及2011年6月美国Fort Calhoun核工厂被洪水包围的那些引起强烈反响的图片（参见文献[8]的报道）促使人们广泛地重新考虑与外部洪水和其他极端非地震灾害有关的风险。

第十三章　风险信息监管机构的知识工程：挑战和建议

美国核管理委员会（NRC）负责监管民用核电站和其他用途的核材料，例如那些通过授权、检查和执法用于核医学的核材料，该机构正在不断努力提高其在决策中对风险信息的使用能力[9-10]。为此，它广泛地利用了核工厂 PRA 得到的结果和见解。通常，PRA 得到的信息是可以直接使用的（如规范指南1.174[11]所述）。而在以下情况中：开创性的 WASH-1400 研究[12]，后来的 NUREG-1150 研究[13]和 NRC 正在进行的 Vogtle 核工厂研究[14]，PRA 信息用于提高该机构对风险的理解，从而为其他决策提供参考信息。显然，对于由标准（如 ASME/ANS 2009[15]）和相关指南（如 NRC 2009[16]）支持的 PRA 模型而言，针对与决策相关的潜在场景（包括潜在现象）、后果和似然性，模型应充分反映技术界的最新认知。Le Blayais 事件说明了与风险相关的知识管理的一个重要挑战，即确保 PRA 方法的开发人员和分析人员认识到重要的操作事件（包括发生在其他国家的事件）及其潜在的风险重要性。更一般地来说，这个挑战就是为了确保 PRA 界要意识到潜在相关信息来源广泛，包括实验、分析研究以及操作经验。

对于给定的知识管理挑战，通常可以确定各种直接的、非技术的解决方案。例如，针对 Le Blayais 事件，解决方案可以包括将负责分析运行经验的团队和负责运行 PRA 的团队之间的交互进行制度化，或者添加 PRA 标准的要求以明确考虑国际性的运行互动。然而，对于更一般的情况，认识到与 PRA（在核电站和其他复杂的技术系统情况下，PRA 是一项多尺度和多学科的事业）潜在的相关的巨大（增长的）信息量，对于探索先进的知识工程（KE）工具和技术是有益的。这里我们有一个疑问：这些工具和技术能在多大程度上更高效地帮助识别、访问和评估用于开发或评审 PRA 所需的信息，以及使用模型结果和见解支持风险知情决策。

本章的写作目的是从职员的角度讨论这个问题，其职员包括：
（1）负责提供风险信息给别人的人，包括决策者。
（2）严重依赖 NRC 和公共信息系统来完成他们工作的人员。

本章其余部分的内容安排如下：13.2 节指出了从用户角度出发的与风险相关的 KE 挑战；13.3 节讨论了一些 KE 的前沿方法，有助于解决这些挑战的若干领域；13.4 节简要概述了近期一项小型探索，旨在更好地了解具体技术（内容分析）的当前功能；13.5 节提供了一些结论和建议。

13.2　从用户角度出发的与风险相关的 KE 挑战

NRC 如同任何处理大量信息的组织一样，有很多信息技术系统和相关的活动，旨在：
（1）电子捕获与机构决策的重要信息。

(2) 使员工可访问捕获的信息。

除了 NRC 的官方记录保存系统（Agencywide 文档访问和管理系统-ADAMS-https://www.nrc.gov/reading-rm/adams.html）之外，职员还可以通过多种工具获取信息，包括机构的网站和职员创建的用于共享信息的网站。职员可以使用各种标准和 NRC 搜索工具（如那些包含在 ADAMS 中的）和其他辅助工具（如超链接、文件结构、引用和引用列表、表的内容和目录）找到相关文档（如文本文件、电子表格、数据库、图像、计算机代码和模型）及其特定信息。

如 13.4 节所示，Siu 等[17]在研究中进一步讨论到，当前数据库和工具非常高效。然而，用户仍然对改进充满兴趣，这些改进将增强他们查找、访问、检查和评估潜在相关信息的能力。在改进方面的 KE 挑战从简单到复杂都有。常见的三种挑战如下：

（1）扩大和改进电子数据库（如遗留文档数字化，提高数字化的精度）。

（2）改进搜索工具和辅助工具，包括用户指导，增加搜索过程找到所需的信息的可能性，同时减少无用结果的数量（即"假通过"）。

（3）提供自动获得来自隐含信息的明确信息的功能［如通过论题专家（SME）从大量文档中发掘信息的能力］。

关于第三个挑战，Le Blayais 事件表明：SME 在为其他核电站回顾审查事件的描述和选址文档（文档提供核工厂地理定位的技术依据）时，可以很容易地推断出超越设计基础的外部洪水对其他核工厂的风险影响。

这些普遍的挑战显然不是风险领域独有的；如在下面章节中所讨论的，商业信息技术部门正在进行重大的发展研究，并且已经有了一些可用产品。然而从风险信息用户的角度来看，这些挑战被 PRA 的特征调制（可能被放大），这些特征会影响对支持信息的搜索和分析。它们包括 PRA 的多学科性质、对系统观的需要、信息源的多样性和复杂性以及遗留文档的持续相关性[17]。作为相关挑战的一个例子，多学科领域意味着 KE 解决方案研发可能需要大量的 SME（如提供适当的单词/短语关联和搜索技巧）。这反过来又意味着需要确保有效地利用许多不同领域的专家。

其他 PRA 的特点，比如特别适用于核电站和类似的应用并可能带来特殊的 KE 挑战，包括解决问题的复杂性、事件和场景的罕见性、特定核电站设计和运行细节的重要性以及与模型和结果相关的高度不确定性。

还应该指出的是，风险信息的某些特殊特征可能会影响为其他团体研发的 KE 解决方案的效能和效率。例如，仅依靠搜索查询的次数（搜索"点击率"的数量）找到与文档匹配的文本的分析方法，可能会错过一个包含与关注的罕见事件有关的信息的文档，并可能过度重视实际上是基于相同底层信息得到的多个文档提供的事实。

13.3 先进技术的前景

满足前述一般挑战的一种有用方法会从 SME 获得额外的知识，并组织和理解当前数据库中存储的风险信息。将这个过程实现自动化的三个核心技术是自然语言处理、内容分析和形式化方法。

13.3.1 自然语言处理

图 13.1 摘录自 Gorbatchev 等[3]的研究，其中部分描述了 1999 年 Le Blayais 洪水事件。对于熟悉基本术语和概念的读者来说，摘录的含义是清楚的。然而在自动化系统中，存在由于模糊性、上下文依赖性、隐含性和非唯一性等带来的相应挑战。例如，文本指出，A 列服务水泵"丢失"，而其他水泵（LHSI 和安全壳喷淋泵）"被认为完全不可用"。支持使用风险信息的自动化系统是否应该将这些影响视为同义词？如果是，那是在什么情况下呢？表 13.1 提供了与摘录相关的自然语言挑战的其他示例。

该摘录还说明了对自然语言处理算法的另一个挑战：广泛分隔的文本。含 LHSI 和安全壳喷淋泵的"单元（cell）"的文本与介绍性文本不相同，其中涉及关于洪水的讨论。读者很容易推断出单元被淹没了，但依赖近邻算法却并不简单（例如分隔短语中的单词数量）。图 13.2 提供了另一个例子，它突出显示了来自 NUREG/CR-6738[18]中关于 1975 年 Browns Ferry 核工厂火灾的摘录。在这种情况下，A3-1 页的声明（以下事件描述通常适用于 1 号机组）对确定 A3-5 页适用于 1 号机组的声明（反应堆在 00：31 被紧急停堆）是必需的。

在 1 号和 2 号机组（图 10 和图 11）被淹没的设施中，应该注意以下几点：

- 包含重要厂用水泵的厂房。每个机组的重要厂用水泵站包括两个独立系列（A 和 B）共 4 个水泵；每个泵都能提供所需的全部吞吐量。在机组 1 中，系列 A 的重要厂用水泵站的水泵因发动机浸没而失效。
- 公共设施走廊，特别是那些在将泵房与平台连接起来的燃料大楼附近运行的公共设施走廊。
- 有输出馈线的房间。这些房间里的水间接地导致了某些电器开关的不可用。
- 1、2 号机组的燃料结构底часть，包含两个 LHSI 泵和两个密封喷淋系统泵的单元。核电站运维人员认为水泵完全不可用。这些泵所属的系统是设施的工程安全系统，其设计主要是为了补偿主系统的中断。

说明 12 说明了上述系统的作用。重要厂用水泵站在下述两种情况下运转：当机组正常运作时重要厂用水系统工作并以此来冷却反应堆；出现事故时，为了通过安全壳喷淋系统中的热交换装置消除衰变热，反应堆关闭以冷却衰变热去除系统时。

图 13.1 1999 年 Le Blayais 洪水概述[3]

表 13.1　Le Blayais 摘录中自然语言对自动化处理的挑战示例

挑战类型	案　例	KE 工具挑战
歧义（同一单词或短语的多重含义）	系列 A 水泵丢失（lost）	定义"丢失（lost）"的意思是"失效（failed）"（与它的许多其他可能的意思不同，例如"失踪"或"困惑"）
上下文依赖（指依赖其他因素，包括文档类型、目的、结构和周围的文本）	重要厂用水泵站	认识到"重要"是系统名称的一部分（而不是描述符；考虑到叙述中提到"非重要厂用水泵"的可能性）
隐含意义（指不直接表述，必须从文献中的其他事实推断）	装有重要厂用水泵站的房间	认识到这些房间被淹没了，正如前面提到的"应该注意以下几点"
非唯一性（表达相同意思的多种方式）	每个机组的基本供水系统包括两个独立系列（A 和 B）的四个水泵	从多个可能的备选方案中提取系统配置信息（例如，使用不同的词，如"……在两个单独系列的供水系统中有四个水泵……"或不同的语法结构，如"在重要厂用水泵站中有 4 个水泵，布置在独立的系列 A 和系列 B 中"）

图 13.2 中突出显示的文本显示了另一个挑战：处理有缺陷数据的潜在需求。由于用于创建 NUREG/CR-6738 的数字化版本的特殊光学字符识别（OCR）软件，可用于搜索工具的数字化文本不能识别文档图形隐含的结构。因此，例如，页面 A3-6 突出显示的文本逐字存储为"下午 1 点在 2 号机组控制室操作员对多机组关闭的要求可能引入（换行符）观察到几个信号……"除了荒谬之外，实际短语"可能会引入独特的设备要求"的碎片可能掩盖了来自文档的关键信息。

在信息技术产业中，信息获取和使用的技术不断进步。最广为人知的活动之一是 2011 年 1 月 14 日的电视智力竞赛节目《危险边缘》（*Jeopardy!*），节目中一个由 IBM 开发的电脑系统 Waston 击败了两位专家[19]。除了解决与自然语言处理相关的复杂性外，Waston 项目还展示了计算机技术的能力，包括目前可用的技术和专门为该项目开发的技术，以解决与潜在相关信息的数量、广度、形式和可信度相关的挑战。然而 Waston 项目这样一个规模庞大且持续发展（该项目始于 2005 年，由大约 20 名研究人员组成的核心团队参与[20]）的项目，仅仅是一个相对狭窄的问题领域的重点研究活动。

许多组织正将 Waston 演示的技术应用各种实际问题中[21]，包括 13.4 节中讨论的内容分析技术。通用搜索引擎支持的相对自由形式的查询界面，以及语音激活的虚拟助手的广泛部署和使用，进一步证明了在理解自然语言查询和响应方面取得了重大进展。

布朗斯费里核电站事故总结

摘自 A3-1 页：

事件链中的事件是否应当作为典型事件包含在火灾概率风险评估（PRA）中，可以适时讨论。从火灾 PRA 中某一项事件中总结的教训也已表征出来。除非另有说明，事件描述都是针对影响 1 号机组的事件。

时间 （从起火开始） （小时：分钟）	事件描述（注1）	在火灾 PRA 中的含义
事故发生前	施工时，错误地将方向相反的安全火车的两个 480 VAC 电路板的电力电缆排布在同一个电缆槽中（详见事件报告（已下载）第 134 页，当时生效的《监管指南 1.75》禁止使用这种做法。）	在火灾 PRA 中并未考虑电缆排布错误的问题。实际上这种施工错误很少见，作者也没了解到有其他类似的情况。因此，火灾 PRA 中的假设应该通常被视作为可接受。

摘自 A3-5 页：

00 时 31 分	在中午 12 时 51 分，操作员在反应堆以输出功率为 704MW 的工作状态下手动切断反应堆。	操作员在得知火灾后为什么延迟 15min 才紧急停堆的原因目前尚未明确。在火灾 PRA 中，一旦得知发生了会涉及不可抑制的企业社会责任（corporate social responsibility, CSR）的火灾时须紧急停堆，这应视为典型措施。

摘自 A3-6 页：

—	在 2 号机组的控制面板上，操作员注意到 ECCS 面板 9-3 和给水面板出现故障，操作员将 2 号机组的 RB 风扇调到了低挡。	典型的火灾 PRA 都仅考虑火灾对单个机组的影响，即使该火灾发生在公共或共用工厂区域。在这种情况下，第 2 个机组同样出现了一些故障并被关闭。同时关闭多个机组的命令可能会带来需要特殊设备的需求，而这是目前火灾 PRA 没有覆盖的。
00:40	下午 1 点，2 号机组控制室操作员观察到多次报警，这些报警是因为直流电源和一个反应堆保护发电机组已经跳闸而发出的。他们将 2 号机组的反应堆紧急停机，并启动停机冷却。2 号控制室操作员确认所有操纵杆都已插入。	

图 13.2 1975 年布朗斯费里火灾分析摘要（摘自文献 [18]）

13.3.2 内容分析

在信息技术的世界里，我们利用越来越多的资源来更好地获取大量的（甚至不断增长的）非结构化的信息，"内容分析"工具是一种软件工具，它使用如自然语言查询、趋势分析、上下文发现和预测分析等方法来识别一个非结构化数据库（如文本）的模式和趋势，目前正在开发中，来帮助用户改进他们的搜索并增强他们的"发现"活动（通过对数据库的探索来开发洞察力的活动）（除其他功能外）。如 13.4 节将进一步讨论的，此类工具使用软件程序将非结构化数据（通常是自由文本）转换为结构化数据（例如，具有指定特征的术语），使该数据易于被用户查询访问，并提供描述查询结果的方法（定量和定性）。

13.3.3　形式化方法

第三个可能有助于 NRC 风险活动的技术开发涉及"形式化方法"的使用。形式化方法是计算机科学领域中众所周知的方法，它涉及硬件和软件系统的数学规范的开发，旨在支持这些系统的开发和验证。

PRA 团体早就认识到，逻辑上相同（或几乎相同）的模型可以采用许多不同的视觉形式（这一认识后来被例证了：在 PRA 应用的早期，关于"大事件树/小故障树"与"小事件树/大故障树"的辩论中，后来在讨论事件序列图和事件树的优点中，及当前对二元决策图模型的自动化研发中都被例证了）。形式化建模方法有助于训练审查人员对模型的理解，尽管模型存在不同的形式。

另一个潜在的好处是，正式的建模方法可以将被评审的 PRA 模型和外部基准（例如，其他 PRA 中的相似系统模型和相关运行经验的模型）转换为共同的格式，从而帮助评审专家识别关键的异同点。

Epstein 和 Rauzy[22] 讨论的开放 PSA 新方案，旨在为 PRA 提供标准化的建模语言，对于经常需要作为模型评审专家而不是开发人员的 NRC 工作人员来说，这是一项很有前途的技术。Friedlhuber 等[23] 提出了一种模型比较方法，Melendez Asensio 和 Santos[24] 提出了面向审查的应用，其主要为了西班牙核安全（CSN）的 Consejo de Seguridad 核能项目而开发的。这两项工作都基于形式化方法。虽然在本节中没有进一步讨论，但很明显，形式化方法对于 NRC 的风险相关的应用非常重要。

13.4　一项近期探索

为了说明从自然语言处理和文档内容分析的进步中获益的商业可用工具的现状和潜在价值，NRC 进行了一项可行性研究，以探索先进的 KE 工具和技术的应用进而支持 PRA 活动。这项内部资助的研究始于 2014 年，并于 2016 年完成，是一项旨在规划未来与 KE 相关活动范围的研究。

下面对该项目进行概述。其他细节见文献［17］。

13.4.1　项目目标和范围

该项目的总体目标是确定面向支持风险预知而开发生产级 KE 工具的工作是否值得。作为一项概括研究，该项目有以下限制：

（1）评价仅限于考虑内容分析工具。

（2）评价使用了一个特定的工具，即 IBM 内容分析 2.2 版本（ICA2.2），该工具对于 NRC 职员是可用的。作者认为这个工具代表了商业上广泛可用的内容分析工具。

为 ICA 2.2 提供搜索空间所选择的文档仅限于表 13.2 所示的文档类型。这个被称为"语料库"的文档集于 2015 年末定稿。它包括 33 万多份文件，代表来自 ADAMS 图书馆的选定文件集合（在项目进行时，ADAMS 图书馆包含大约 200 万份文件，其中大约一半是公开的）和一些其他文件。

表 13.2 项目语料库内容

描 述	注 释
可以从 NRC 的 ADAMS 主库中公开获取文件	包括 NRC 工作人员（NUREG）报告和承包商（NUREG/CR）报告，提交给委员会的工作人员文件（SECY 文件）和委员会工作人员需求备忘录（SRM），许可证修订请求（LAR），以及新的反应堆设计控制文件
最终安全分析报告（FSAR）	提供与事件分析相关的术语和设计信息
NRC 标准化核电站分析风险（SPAR）模型的文档	提供与设计相关的有用信息，用于事件分析（如涉及系统的大小）和 PRA 结果，可与被许可方/申请人结果进行比较
及时通知	根据 10 CFR 50.72 的要求，向 NRC 提交事件的文件
被许可方事件报告（LER）	根据 10 CFR 50.73 的要求，向 NRC 提交事件的文件
检查报告	核管理委员会反应堆监督程序（1999 年至今）的员工报告
独立工厂测试（IPE）	被许可人提交的对通用信函 88-20 的回应
独立工厂外部事件测试（IPEEE）	被许可人提交的对通用信函 88-20（补充 4）的回应
反应堆安全保障咨询委员会（ACRS）信件报告	1985 年至今
ACRS 会议记录	1999 至现在（小组委员会和全体委员会）

ICA 2.2 由多个主要软件模块组成，包括以下几部分[25]：

（1）"爬虫"，浏览语料库的文档和提取文档中的内容。

（2）文档处理器，将该"爬虫"程序生成的非结构化文本数据转换为使用文本分析"注释器"（包括标准的注释器，即做诸如识别文档语言、进行语言学分析，并使用用户提供优先规则识别文本模式的注释器，以及其他定制的注释器）提供的规则的结构化数据。

（3）索引器，为处理过的文档内容准备一个优化的索引（称为"文本分析收集"，简称"收集"）适用于高速文本挖掘和分析。

（4）文本挖掘应用程序，它提供了用户界面，使分析师可搜索语料库。

ICA 2.2 是一种通用产品，但可以根据具体问题的需要进行定制。该定制过程需要：

（1）软件工程师配置工具（如控制爬虫如何使用系统资源、何时运行）并开发所需的注释器。

（2）SME 与软件工程师协作定义关注的搜索问题，确保开发高效的工具。

从终端用户的角度来看，软件工程师完成的大部分工作都是"幕后工作"。例如，SME 通常不对软件工程师生成的注释器进行详细审查，而是使用定制的文本挖掘应用程序（也由软件工程师生成），该应用程序提供各种支持用户搜索和发现的工具。

主要的工具是"facet"，不同的面向主题的关键字集合提供了不同的语料库数据视图及其相关搜索。例如，"facet"可以从捕捉到的事件重要方面（例如，影响程度、原因、耦合机制、未遂事故）的关键字中构造出涉及多个机组运行事件的视图。命中其中一个关键字的搜索结果表明，已被识别的文档与这些方面中的一个相关，因此可能与多机组事件相关。在开发定制的 ICA 2.2 工具的 SME 工作中，有很大一部分涉及为特定用例开发"facet"，以帮助识别相关文档，而不会出现过多的误报。

ICA 2.2 的其他特性有助于过滤搜索结果并支持统计分析（例如，匹配文档计数、搜索短语出现的频率和趋势以及搜索短语成对出现之间的相关性），以及对各个"facet"之间的关系进行可视化识别。

13.4.2 整体方案

这项工作涉及三个案例研究（用例），见表 13.3：对多个反应堆操作的识别和特征描述；在被许可（PRA）的情况下，确定当前堆芯损伤频率（CDF）的估计结果；对广泛的文档进行一般探索，以确定潜在关注的风险主题，并进行详查。前两个用例在传统的搜索模式下使用 ICA 2.2 工具来解决进一步搜索特定问题的典型工作任务。最后一个用例以一种更一般的、以发现为导向的模式使用 ICA 2.2 工具。

表 13.3　项目用例

序号	描述	注释
1	寻找多机组事件	支持对一个站点中多个机组过去事件进行刻画。这个特征描述可以识别可能需要在针对一个站点范围构建的 PRA 模型中关注的事件
2	当前被许可方 PRA 结果描述	支持决策者对当前风险水平及其来源的理解。这个措施强调了管理者和外部利益相关者提出的问题
3	语料库的探索	在发现/探索模式下，使用 ICA2.2。当用于非直接搜索模式时，这个用例支持对工具中的项目评估

对于每个用例，ICA 2.2 的能力都高效地满足了工作人员的需求，我们对这种能力进行了评估并与当前其他可用工具进行了比较。所有用例都涉及迭代搜索过程，在这一过程中用户进行初始的搜索查询、审查结果、改进查询等，直到达到预期的结果或终止限。因此，ICA 2.2 应该看作人机闭环工具，而不是完全自动的问答生成器，就像 IBM 的 Watson 一样。

下面的各节将讨论用例 1 的动机、方法和结果。其他两个用例的信息可以在 Siu 等[17]的研究中找到。

13.4.3 用例 1

正如 Fleming[26]所主张的，并在 2011 年 3 月的福岛第一核电站核反应堆中所阐述的，涉及单个站点多个反应堆机组的事件可能是造成站点风险的重要诱因。评估这些诱因时会存在许多技术上的挑战。NRC/RES 目前正在进行全面的 3 级 PRA 研究，旨在处理相关的现场放射源（包括乏燃料池和干桶存储）、诱发危险的内外因以及对西屋双机组 4 环路压力水反应堆站（带有大型干燥安全壳）的操作[14,27]。处理多机组（以及更一般的多放射源）事件的技术方法的描述采用了在项目的技术分析方法计划[28]中出现的大量术语。为了对这些事件进行建模，我们可以回顾过去的操作事件，为这些事件的似然性、影响以及它们的显著特征提供借鉴。

这样的回顾尽管在原理上是直截了当的，但可能极其耗费人力。NRC 每年会收到数千个许可方事件报告（LER）。它们同时包含结构化和非结构化数据；图 13.3 复制了一个作为示例的 LER 的第一页。公开资源如 LERSearch（https://lersearch.inl.gov/LERSearchCriteria.aspx），由 ADAMS 系统提供的搜索工具，以及一般的搜索辅助工具（例如，使用 Adobe Acrobat 等程序创建的 PDF 文件索引）是有帮助的，但不能通过剪裁突出多机组问题（在 LERSearch 的案例），并且对许多可能有用的非 LER 相关的文档是不提供权限的。

NRC 表 366 1-2001	美国核能管理协会	经 OMB 3150-0104 号文件批准 预计根据此强制性信息收集请求做出回应需要的时间为 50h。所报告的经验教训被纳入许可流程并反馈给工业部门。将有关响应时间的估算发送到华盛顿特区 20555-0001 美国核能管理协会（NRC）的记录管理处（T-6 E6），或通过互联网发送电子邮件至 bjs1@nrc.gov，以及华盛顿特区 20503 管理和预算办公室 NEOB-10202（3150-0104）信息和监管事务办公室的司务员。如果用于实施信息收集的手段没有显示当前有效的 OMB 控制编号，则 NRC 可能不会执行或支持并且也不需要个人回应信息收集。					2001 年 6 月 30 日过期	
被许可方事件报告（LER） （请参阅背面了解每个方框所需的数字/字符数）								
设施名称（1） 桃花谷原子能发电站，2 号机组		案卷编号（2） 05000 277				页码（3） 第 1 页（共 4 页）		
标题（4） 厂外电源断电导致特定驱动系统和安全系统功能故障								
事件时间（5）			LER 代码（6）		报告时间（7）		其他涉及设施（8）	
年	月	日	年	序列号	修正号	年	月	日	设施名称	案卷编号
2001	06	18	01	001	00	2001	8	17	3 号机组	05000 278
运行模式（9）		1	本报告是根据 10 CFR 的要求提交的；（选中所有适用项）（11）					
功率等级（10）		100	20.2201(b)	20.2203(a)(3)(ii)	50.73(a)(2)(ii)(B)		50.73(a)(2)(ix)(A)	
			20.2201(d)	20.2203(a)(4)	50.73(a)(2)(iii)		50.73(a)(2)(x)	
			20.2203(a)(1)	50.36(c)(1)(i)(A)	x	50.73(a)(2)(iv)(A)	73.71(a)(4)	
			20.2203(a)(2)(i)	50.36(c)(1)(ii)(A)	50.73(a)(2)(v)(A)			
			20.2203(a)(2)(ii)	50.36(c)(2)	50.73(a)(2)(v)(B)		73.71(a)(5) 其他 在下方空白处或 NRC 表格 366A 中详细说明	
			20.2203(a)(2)(iii)	50.46(a)(3)(ii)	50.73(a)(2)(v)(C)			
			20.2203(a)(2)(iv)	50.73(a)(2)(i)(A)	x	50.73(a)(2)(v)(D)		
			20.2203(a)(2)(v)	50.73(a)(2)(i)(B)	x	50.73(a)(2)(vii)		
			20.2203(a)(2)(vi)	50.73(a)(2)(i)(C)	50.73(a)(2)(viii)(A)			
			20.2203(a)(3)(i)	50.73(a)(2)(ii)(A)	50.73(a)(2)(viii)(B)			

图 13.3 多机组事件 LER 的例子的摘录

13.4.3.1 用例 1 的目标和范围

在帮助用户识别和刻画美国在过去涉及多个反应堆的操作事件时,该用例的特定目标是评估 ICA 2.2 的效用。用例范围限制如下:

(1) 项目语料库仅限于表 13.2 中所示的文档类型。

(2) 重点是涉及"始发事件"的事件:一个扰乱核电站的稳定运行的事件可能导致同一站点的一个或多个机组处于一个不期望的状态[29]。搜索并不排除,但也不聚焦于在一次事件中会影响同一站点的多个机组相应的退化条件,以及为了识别影响多个站点的事件/条件。

(3) 事件的特征包括事件日期、地点、事件程度和事件的原因。

13.4.3.2 用例 1 的技术挑战

从表面上看,对多机组始发事件的搜索似乎应该很简单。毕竟在阅读事件摘要的时候,一个人类分析师可以很容易地确定这个事件是否涉及在多个机组的始发事件。然而有海量的事件报告需要回查:项目的语料库包含了 1980—2014 年的近 55000 篇 LER。此外,虽然确定是否有涉及多机组的事件非常简单(请参阅图 13.3 所强调的文本),但通常必须仔细阅读事件描述以确定事件是否涉及一个始发事件或一个退化条件(这种情况使核电站的状态不是很好,但实际上又没有到事故的级别)。

在原则上,计算机工具非常适合处理大量文档。然而,对于像 ICA 2.2 这样的基于文本的工具,还存在着一些重要的挑战,即对任意文档的图形元素(例如,用于提供特别的强调文本框周围的框线)重要性的识别;并且如果要利用图 13.3 中强调的字段则需要定制的编程工作。还有一个挑战来自用来描述事件的自然语言。表 13.4 提供了由 NRC 事故序列前兆(ASP)程序确认的多机组事件的例子。根据 SECY-15-0124[30],它提供了 2015 年核电站状态以及 ASP 程序结果,核电站事故前兆被定义为条件堆芯损伤概率或堆芯损伤概率的变化大于或等于 1×10^{-6} 的事件。

表 13.4 有指示性短语的多单元前兆事件的例子

日 期	地 点	类 型	LER	指示性短语
1982-6-22	Quad Cities	LOOP	254/82-012	分开的文本,需要推断:"2 号反应堆倾翻"和"由于 1 号机组紧急交流电源系统的降级模式,宣布发生工厂应急计划异常事件"
1983-8-11	Salem	LOOP	272/83-033 272/83-034	直接声明:"Salem 机组都倾翻","Salem 机组 1 号和 2 号反应堆倾翻"
1984-7-26	Susquehanna	测试时站点停电	388/84-013	分开的文本,需要推断:"2 单元操作"和"这导致了一个急停"和"单元 1 进入了 LCO"
1985-5-17	Turkey Point	LOOP	251/85-011	直接声明:"3 号和 4 号都宣布了一个异常事件。"

续表

日 期	地 点	类 型	LER	指示性短语
1987-7-23	Calvert Cliffs	LOOP	317/87-012	直接声明:"导致两个反应堆的掉电(loss of load)。"
1990-3-20	Vogtle	LOOP	424/90-006 425/90-002	直接声明:"1号机组 RAT A 和 2号机组 RAT B 倾翻。" 也可以推断出:1号机组 LER(424/90 006)"进一步描述2号机组对该事件的响应是在 LER50-425/1990-002 中"或"2号机组 LER(425/90 002)"见被许可人事件报告 50-424/1990-006 中对1号机组产生的影响的讨论

表 13.4 中的最后一列包含相关 LER 中表征事件涉及多机组始发事件的关键短语。这些短语不仅不规范,有时对不同机组的影响的描述在 LER 中不同地方也不同。此外,软件工具还面临着 13.5.1 节所述的各种挑战(例如,有缺陷的数字化数据)。

13.4.3.3 用例 1 方法

本用例采用的总体方法步骤如下:

(1) 指定搜索问题。

(2) 使用 ICA 2.2 开发一个用于特定项目的、定制的搜索应用程序。

(3) 测试和改进定制的应用程序。

(4) 使用应用程序来识别和检索包含所寻求信息的文档,并与其他方法进行比较。

用例团队由 3 个 SME 和 2 个软件工程师组成。SME 中的 2 个有对多机组事件和条件的 LER 执行手动搜索的前期项目经验,并帮助过软件工程师为定制的搜索应用程序开发用于特定用途的"facet"(使用 ICA 2.2 构造)。第 3 个 SME 没有搜索多机组事件的正式经验,也并没有参与定制的应用程序的开发,而是作为盲测进行了最后的验证。

步骤 4 分 2 个阶段进行分析,在两种不同的使用模式下运行定制的搜索应用程序:知情搜索(已知关于目标文档的具体的信息)和基本信息搜索(其中只知关于目标文件的一般信息)。在所有的案例中,验证仅限于涉及始发事件的事件。这就大大减少了需回查的 LER 的数量(2000 年至 2011 年由 Schroer 和 Modarres[31]确定的 392 个多单元 LER 的例子,绝大多数不涉及始发事件)。

阶段 1——知情搜索,涉及对多机组事件的特定 LER 语料库的查找搜索,分为 2 个阶段。第一阶段帮助了正在进行最后验证的 SME 更好地了解定制搜索应用程序的特定用例"facet",旨在寻找 2011 年在北 Anna 核电站(由地震引起)的双机组 LOOP 的 LER 和 2011 年在 Browns Ferry 工厂(由龙卷风引起)的 3 个机组 LOOP。搜索过程涉及使用选定"facet"和独立关键词进行初始搜索。对搜索查询进行逐步改进，有时使用用户提供的额外关键字来补充内置的关键字，最终实现了对单击数的控制。在这一点上，快速浏览由 ICA 2.2 提供的上下文文本，以及每个搜索结果，或者是目标文档，通常足以确定单击是否代表了想要的搜索结果。第二阶段涉及对所有的多机组始发事件的 LER 语料库进行搜索，这些事件被 NRC 的 ASP 程序认定为意外的前兆。（1969—2015 年有 27 件该类事件）。这个阶段通过用户构建搜索来建造关键词，关键词包括在定制搜索应用程序中包含的关键词，并利用了 ICA 2.2 接口与标准文字处理器的兼容性，它促进了复杂查询的构建。

阶段 2——基本搜索，包含 2 次独立的针对多机组始发事件的搜索，从而实现在更具有探索性的模式上检验定制搜索应用程序；也就是说，事先并不知道具体是哪一种事件引发多机组事件。第一次搜索的重点是项目语料库的 LER。第二次搜索集中寻找与 ASP 相关的涉及多机组始发事件的 SECY 文件。搜索只针对相关 SECY 文件的确认；文件本身通常都提供事件的 LER 的数目。

13.4.3.4 用例 1 的结果

下面是用例 1 的总体结果。其他信息见 Siu 等[17]的研究。

关于多机组事件识别，当有高识别度信息时（例如，唯一性特征，如地震或龙卷风；或特定事件标识符，如 LER 编号），定制的搜索应用程序能够实现有效和高效的搜索，并且搜索结果和预期的一样完整（搜索结果有遗漏的原因是在语料库中缺少文档而不是应用程序缺陷）且误报很少。该应用程序易上手且能快速提供搜索结果（通常在几秒内）。

如果提供的信息不特别明确，搜索就会减少；它们只识别了一小部分相关事件，而且还包括相当数量的假阳性。改进的关键字列表更好地反映在 LER 中对使用的各种关键术语可能会有所帮助，但更多的高级编程（如在广泛的分离文本中进行推论）对确保搜索的有效和高效可能是必要的。这些额外的努力并没有被认为是这个可行性研究的必要条件。

关于多机组事件描述，定制的搜索应用程序提供了一些辅助工具（主要是强调上下文文本），可帮助用户识别关注事件的特征（例如，事件日期、设施名称和事件范围）。然而这些辅助并不对所有的 LER 有帮助；文档下载和回查仍然是收集所需信息的最可靠方法。因此，应用程序的主要价值在于确定下载和回查的最佳文档。

另外两种测试工具可以帮助识别和描述多机组的功能，它们是 LERSearch（https://lersearch.inl.gov/entry.aspx）和由 Adobe Acrobat 提供的 PDF 库搜索功能。LERSearch 在简单搜索方面证明是非常有效和高效的。然而与使用定制的搜索应用程序相比，它的高级查询功能并不那么强大，其搜索空间被限制在了用户范围内，缺乏保存搜索的能力。而在细化搜索查询以及执行多个搜索时，后一点显得尤其重要。

在该项目中，Adobe Acrobat 搜索 LER 数据库时，慢于定制的搜索应用和 LERSearch，而且不灵活，并且搜索结果提供的上下文文本没有那么大的帮助。

13.4.4 范围研究结论和评论

13.4.4.1 结论

根据表 13.3 中确定的三个用例结果，我们观察到以下几点结论：

（1）从 ICA 2.2 开发的定制搜索应用程序在识别关注用例的目标文档方面通常是有效和高效的。在测试无效时（对涉及多机组事件的 LER 进行的基本的、不知情的搜索），则需要对其进行附加的改进（尤其是更新工具方面）以改进其性能。

（2）事实证明，该应用程序能够支持对数据库进行更多的开放探索，从而有可能带来有意义的新见解，并为进一步的探索提供建议。

（3）至少对于被测试的文档和用例来说，人机闭环的，即分布式的 ICA 2.2 搜索易于使用。查询的反馈速度很快（通常是几秒），信息、文档下载（当需要更详细的信息时）也快。

（4）对有意义的应用程序进行初始开发和后续细化时，都要求 SME 与软件工程师进行广泛交流，以确保针对的技术问题、成功搜索的例子和工具的目标和能力，双方能相互理解。

（5）尽管定制的应用程序是为了支持该项目的技术评估而开发的，但它似乎能够帮助有意从操作经验文档中提取相关经验教训的工作人员。

① 与 LERSearch（目前员工选择的工具）相比，ICA2.2 接口提供了额外的功能（例如，支持开发复杂的搜索、保存搜索结果以及通过上下文文本快速筛选搜索结果）。ICA 2.2 工具还提供了除 LER 之外可能有用的文档的访问权限。

② 与更一般的基于 ADAMS 的工具相比，规模缩小并对项目语料库的预先索引能使搜索更加迅速。

（6）未来的工作可能需要大量的编程任务甚至是技术开发，但可以显著增加应用程序的功能和易用性。这包括利用科技文档的数据结构，包括文档部分、文本中的结构（例如，从属子句）和表。

13.4.4.2 言论

下面的观点来自范围工程的经验，在开发未来的 KE 解决方案时应该有用：

（1）一般来说，数据库文档的问题（例如，由于文档错误、OCR 错误或错误的文档分析）会阻碍基于任何工具的文本搜索。在多数情况下，关注的关键字在一个文档中多次出现，因此数据库问题可能不会影响搜索结果。但在诸如搜索带有特定标识符的文档之类的情况下，数据库问题就至关重要了。如果需要通过搜索所有文档来匹配特定查询，那么可能需要耗费相当大的精力来确保工具能识别和处理文档中的潜在错误。

（2）用户使用任何工具进行搜索（或探索）的意愿取决于获取每个查询反馈信息所需的时间。为了确保得到快速而有用的反馈，以下方法可能有所帮助：

① 将应用程序聚焦到可以用更小的语料库解决的问题上；

② 采用查询响应更快的开发技巧。

（3）对于 ICA 2.2 和类似的工具，文档下载和回查是搜索过程的一个整合部分。通过超链接下载很简单。然而，回查部分可能是资源密集型的。对于用例 1，回查工作得到了 LER 的标题和摘要部分的帮助。对于用例 2，在标准文档中有标准化的 CDF 表格的报告为回查提供了便利。因此，尽管 ICA 2.2 被开发用于处理非结构化数据，但整个搜索过程仍受益于结构化数据。

13.4.4.3 注释：关于预言与助手

在项目开始的时候，受到 IBM Watson 的 *Jeopardy!* 和个人助理软件的自然语言能力的借鉴和启发，项目 SME 希望 ICA 2.2 能够为自然语言问题提供直接答案，比如 "哪些关键的多机组事件值得进一步研究？"（用例 1）或 "什么是核电站 X 的 CDF？"（用例 2）。随着项目的进展，很明显 ICA 2.2 并不是针对这类问题的。

首先，ICA 2.2 在很大程度上是为了支持数据库的探索。当使用直接问答模式时，它可以生成应用程序，这就产生了信息性的中间结果（例如，ASP SECY 论文中引用了哪些涉及多机组的 LER）以及可能有用的统计信息（例如，有多少文档包含对总 CDF 的引用）。然而，一般来说，用户必须查看上下文文本或检查链接的文档，才能回答提出的问题。此外，考虑到源文档中自然语言的变化（表 13.4 和图 13.3），有必要进行大量的工作（远远超出了本次技术评估项目的范围）以确保搜索结果的合理性（不包括过多的假通过（false positives））。

其次，与前述观点有关，ICA 2.2 被设计为一个人机闭环工具。因此，在搜索模式中，工具并不能作为一个预言者为用户的问题提供最终答案。相反，他是一名助手，在搜索过程中，为用户改进搜索提供可能需要的下一步操作的信息，然后帮助用户下载并检查可能包含答案的文档的超链接。

由于该项目的范围有限，我们没有生成与当前商业现成软件（在适当的定制之后）相比的有效性和高效性相关的经验数据，来直接回答用例 1 和用例 2 的根本问题。然而，考虑到这两个用例的复杂性，如果要开发一个工业级的、完全自动化的解决方案大概需要大量的 SME 和软件工程师参与进来。此外，由于没有将 SME 作为实际搜索过程的一个组成部分，这样的解决方案将：

（1）可能不被充分利用：

SME 技能，例如除了有缺陷的 OCR 或元数据的错误输入，识别刻画文档的文字和数字，比如标题、作者、日期等，以及识别由表格结构所暗示的数据关系。

SME 知识，例如，认识到文档之间的明显冲突。

（2）可能产生不被 SME 完全信任的结果。

（3）将减少与制定和改进搜索相关的学习优势，包括从开发搜索策略中进行学习、从"失败"搜索中获得的经验以及来自中间搜索结果的有用信息和见解。

除了完全自动化（"预言"）和人机闭环（"助手"）问题外，开发 KE 解决方案的人员需要考虑的重点在于：

（1）提供一个合作伙伴——与用户协作构建知识，甚至当关注项目出现时，如 Le Blayais 事件发生时提醒他们，这还是一个只响应请求的服务。

（2）支持开放式探索还是回答特定的事实问题？

（3）通过鼓励用户用"玩"的方式或立刻"回答"的方式，来提高对面向任务的需求更全面基础的理解。

当前技术与上述考虑之间的接近程度如图 13.4 所示。

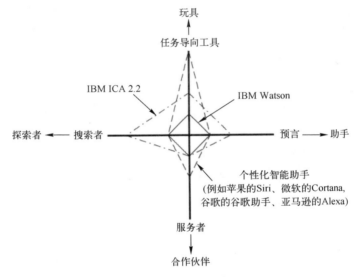

图 13.4　不同的 KE 解决方案的概念表示

对于像 NRC 这样的组织来说，近期的精力会高度聚焦于务实的研发。然而，重要的是认识到广泛的职员知识库对于灵活和敏捷的运行至关重要。非传统的知识管理方法（使用相关的 KE 解决方案）可能有助于拓展知识库的广度。

13.5　对未来的结论和建议发展

本章表明：

（1）在各种各样的应用中，NRC 使用了支持风险知情决策的信息。涉及风险知情决策的应用广度和考虑事项的内在广度暗含了各种各样的信息需求。

（2）风险信息包括支持 PRA 的信息和由 PRA 产生的信息，其特殊特征对支持创建、管理、检索和使用风险信息的 KE 活动提出了特殊的挑战。

（3）先进的 KE 技术正在不断发展，以满足依赖大量的非结构化信息的组织日益增长的需要。目前，基于这些技术的可用商业工具足以补充 NRC 工作人员在风险相关活动中使用的工具。

（4）用户和开发团体的附加工作可能为工作人员改进工具提供帮助：

① 在短期内，有用的工作包括改进电子数据库（例如，通过遗留文件的数字化和错误数字化记录的修正）以及为职员的目标任务（例如，用例1和用例2所展示的）开发更高效的查询结构（例如，ICA2.2 的 facet）。工作中的组织资源和承诺不应被低估。

② 需要大量编程工作之类的长期工作，至少在 ICA2.2 中是这样的，这样的工作可能利用涉及内部文档结构（例如，文档部分、文本段落中的结构以及表）研发软件工具。

③ 从长远来看，将隐式信息（连接各点之间的点）和"看门狗"应用程序结合起来的工具，提醒用户注意潜在的意外前兆（如我们的 Le Blayais 示例），这可能是提供明确风险信息的一种有意义的方式。

重要的是要认识到许多团体在积极致力于改善信息的获取和使用。他们主要包括关注与人工智能和专家系统、自然语言处理、分析、大数据、图书馆学、教育、KM 有关的团体。在未来有关风险信息的讨论中，让这些团体参与进来不仅有助于避免不必要的重复工作，还将集思广益，从而改进向用户提供的工具。

最后，同样重要的是要认识到 KE 解决方案只是知识管理工具中的一部分。有很多非技术性的方法可以提高工作人员对重要信息的认识和获取。开发和利用改进的 KE 技术的活动的优先顺序需要考虑满足工作人员需要的所有可能可行的方法。

致谢： 作者真诚地感谢 M. Tobin、S. Dennis、P. Appignani、G. Young、S. Raimist 和 K. Bojja 提供的项目支持；还有 G. Georgescu、C. Pfefferkorn 和 A. D'Agostino 提供的信息；以及来自 E. Zio 的有益建议和 C. Siu 的编辑。

参 考 文 献

[1] IPSN. Rapport sur l'inondation du site du Blayais [Z]. Institut de Protection et de Sûreté Nucléaire. France; Fontenay-aux-Roses. 2000.

[2] IAEA. Measures to strengthen international co-operation in nuclear, radiation and waste safety including nuclear safety review for the year 1999 [Z]. IAEA General Conference, International Atomic Energy Agency. Vienna, Austria. 2000.

[3] GORBATCHEV A, MATTéI J, REBOUR V, et al. Report on flooding of Le Blayais power plant on 27 December 1999 [Z]. Proceedings of EUROSAFE 2000. Cologne, Germany. 2000.

[4] VIAL E, REBOUR V, PERRIN B. Severe storm resulting in partial plant flooding in "Le Blayais" nuclear power plant; proceedings of the Proceedings of International Workshop on External Flooding Hazards at Nuclear Power Plant Sites (jointly organized by Atomic Energy Regulatory Board of India, Nuclear Power Corporation of India, Ltd, and International Atomic Energy Agency), F, 2005 [C]. Nuclear Power.

[5] SIU N, MARKSBERRY D, COOPER S, et al. PSA technology challenges revealed by the Great East Japan Earthquake; proceedings of the PSAM Topical Conference in Light of the Fukushima Dai-Ichi Accident Tokyo, Japan, F, 2013 [C].

[6] AERB. AERB Annual report for the year 2004-2005 [Z]. Atomic Energy Regulatory Board. Mumbai, India. 2005.

[7] DUPUY P, GEORGESCU G, CORENWINDER F. Treatment of the loss of ultimate heat sink initiating events in the IRSN Level 1 PSA [R]. Prague, Czech Republic, 2014.

[8] SULZBERGER A, WALD M L. Flooding brings worries over two nuclear plants [R], 2011.

[9] APOSTOLAKIS G, LUI C, CUNNINGHAM M, et al. A proposed risk management regulatory framework [R]. Washington, DC, USA: US Nuclear Regulatory Commission, 2012.

[10] SIU N. Probabilistic risk assessment and regulatory decisionmaking: Some frequently asked questions [R]. Washington, DC, USA: US Nuclear Regulatory Commission, 2016a.

[11] NRC. An approach for using probabilistic risk assessment in risk-informed decisions on plant-specific changes to the licensing basis [R]. Washington, DC, USA: US Nuclear Regulatory Commission, 1998.

[12] NRC. Reactor safety study. An assessment of accident risks in US commercial nuclear power plants. [R]. Washington, DC, USA: US Nuclear Regulatory Commission, 1975.

[13] NRC. Severe accident risks: An assessment for five U.S. nuclear power plants [R]. Washington, DC, USA: US Nuclear Regulatory Commission, 1990.

[14] KURITZKY A, SIU N, COYNE K, et al. L3PRA: Updating NRC's Level 3 PRA insights and capabilities; proceedings of the Proceedings IAEA Technical Meeting on Level 3 Probabilistic Safety Assessment, Vienna, Austria, F, 2013 [C]. International Atomic Energy Agency.

[15] ASME/ANS. Standard for Level 1/Large Early Release Frequency Probabilistic Risk Assessment for Nuclear Power Plant Applications: [S]. New York, NY: ASME, 2009.

[16] NRC. An approach for determining the technical adequacy of probabilistic risk assessment results for risk-informed activities [R]. Washington, DC, USA: US Nuclear Regulatory Commission, 2009.

[17] SIU N, DENNIS S, TOBIN M, et al. Advanced knowledge engineering tools to support risk-informed decision making: Final report [R]. Washington, DC, USA: US Nuclear Regulatory Commission, 2016b.

[18] NOWLEN S, KAZARIANS M, WYANT F J. Risk methods insights gained from fire incidents [R]. Washington, DC, USA: US Nuclear Regulatory Commission, 2001.

[19] MARKOFF J. Computer wins on "Jeopardy!": trivial, it's not [R]. 2011.

[20] FERRUCCI D, BROWN E, CHU-CARROLL J, et al. Building Watson: An overview of the DeepQA project [J]. AI Magazine, 2010, 31 (3): 59-79.

[21] KEIM B. IBM's Dr. Watson will see you...someday [J]. IEEE Spectrum, 2015.

[22] EPSTEIN W A R, A. New developments in Open PSA [Z]. Proceedings of ANS PSA 2013 International Topical Meeting on Probabilistic Safety Assessment and Analysis. Columbia, SC. 2013.

[23] FRIEDLHUBER T, HIBTI M, RAUZY A. A method to compare PSA models in a modular PSA [Z]. Proceedings of ANS PSA 2015 International Topical Meeting on Probabilistic Safety Assessment and Analysis. Sun Valley, ID. 2015.

[24] MELéNDEZ E, HERRERO R. Use of PSA model XML Standard Formats for V&V; proceedings of the The

2015 International Topical Meeting on Probabilistic Safety Assessment and Analysis (PSA2015), Sun Valley, ID, USA, F, 2015 [C].

[25] ZHU W-D, IWAI A, LEYBA T, et al. IBM content analytics version 2.2: Discovering actionable insight from your content, (2nd edn) [M]. International Business Machines Corporation, 2011.

[26] FLEMING K N. On the issue of integrated risk-a PRA practitioners perspective; proceedings of the Proceedings of the ANS international topical meeting on probabilistic safety analysis, San Francisco, CA, F, 2005 [C].

[27] NRC. Options for proceeding with future Level 3 probabilistic risk assessment (PRA) activities [R]. Washington, DC, USA: US Nuclear Regulatory Commission, 2011.

[28] NRC. Technical Analysis Approach Plan for Level 3 PRA Project [R]. Washington, DC, USA: US Nuclear Regulatory Commission, 2013.

[29] DROUIN M, GONZALEZ M, HERRICK S. Glossary of Risk-related Terms in Support of Risk-informed Decisionmaking [R]. Washington, DC, USA: US Nuclear Regulatory Commission, 2013.

[30] NRC. Status of the accident sequence precursor program and the standardized plant analysis risk models [R]. Washington, DC, USA: US Nuclear Regulatory Commission, 2015.

[31] SCHROER S, MODARRES M J. An event classification schema for evaluating site risk in a multi-unit nuclear power plant probabilistic risk assessment [J]. Reliability Engineering & System Safety, 2013, 117: 40-51.